普通高等教育“十一五”国家级规划教材

经济管理数学基础

李松涛　刘静　毛书欣　主编

微积分习题课教程（上册）

（第3版）

清華大學出版社
北京

内 容 简 介

本书是普通高等教育“十一五”国家级规划教材，是《微积分》（上、下册）（李辉来，张然等编著，清华大学出版社，2023）的配套习题课教材. 本书分上、下册，上册内容包括函数、极限与连续、导数与微分、微分中值定理与导数应用、不定积分、定积分及其应用. 下册内容包括向量代数与空间解析几何、多元函数微分学、重积分、无穷级数、微分方程和差分方程.

本书上册仍按《微积分（上册）》分为6章，各章首先概括主要内容和教学要求，继之进行例题选讲、疑难问题解答，有的章节还进行了常见错误类型分析，最后给出练习题、综合练习题及其参考答案与提示.

与主教材《微积分》（上、下册）配套的除了《微积分习题课教程》（上、下册）外，还有《微积分教师用书》（习题解答）和供课堂教学使用的《微积分电子教案》.

本书可作为高等学校经济、管理、金融及相关专业微积分课程的习题课教材或教学参考书.

图书在版编目（CIP）数据

微积分习题课教程. 上册/李松涛，刘静，毛书欣主编.—3版.—北京：清华大学出版社，2023.9
（经济管理数学基础）
ISBN 978-7-302-63171-2

Ⅰ.①微… Ⅱ.①李… ②刘… ③毛… Ⅲ.①微积分－高等学校－教材 Ⅳ.①O172

中国国家版本馆CIP数据核字(2023)第052623号

责任编辑：佟丽霞
封面设计：傅瑞学
责任校对：王淑云
责任印制：刘海龙

出版发行：清华大学出版社
网　　址：http://www.tup.com.cn，http://www.wqbook.com
地　　址：北京清华大学学研大厦A座　　邮　　编：100084
社 总 机：010-83470000　　邮　　购：010-62786544
投稿与读者服务：010-62776969，c-service@tup.tsinghua.edu.cn
质量反馈：010-62772015，zhiliang@tup.tsinghua.edu.cn
印 装 者：三河市科茂嘉荣印务有限公司
经　　销：全国新华书店
开　　本：170mm×230mm　　印　张：12.5　　字　　数：249千字
版　　次：2006年10月第1版　2023年9月第3版　　印　　次：2023年9月第1次印刷
定　　价：39.00元

产品编号：081434-01

第 3 版前言

经济管理数学基础《微积分习题课教程（上册）》教材第 2 版已出版 10 年了，感谢兄弟院校的关注和广大同学们的使用. 在国家推进新文科建设的背景下，根据当前教学形势的发展及需求，并结合我们近几年的教学研究与教学实践，作者认为有必要对本教材进行再版修订.

本次修订的指导思想：对纸介质教材与数字资源进行一体化设计，相互配合、相互支撑，进一步提高教材的适用性和对课程教学的支撑性，形成新形态教材.

本书为经济管理数学基础系列教材之一. 本套教材修订的重点内容：配套了数字资源. 数字资源包括：主教材开篇介绍本书的重点学习内容，每章后进行了系统小结；为方便学生自学配备了 3 套模拟试题及答案；对重点和不易理解的知识点进行细致讲解；对部分例题和习题中容易出现的错误及问题进行分析；在每章后针对学习要点增加了综合自测题. 配备了电子版的教师用书（习题详解）和电子教案. 出版发行了与本套教材匹配的微积分、线性代数、概率论与数理统计的试题库，可供各高校使用. 数字资源以二维码形式给出. 同时修正了第 2 版中存在的不当之处和部分习题中的错误，更换了部分例题和习题.

参加本书第 3 版修订工作的有李松涛（第 1 ~ 2 章），刘静（第 3 ~ 4 章），毛书欣（第 5 ~ 6 章），毛书欣承担了数字资源的编制、录制工作. 全书由李松涛统稿.

在本书的修订过程中，得到了吉林大学教务处、吉林大学数学学院和清华大学出版社的大力支持和帮助，任长宇承担了修订教材的排版工作，吴晓俐承担教材修订的编务工作，在此一并表示衷心的感谢.

作　者

2023 年 9 月

总序

第 2 版前言

第 1 版前言

目　录

第 1 章　函数 1

一、主要内容 1

二、教学要求 1

三、例题选讲 1

四、疑难问题解答 9

练习 1 10

练习 1 参考答案与提示 11

综合练习 1 12

综合练习 1 参考答案与提示 12

第 2 章　极限与连续 14

2.1　极限 14

一、主要内容 14

二、教学要求 14

三、例题选讲 14

练习 2.1 28

练习 2.1 参考答案与提示 29

2.2　连续函数 30

一、主要内容 30

二、教学要求 30

三、例题选讲 30

四、疑难问题解答 38

练习 2.2 39

练习 2.2 参考答案与提示 40

综合练习 2 40

综合练习 2 参考答案与提示 42

第 3 章　导数与微分 44

3.1　导数 44

一、主要内容 44

二、教学要求 44

三、例题选讲 44

四、疑难问题解答 55

五、常见错误类型分析 55

练习 3.1 57
练习 3.1 参考答案与提示 59
3.2 微分与导数在经济学中的应用 60
一、主要内容 60
二、教学要求 60
三、例题选讲 60
四、疑难问题解答 65
练习 3.2 65
练习 3.2 参考答案与提示 66
综合练习 3 67
综合练习 3 参考答案与提示 69

第 4 章 微分中值定理与导数应用 **71**
4.1 微分中值定理 71
一、主要内容 71
二、教学要求 71
三、例题选讲 71
四、疑难问题解答 80
五、常见错误类型分析 81
练习 4.1 83
练习 4.1 参考答案与提示 84
4.2 导数应用 85
一、主要内容 85
二、教学要求 85
三、例题选讲 85
四、疑难问题解答 93
练习 4.2 94
练习 4.2 参考答案与提示 95
综合练习 4 95
综合练习 4 参考答案与提示 98

第 5 章 不定积分 **100**
一、主要内容 100
二、教学要求 100
三、例题选讲 100
四、疑难问题解答 120
五、常见错误类型分析 121

练习 5 122
练习 5 参考答案与提示 125
综合练习 5 126
综合练习 5 参考答案与提示 128

第 6 章 定积分及其应用 131

6.1 定积分 131
一、主要内容 131
二、教学要求 131
三、例题选讲 131
四、疑难问题解答 150
五、常见错误类型分析 153
练习 6.1 156
练习 6.1 参考答案与提示 159
6.2 广义积分及定积分应用 160
一、主要内容 160
二、教学要求 160
三、例题选讲 161
四、疑难问题解答 179
五、常见错误类型分析 181
练习 6.2 183
练习 6.2 参考答案与提示 184
综合练习 6 184
综合练习 6 参考答案与提示 189

参考文献 191

第 1 章　函　数

一、主要内容

函数的概念及表示法，函数的性质，复合函数与反函数，基本初等函数的性质与初等函数，经济学中常用的函数，简单应用问题中函数关系的建立.

二、教学要求

1. 理解函数的概念，掌握函数的表示法，会建立简单应用问题的函数关系.
2. 了解函数的有界性、单调性、周期性和奇偶性.
3. 理解复合函数和反函数的概念.
4. 掌握基本初等函数的性质及其图形，理解初等函数的概念.
5. 了解需求函数、供给函数、成本函数、收益函数、利润函数和库存函数的概念.

三、例题选讲

例 1.1　下列表达式是否确定了 y 是 x 的函数，为什么？

(1) $y=\sqrt{\sin 3x-1}+3$;　　(2) $y=\dfrac{1}{\sqrt{\sin 3x-1}}$;

(3) $y=\begin{cases}1, & x\text{为有理数},\\ 0, & x\text{为无理数}.\end{cases}$

分析　函数是指两个实数集合之间的映射，要构成函数，首先要存在两个非空的实数集合，分别作为函数的定义域 D_f 和函数的值域 R_f; 其次对任一 $x\in D_f$, 必须唯一存在确定的 $y\in R_f$ 与 x 对应. 通常函数的定义域是某个区间，也可以是一些离散点构成的集合，但不能是空集.

解　(1) 是. 因为对任一 $x=\dfrac{2}{3}k\pi+\dfrac{\pi}{6}(k\in\mathbb{Z})$, 均有唯一确定值 $y=3$ 与之对应. 故 $y=\sqrt{\sin 3x-1}+3$ 确定了 y 是 x 的函数.

(2) 不是. 因为在实数范围内，不等式 $\sin 3x-1>0$ 无解，故不存在某个数集能作为 y 的定义域，或者说函数定义域不能是空集，所以 $y=\dfrac{1}{\sqrt{\sin 3x-1}}$ 不能构成函数.

(3) 是. 因为对于实数集 $\mathbb{R}$ 内任一有理数 x_1, 均有唯一确定值 $y=1$ 与之对应；对于 $\mathbb{R}$ 内任一无理数 x_2, 均有唯一确定值 $y=0$ 与之对应，即对 $\mathbb{R}$ 内任一

x, 均有唯一确定值 y 与之对应，故

$$y=\begin{cases}1, & x\text{为有理数},\\ 0, & x\text{为无理数}\end{cases}$$

确定了 y 是 x 的函数.

例 1.2 判断下列各对函数是否相同，并说明理由：

(1) $f(x)=\ln x^2$, $g(x)=2\ln x$;

(2) $f(x)=\sqrt{1-\cos^2 x}$, $g(x)=\sin x$;

(3) $f(x)=2x^2-3$, $g(t)=2t^2-3$.

分析 确定函数的两个要素是其定义域及对应法则，因此，要判断两个函数是否相同，只需比较它们的定义域及对应法则是否相同. 即使表示自变量、因变量的符号不同，也并不妨碍函数的等同性.

解 (1) 不相同. 因为 $f(x)$ 的定义域是 $(-\infty,+\infty)$, 而 $g(x)$ 的定义域是 $(0,+\infty)$, 它们的定义域不同.

(2) 不相同. $f(x)$ 与 $g(x)$ 的定义域都是 $(-\infty,+\infty)$, 但是 $f(x)=\sqrt{1-\cos^2 x}$ $=|\sin x|$ 与 $g(x)=\sin x$ 两者的对应法则不同，故 $f(x)$ 与 $g(x)$ 不同.

(3) 相同. 因为 $f(x)$ 与 $g(t)$ 的区别只是表示变量的符号不同，它们的定义域及对应法则都相同，因此， $f(x)$ 与 $g(t)$ 表示同一个函数.

例 1.3 求函数 $y=\sqrt{16-x^2}+\log_2\sin x$ 的定义域.

解 要使函数有定义，必须使

$$\begin{cases}16-x^2\geqslant 0,\\ \sin x>0,\end{cases}$$

即

$$\begin{cases}-4\leqslant x\leqslant 4,\\ 2k\pi<x<(2k+1)\pi, \quad k\in\mathbb{Z},\end{cases}$$

解不等式组，得

$$\begin{cases}-4\leqslant x\leqslant 4,\\ 0<x<\pi,\end{cases} \quad\text{或}\quad \begin{cases}-4\leqslant x\leqslant 4,\\ -2\pi<x<-\pi.\end{cases}$$

故函数的定义域为 $[-4,-\pi)\bigcup(0,\pi)$.

例 1.4 设 $f(x)=\dfrac{1}{\lg(3-x)}+\sqrt{49-x^2}$, 求 $f(x)$ 的定义域及 $f[f(-7)]$.

解　要使 $f(x)$ 有定义，必须使

$$\begin{cases} 3-x>0, \\ 49-x^2\geqslant 0, \\ \lg(3-x)\neq 0, \end{cases}$$

即

$$\begin{cases} x<3, \\ -7\leqslant x\leqslant 7, \\ x\neq 2. \end{cases}$$

因此 $f(x)$ 的定义域为 $[-7,2)\bigcup(2,3)$.

由 $f(-7)=1$, 故

$$f[f(-7)]=f(1)=\frac{1}{\lg 2}+4\sqrt{3}.$$

小结　函数的定义域是函数的重要因素，它是使函数 $y=f(x)$ 有意义的自变量 x 取值的全体，通常可用不等式或区间来表示. 函数定义域确定的一般依据是：若是有实际意义的函数，要使实际问题有意义；若是一般用解析式表示的函数，要注意某些运算对自变量的限制：

(1) 分式的分母不能是零；

(2) 在根式中，负数不能开偶次方；

(3) 在对数中，真数不能为负数和零；

(4) 在反三角函数中，要符合反三角函数的定义域.

例 1.5　设 $f\left(x+\dfrac{1}{x}\right)=x^2+\dfrac{1}{x^2}$, 求 $f(\sqrt{3}\sin x)$ 及 $f[f(x)]$.

解　由于

$$f\left(x+\frac{1}{x}\right)=x^2+\frac{1}{x^2}=\left(x+\frac{1}{x}\right)^2-2,$$

1-1 复合函数化简

因此

$$f(x)=x^2-2.$$

故

$$f(\sqrt{3}\sin x)=3\sin^2 x-2.$$

$$f[f(x)]=f(x^2-2)=(x^2-2)^2-2=x^4-4x^2+2.$$

例 1.6　设

$$f(x)=\begin{cases} 1+x, & x<0, \\ 1, & x\geqslant 0, \end{cases}$$

求 $f[f(x)]$.

解

$$f[f(x)]=\begin{cases}1+f(x), & f(x)<0,\\ 1, & f(x)\geqslant 0.\end{cases}$$

因为当 $x<-1$ 时,

$$f(x)=1+x<0;$$

当 $x\geqslant -1$ 时,

$$f(x)=\begin{cases}1+x, & -1\leqslant x<0,\\ 1, & x\geqslant 0,\end{cases}$$

即 $f(x)\geqslant 0$, 故

$$f[f(x)]=\begin{cases}2+x, & x<-1,\\ 1, & x\geqslant -1.\end{cases}$$

注 求分段函数的复合函数，应注意自变量与中间变量的取值范围，这是保证正确运算的一个重要环节. 如在例 1.6 中，将 $f(x)$ 中的 x 换成 $f(x)$ 后，应讨论 $f(x)<0$ 和 $f(x)\geqslant 0$ 时自变量 x 的取值范围. 得到 $x<-1$ 和 $x\geqslant -1$ 后，整理后推得分段函数的复合函数.

例 1.7 求下列函数的反函数:

(1) $y=f(x)=\mathrm{e}^x-1$; (2) $y=f(x)=\begin{cases}x, & x<1,\\ 2^x, & x\geqslant 1.\end{cases}$

解 (1) 由 $y=f(x)$ 解出 x , 得

$$x=\ln(1+y),\quad y\in(-1,+\infty).$$

互换 x 与 y 的位置，得反函数

$$y=f^{-1}(x)=\ln(1+x),\quad x\in(-1,+\infty).$$

(2) 由 $y=f(x)$ 解得

$$x=\begin{cases}y, & y<1,\\ \log_2 y, & y\geqslant 2.\end{cases}$$

将式中的 y 与 x 对换，得原函数的反函数

$$y=f^{-1}(x)=\begin{cases}x, & x<1,\\ \log_2 x, & x\geqslant 2.\end{cases}$$

小结　求函数 $y=f(x)$ 的反函数的步骤如下：

(1) 由 $y=f(x)$ 中解出 $x=f^{-1}(y)$;

(2) 对换自变量 x 与因变量 y 的记号，即得反函数 $y=f^{-1}(x)$.

例 1.8　证明函数 $f(x)=\dfrac{1}{\sqrt{x}}$ 在 $(0,+\infty)$ 内是单调的.

证明　任取 $x_1,x_2\in(0,+\infty)$, 当 $x_1<x_2$ 时,

$$f(x_2)-f(x_1)=\frac{1}{\sqrt{x_2}}-\frac{1}{\sqrt{x_1}}=\frac{\sqrt{x_1}-\sqrt{x_2}}{\sqrt{x_1}\sqrt{x_2}}$$
$$=\frac{x_1-x_2}{(\sqrt{x_1}+\sqrt{x_2})\sqrt{x_1}\sqrt{x_2}}<0,$$

所以 $f(x)=\dfrac{1}{\sqrt{x}}$ 在 $(0,+\infty)$ 内是单调减少的. □

例 1.9　设函数 $f(x)$ 为定义在 $(-l,l)$ 内的奇函数，若 $f(x)$ 在 $(0,l)$ 内单调减少，证明 $f(x)$ 在 $(-l,0)$ 内也单调减少.

证明　任取 $x_1,x_2\in(-l,0)$, 并设 $x_1<x_2$, 则 $-x_1,-x_2$ 为 $(0,l)$ 内的两点，且 $-x_1>-x_2$.

由于 $f(x)$ 在 $(0,l)$ 内单调减少，故

$$f(-x_1)<f(-x_2).$$

又由于 $f(x)$ 为奇函数，故

$$f(-x_1)=-f(x_1),\quad f(-x_2)=-f(x_2),$$

从而

$$-f(x_1)<-f(x_2),$$

即 $f(x_1)>f(x_2)$, 因此， $f(x)$ 在 $(-l,0)$ 内单调减少. □

例 1.10　判断下列函数的奇偶性：

(1) $f(x)=\sin x-\cos x$;　(2) $f(x)=\sin x\dfrac{a^x-1}{a^x+1}$;

(3) $f(x)=x^k-x^{-k}\ (k\in\mathbb{Z},k\neq0)$.

分析　利用函数的奇偶性定义来判断.

解　(1) 因为 $f(-x)=\sin(-x)-\cos(-x)=-\sin x-\cos x$, 所以 $f(x)=\sin x-\cos x$ 是非奇非偶函数.

(2) 因为

$$f(-x)=\sin(-x)\cdot\frac{a^{-x}-1}{a^{-x}+1}=-\sin x\cdot\frac{\dfrac{1}{a^x}-1}{\dfrac{1}{a^x}+1}$$

$$= -\sin x \cdot \frac{1-a^x}{1+a^x} = \sin x \cdot \frac{a^x-1}{a^x+1} = f(x),$$

所以 $f(x)$ 是偶函数.

(3) 当 k 为奇数时,

$$f(-x) = (-x)^k - (-x)^{-k} = -x^k + x^{-k}$$
$$= -f(x),$$

所以 $f(x)$ 是奇函数;

当 k 为偶数时,

$$f(-x) = (-x)^k - (-x)^{-k} = f(x),$$

因此 $f(x)$ 是偶函数.

例 1.11 证明: 定义在对称区间 $(-l, l)$ 内的任意函数 $f(x)$ 可表示为一个奇函数与一个偶函数之和.

分析 若函数 $f(x)$ 可表示为奇函数 $g(x)$ 与偶函数 $h(x)$ 之和, 即

$$f(x) = g(x) + h(x), \tag{1}$$

则

$$f(-x) = g(-x) + h(-x) = -g(x) + h(x), \tag{2}$$

联立式 (1) 和式 (2), 可解得

$$g(x) = \frac{f(x) - f(-x)}{2}, \qquad h(x) = \frac{f(x) + f(-x)}{2}.$$

由此可得下面的证明过程.

证明 引进函数 $\phi(x) = \dfrac{f(x) - f(-x)}{2}, \psi(x) = \dfrac{f(x) + f(-x)}{2}$, 则有

$$\phi(-x) = \frac{f(-x) - f(x)}{2} = -\phi(x),$$

$$\psi(-x) = \frac{f(-x) + f(x)}{2} = \psi(x),$$

即 $\phi(x)$ 为奇函数, $\psi(x)$ 为偶函数. 而 $f(x) = \phi(x) + \psi(x)$, 故 $f(x)$ 可表示为一个奇函数与一个偶函数之和. □

例 1.12 设函数 $f(x)$ 在 $(-\infty, 0) \bigcup (0, +\infty)$ 内有定义, 且满足

$$af(x) + bf\left(\frac{1}{x}\right) = \frac{c}{x}, \tag{3}$$

其中 a, b, c 均为常数，$|a| \neq |b|$, 证明 $f(x)$ 为奇函数.

分析　利用已知条件，可求出 $f(x)$ 的表达式，然后再证明它是奇函数.

证明　在 $af(x)+bf\left(\dfrac{1}{x}\right)=\dfrac{c}{x}$ 中，将 x 换成 $\dfrac{1}{x}$, 得

$$af\left(\frac{1}{x}\right)+bf(x)=cx. \tag{4}$$

联立式 (3) 和式 (4), 解得

$$f(x)=\frac{c}{b^2-a^2}\left(bx-\frac{a}{x}\right).$$

显然，$f(x)$ 是奇函数. □

例 1.13　判断下列函数在其定义域内是否有界:

(1) $f(x)=1+\cos 2x$;　　(2) $f(x)=x\sin x$.

1-2 一元函数有界性

分析　利用有界性的定义来判断. $f(x)$ 在区间 I 上有界是指: 对于任意 $x \in I$, 存在 $M>0$, 使得 $|f(x)| \leqslant M$. $f(x)$ 在 I 上无界是指：对于任意的 $M>0$, 总存在 $x_0 \in I$, 使得 $|f(x_0)|>M$.

解　(1) 由于 $|f(x)|=|1+\cos 2x| \leqslant 1+|\cos 2x| \leqslant 2$, 只需取 $M=2$, 则对于任意的 $x \in (-\infty,+\infty)$, 都有

$$|f(x)| \leqslant M.$$

故 $f(x)=1+\cos 2x$ 在定义域 $(-\infty,+\infty)$ 内有界.

(2) 因为对于任意 $M>0$, 总可以找到 $x_0=2n\pi+\dfrac{\pi}{2}>M$($n$ 为正整数), 使

$$|f(x_0)|=|x_0\sin x_0|=2n\pi+\frac{\pi}{2}>M.$$

故 $f(x)=x\sin x$ 在定义域 $(-\infty,+\infty)$ 内无界.

例 1.14　下列函数是否为周期函数？若是周期函数，周期是什么？

(1) $f(x)=|\sin x|+\sqrt{\tan\dfrac{x}{2}}$;　　(2) $f(x)=\sin x\cos\dfrac{\pi x}{2}$;

(3) $f(x)=\cos(\sqrt{x})^2$.

分析　两个周期函数的和或积是不是周期函数主要看这两个周期函数的周期是否有公倍数 (即两周期之比是否为有理数).

解　(1) 由于 $|\sin x|$ 的周期 $T_1=\pi$, $\sqrt{\tan\dfrac{x}{2}}$ 的周期 $T_2=2\pi$, 它们的最小公倍数是 2π, 故 $f(x)$ 是以 2π 为周期的周期函数.

(2) 由于 $\sin x$ 的周期 $T_1=2\pi$, $\cos\dfrac{\pi x}{2}$ 的周期 $T_2=4$, 而

$$\frac{T_1}{T_2}=\frac{\pi}{2}$$

为无理数，故 $f(x)=\sin x\cos\dfrac{\pi x}{2}$ 不是周期函数.

(3) 周期函数的定义域 D_f 应有下述特征：

若 $x\in D_f$, 则 $x\pm T\in D_f$, 从而 $x\pm nT\in D_f$, 故 D_f 必定既无上界又无下界. 而 $f(x)=\cos(\sqrt{x})^2$ 的定义域为 $[0,+\infty)$, 故 $f(x)$ 不是周期函数.

例 1.15 欲建一个容积为 V 的长方体游泳池，它的底面为正方形. 如果所用材料单位面积的造价池底是池壁的 3 倍，试将总造价表示成底面边长的函数，并确定其定义域.

解 设底面边长为 x, 总造价为 y, 池壁单位面积的造价为 P, 则游泳池的高 $h=\dfrac{V}{x^2}$, 底面单位造价为 $3P$, 侧面积为 $4\dfrac{V}{x^2}x=\dfrac{4V}{x}$, 故总造价

$$y=3Px^2+P\frac{4V}{x}.$$

其定义域为 $x\in(0,+\infty)$.

例 1.16 某工厂生产某种产品，年产量为 Q 台，每台定价为 100 元，当年产量超过 800 台时，超过的部分只能打九折销售，这样可以多售出 200 台，如果再多生产，本年内就销售不出去了，试写出销售总收益 R(单位：元) 与总产量 Q 的函数关系.

解 由题意，可分三种情况讨论：

(1) 当 $0\leqslant Q\leqslant 800$ 时，有 $R=100Q$;

(2) 当 $800<Q\leqslant 1000$ 时，有

$$\begin{aligned}R&=100\times 800+0.9\times 100\times(Q-800)\\&=80000+90(Q-800);\end{aligned}$$

(3) 当 $Q>1000$ 时，有

$$\begin{aligned}R&=100\times 800+0.9\times 100\times(1000-800)\\&=98000.\end{aligned}$$

综上所述，可得收益与产量的函数关系为

$$R=\begin{cases}100Q, & 0\leqslant Q\leqslant 800,\\ 80000+90(Q-800), & 800<Q\leqslant 1000,\\ 98000, & Q>1000.\end{cases}$$

例 1.17 某工厂在一个月生产某产品 Q 件时，总成本费用为 $C(Q)=5Q+200$(单位：万元)，得到的总收益 $R(Q)=10Q-0.01Q^2$(单位：万元)，问一个月生产多少件产品时，所获利润最大.

解 由题意，利润函数为

$$\begin{aligned}L(Q)&=R(Q)-C(Q)=10Q-0.01Q^2-(5Q+200)\\&=-0.01Q^2+5Q-200\\&=-0.01(Q-250)^2+425.\end{aligned}$$

所以，当 $Q=250$ 时，$L(Q)$ 取值最大，即一个月生产 250 件产品时，获得最大利润 425 万元.

小结 建立函数关系式是利用数学工具解决实际问题的首要步骤. 建立函数关系式的一般步骤是：

(1) 分析实际问题中所涉及的各个量，分清哪些是常量，哪些是变量；哪个变量为自变量，哪个变量为因变量，哪些变量应该作为中间变量，并用适当的符号将它们表示出来.

(2) 根据问题的要求和条件，分析各变量之间的内部关系，利用有关知识和公式，用数学式子将这些关系表示出来，化简整理后，可得到函数关系式.

(3) 根据问题的条件，确定自变量的变化范围，给出函数的定义域.

四、疑难问题解答

1. 单调函数必有反函数，非单调的函数是不是一定没有反函数？

答 不是的. 一个函数是否存在反函数，取决于它的对应规则 f 在定义域 D_f 与值域 W_f 之间是否构成一一对应关系. 如果是一一对应，那么必有反函数；否则就没有反函数. 因此单调仅是存在反函数的充分条件，而不是必要条件.

例如：函数

$$f(x)=\begin{cases}-x, & -1\leqslant x\leqslant 0,\\ x+1, & 0<x\leqslant 1\end{cases}$$

在区间 $[-1,1]$ 上不单调 (图 1.1(a))，但它存在反函数 (图 1.1(b))

$$f^{-1}(x)=\begin{cases}-x, & 0\leqslant x\leqslant 1,\\ x-1, & 1<x\leqslant 2.\end{cases}$$

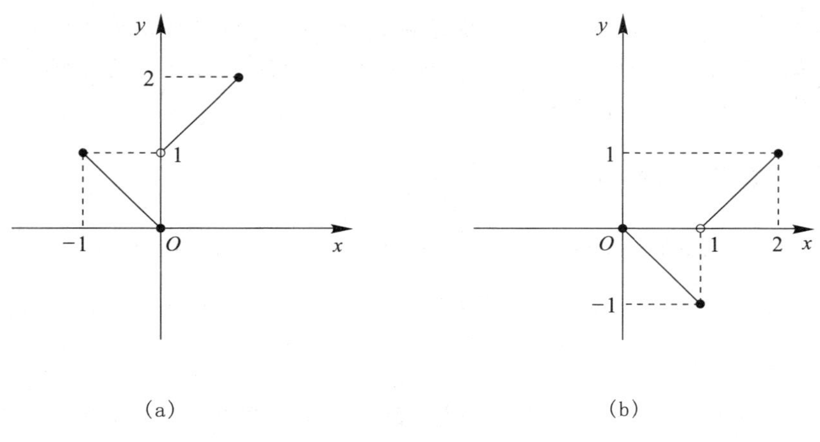

图 1.1

又如函数

$$\phi(x)=\begin{cases}-x, & \text{当 } x \text{ 为有理数},\\ x, & \text{当 } x \text{ 为无理数}\end{cases}$$

在 $(-\infty,+\infty)$ 内不单调，但却有反函数

$$\phi^{-1}(x)=\phi(x).$$

2. 分段函数一定不是初等函数吗？

答 初等函数是指由基本初等函数经有限次四则运算及复合运算所得到的，并能用一个式子表示的函数. 分段函数虽然用几个表示式表示，但并不能肯定说它不能用一个表达式表示，因此，不能说分段函数一定不是初等函数.

例如： $f(x)=|x|$, 通常可写成分段函数的形式：

$$|x|=\begin{cases}x, & x\geqslant 0,\\ -x, & x<0,\end{cases}$$

但是也可以写成一个表达式 $|x|=\sqrt{x^2}$, 因此， $f(x)=|x|$ 是初等函数.

虽然有些分段函数是初等函数，但把它写成一个表达式时，无助于我们讨论它的性质，相反，常会给我们带来麻烦. 因此，对于分段函数，除特殊需要外，通常我们没有必要研究它能否用一个式子表示，没有必要鉴别它究竟是不是初等函数，而把它当作非初等函数对待即可.

练习 1

1. 函数 $y=\dfrac{\ln(2-x)}{\sqrt{|x|-1}}$ 的定义域是 ______________.

2. 在下列各项中， $f(x)$ 与 $g(x)$ 相同的是（　）.

(A) $f(x)=x,\ g(x)=\sqrt{x^2}$

(B) $f(x)=\sqrt{x(x-1)},\ g(x)=\sqrt{x}\sqrt{x-1}$

(C) $f(x)=\sqrt[3]{x^4-x^3},\ g(x)=x\sqrt[3]{x-1}$

(D) $f(x)=2\ln x,\ g(x)=\ln x^2$

3. 设 $f(x)=\begin{cases}1, & |x|\leqslant 1,\\ 0, & |x|>1,\end{cases}$ 则 $f[f(x)]=$ ________.

4. 设 $f\left(\sin\dfrac{x}{2}\right)=1+\cos x$, 则 $f\left(\cos\dfrac{x}{2}\right)=$ ________.

5. 设 $f(x)=\begin{cases}1, & 0\leqslant x\leqslant 1,\\ 0, & 1<x\leqslant 2,\end{cases}$ 则 $g(x)=f(2x)+f(x-2)$（　）.

(A) 无定义　(B) 在 $[0,2]$ 上有定义

(C) 在 $[0,4]$ 上有定义　(D) 在 $[2,4]$ 上有定义

6. 设 $f(x)$ 是 $(-\infty,+\infty)$ 内的偶函数，指出下列函数的奇偶性：

(1) $xf(x)$;　(2) $(x^4+1)f(x)$;　(3) $x+f(x)$;　(4) $x^2-f(x)$.

7. 求下列函数的反函数：

(1) $y=\sqrt[3]{x+1}$;　(2) $y=\dfrac{1}{2}\left(x+\dfrac{1}{x}\right)$　$(|x|\geqslant 1)$.

8. 设函数 $f(x)$ 在 $(0,+\infty)$ 内有定义， $a>0, b>0$. 证明：若 $\dfrac{f(x)}{x}$ 在 $(0,+\infty)$ 内单调减少，则

$$f(a+b)\leqslant f(a)+f(b).$$

9. 在半径为 r 的球体内嵌入一内接圆柱体，试将圆柱的体积表示为其高的函数，并写出函数的定义域.

10. 某企业每天的总成本 C 是产量 Q 的函数

$$C=150+7Q,$$

企业每天的最大生产能力是 100 个单位，求成本函数的定义域及值域.

11. 已知某产品价格 P 和需求量 Q 有关系式 $3P+Q=60$, 求：

(1) 需求函数 $Q=Q(P)$ 并作图；(2) 总收益函数 $R=R(Q)$ 并作图；

(3) 需求量为多少时总收益最大？

练习 1 参考答案与提示

1. $(-\infty,-1)\bigcup(1,2)$.　2. (C).　3. 1.　4. $1-\cos x$.　5. (A).

6. (1) 奇函数；(2) 偶函数；(3) 非奇非偶函数；(4) 偶函数.

7. (1) $y=x^3-1$;　(2) $y=x+\sqrt{x^2-1}$.

8. 略.

9. $V=\pi\left[r^2-\left(\dfrac{h}{2}\right)^2\right]h,\ h\in(0,2r)$.

10. $D=[0,100],\ R=[150,850]$.

11. (1) $Q=60-3P,\ P\in[0,20]$; (2) $R=\dfrac{1}{3}(60-Q)Q$;

(3) $Q=30$ 时，收益 R 最大.

综合练习 1

1. 求下列函数的定义域:

(1) $y=\dfrac{1}{1-x^2}+\sqrt{x+2}$; (2) $y=\dfrac{1}{\sqrt{16-x^2}}+\ln\sin x$.

2. 设 $f(x)=a^{x-\frac{1}{2}}\ (a>0)$, 且 $f(\lg a)=\sqrt{10}$, 求 $f\left(\dfrac{3}{2}\right)$.

3. 设 $f(x)=\begin{cases}1-x^2, & x<1,\\ \ln x, & 1\leqslant x\leqslant \mathrm{e},\end{cases}$ 指出 $f(x)$ 的定义域，并求 $f(-2)$, $f(1)$, $f(2)$.

4. 设 $f(x)=\mathrm{e}^{x^2}$, $f[\varphi(x)]=1-x$ 且 $\varphi(x)\geqslant 0$, 求 $\varphi(x)$ 及其定义域.

5. 若已知 $2f(x)+f(1-x)=x^2$, 求 $f(x)$ 的表达式.

6. 设 $f(x)=\dfrac{x}{x-1}$, 求 $f\left[\dfrac{1}{f(x)-1}\right]$ 的表达式及定义域.

7. 设 $f(x)$ 在区间 $(-l,l)$ 内有定义，证明 $F(x)=x^2[f(x)-f(-x)]$ 是奇函数.

8. 设函数 $f(x)$ 和 $g(x)$ 在 $(-\infty,+\infty)$ 内有定义，其中 $f(x)$ 是单调增加的函数，且 $f(x)\leqslant g(x)$, 证明:

$$f(f(x))\leqslant g(g(x)).$$

9. 设函数 $f(x)$ 和 $g(x)$ 都是区间 (a,b) 内的有界函数，证明它们的乘积 $f(x)g(x)$ 也是 (a,b) 内的有界函数.

10. 某货运公司规定货物的每吨公里运价: 在 100km 以内为 a 元, 超过 100km 时，超过部分为 $\dfrac{4}{5}a$ 元. 试写出每吨货物运价 P 与里程 x (单位: km) 之间的函数关系式.

综合练习 1 参考答案与提示

1. (1) $[-2,-1)\bigcup(-1,1)\bigcup(1,+\infty)$; (2) $(-4,-\pi)\bigcup(0,\pi)$.

2. $f\left(\dfrac{3}{2}\right)=10$ 或 $f\left(\dfrac{3}{2}\right)=\dfrac{1}{\sqrt{10}}$.

3. 定义域为 $(-\infty, \mathrm{e}]$, $f(-2) = -3$, $f(1) = 0$, $f(2) = \ln 2$.

4. $\varphi(x) = \sqrt{\ln(1-x)},\ x \leqslant 0$.

5. $\dfrac{1}{3}x^2 + \dfrac{2}{3}x - \dfrac{1}{3}$.

6. $\dfrac{x-1}{x-2}$. 定义域为 $(-\infty, 1) \bigcup (1, 2) \bigcup (2, +\infty)$.

7. ~ 9. 略.

10. $P = \begin{cases} ax, & 0 < x \leqslant 100, \\ 100a + \dfrac{4}{5}(x - 100), & x > 100. \end{cases}$

第 1 章自测题

第 2 章　极限与连续

2.1　极　限

一、主要内容

数列极限与函数极限的概念，极限的性质，极限的运算法则，数列收敛的判别法及函数极限存在的判别法，两个重要极限，无穷小、无穷大的概念及性质.

二、教学要求

1. 理解数列与函数极限的概念.
2. 理解左极限与右极限的概念.
3. 熟练掌握极限的性质及四则运算法则.
4. 掌握数列收敛的判别法及函数极限存在的判别法，并会利用它求极限.
5. 掌握利用两个重要极限求极限的方法.
6. 理解无穷小、无穷大的概念，掌握无穷小的比较方法，掌握用等价无穷小代换求极限的方法.

三、例题选讲

例 2.1　利用数列极限的定义证明

$$\lim_{n\to\infty}\frac{2n+1}{4n+1}=\frac{1}{2}.$$

分析　根据数列极限的定义，做此类题目，就是要对于任意给定的正数 ε, 找到正整数 N, 使得当 $n>N$ 时，有

$$\left|\frac{2n+1}{4n+1}-\frac{1}{2}\right|<\varepsilon$$

成立. 关键是如何找到正整数 N. 我们注意到

$$\left|\frac{2n+1}{4n+1}-\frac{1}{2}\right|=\frac{1}{2(4n+1)}<\frac{1}{8n},$$

只需 $\frac{1}{8n}<\varepsilon$ 就可以，即 $n>\frac{1}{8\varepsilon}$, 就有

$$\left|\frac{2n+1}{4n+1}-\frac{1}{2}\right|<\varepsilon$$

成立. 因此，可取 $N=\left[\frac{1}{8\varepsilon}\right]+1$, 这里用取整记号 $[\cdot]$ 是为了保证 N 是整数，加 1 是为了保证 $N>0$. 选取 n 时，不拘一定形式，这里也可以简单地说取正整数 $N\geqslant\frac{1}{8\varepsilon}$, 当 $n>N$ 时，恒有

$$\left|\frac{2n+1}{4n+1}-\frac{1}{2}\right|<\varepsilon$$

成立.

证明　对于任意给定的正数 ε, 取 $N=\left[\frac{1}{8\varepsilon}\right]+1$, 当 $n>N$ 时，有

$$\left|\frac{2n+1}{4n+1}-\frac{1}{2}\right|=\frac{1}{2(4n+1)}<\frac{1}{8n}<\frac{1}{8N}<\frac{1}{8\cdot\frac{1}{8\varepsilon}}=\varepsilon$$

成立，即

$$\lim_{n\to\infty}\frac{2n+1}{4n+1}=\frac{1}{2}.$$

□

例 2.2　用函数极限定义证明

$$\lim_{x\to-1}\frac{x^2-1}{x+1}=-2.$$

分析　根据函数极限的定义，要证明该结论，就是要对于任意给定的正数 ε, 找到正数 δ, 使得当 $0<|x-(-1)|<\delta$ 时，有

$$\left|\frac{x^2-1}{x+1}-(-2)\right|<\varepsilon$$

成立. 如何找到这样的 δ 是关键. 由于当 $x\neq-1$ 时,

$$\left|\frac{x^2-1}{x+1}-(-2)\right|=|x+1|,$$

因此，只需取 $\delta=\varepsilon$, 当 $0<|x-(-1)|<\delta$ 时,

$$\left|\frac{x^2-1}{x+1}-(-2)\right|=|x+1|<\varepsilon$$

成立，结论即可得证.

证明 对于任意给定的正数 ε, 取 $\delta=\varepsilon$, 当 $0<|x-(-1)|<\delta$ 时，有

$$\left|\frac{x^2-1}{x+1}-(-2)\right|=|x+1|<\delta=\varepsilon$$

成立，所以

$$\lim_{x\to-1}\frac{x^2-1}{x+1}=-2.$$

□

例 2.3 对于数列 $\{x_n\}$, 若 $\lim\limits_{k\to\infty}x_{2k}=\lim\limits_{k\to\infty}x_{2k+1}=a$, 证明 $\lim\limits_{n\to\infty}x_n=a$.

证明 对于任意给定的正数 ε, 由于 $\lim\limits_{k\to\infty}x_{2k}=a$, 根据数列极限的定义，总存在正整数 N_1, 使得当 $k>N_1$ 时,

$$|x_{2k}-a|<\varepsilon \tag{1}$$

成立, 又由于 $\lim\limits_{k\to\infty}x_{2k+1}=a$, 则对于上述正数 ε, 总存在正整数 N_2, 使得当 $k>N_2$ 时，有

$$|x_{2k+1}-a|<\varepsilon \tag{2}$$

成立.

现取 $N=\max\{2N_1,2N_2+1\}$, 则当 $n>N$ 时，式 (1) 和式 (2) 同时成立，即

$$|x_n-a|<\varepsilon$$

成立，因此

$$\lim_{n\to\infty}x_n=a.$$

□

例 2.4 证明 $\lim\limits_{x\to x_0}f(x)=A$ 的充分必要条件是 $\lim\limits_{x\to x_0^-}f(x)=\lim\limits_{x\to x_0^+}f(x)=A$.

分析 此题应该利用极限、左极限、右极限的定义.

证明 必要性. 因为 $\lim\limits_{x\to x_0}f(x)=A$, 故对于任意给定的正数 ε, 总存在 $\delta>0$, 当 $0<|x-x_0|<\delta$ 时，有

$$|f(x)-A|<\varepsilon$$

成立.

因此，当 $0<x_0-x<\delta$ 时，有

$$|f(x)-A|<\varepsilon$$

成立，即

$$\lim_{x\to x_0^-}f(x)=A.$$

当 $0 < x - x_0 < \delta$ 时，有

$$|f(x) - A| < \varepsilon,$$

即

$$\lim_{x \to x_0^+} f(x) = A.$$

必要性得证.

充分性. 若 $\lim\limits_{x \to x_0^-} f(x) = \lim\limits_{x \to x_0^+} f(x) = A$, 根据左、右极限的定义，对于任意给定的正数 ε, 总存在 $\delta_1 > 0$, 当 $0 < x_0 - x < \delta_1$ 时，有

$$|f(x) - A| < \varepsilon \tag{3}$$

成立；总存在 $\delta_2 > 0$, 当 $0 < x - x_0 < \delta_2$ 时，有

$$|f(x) - A| < \varepsilon \tag{4}$$

成立. 取 $\delta = \min\{\delta_1, \delta_2\}$, 则当 $0 < |x - x_0| < \delta$ 时，有 $0 < x_0 - x < \delta \leqslant \delta_1$ 且 $0 < x - x_0 < \delta \leqslant \delta_2$, 式 (3) 和式 (4) 同时成立. 故

$$|f(x) - A| < \varepsilon$$

成立，因此

$$\lim_{x \to x_0} f(x) = A.$$

□

例 2.5　设 $x_n = \dfrac{1}{1+2} + \dfrac{1}{1+2+3} + \cdots + \dfrac{1}{1+2+\cdots+(n+1)}$　$(n = 1, 2, \cdots)$, 求 $\lim\limits_{n \to \infty} x_n$.

分析　先将 x_n 化简整理，然后再求极限.

解　由于

$$\begin{aligned} x_n &= \frac{2}{2 \times 3} + \frac{2}{3 \times 4} + \cdots + \frac{2}{(n+1)(n+2)} \\ &= 2\left[\left(\frac{1}{2} - \frac{1}{3}\right) + \left(\frac{1}{3} - \frac{1}{4}\right) + \cdots + \left(\frac{1}{n+1} - \frac{1}{n+2}\right)\right] \\ &= 2\left(\frac{1}{2} - \frac{1}{n+2}\right) = 1 - \frac{2}{n+2} \quad (n = 1, 2, \cdots), \end{aligned}$$

因此

$$\lim_{n \to \infty} x_n = \lim_{n \to \infty}\left(1 - \frac{2}{n+2}\right) = 1.$$

例 2.6 求 $\lim\limits_{n\to\infty}\left(\dfrac{1}{n^3}+\dfrac{2}{n^3}+\cdots+\dfrac{n}{n^3}\right)$.

分析 此题中的数列不是有限项的和的形式，因此，不能用有限项和求极限的法则，可先将数列变形化简，变为可以利用求极限运算法则的极限形式，然后求极限.

解

$$\begin{aligned}&\lim_{n\to\infty}\left(\frac{1}{n^3}+\frac{2}{n^3}+\cdots+\frac{n}{n^3}\right)=\lim_{n\to\infty}\frac{1+2+\cdots+n}{n^3}\\&=\lim_{n\to\infty}\frac{n+1}{2n^2}=\lim_{n\to\infty}\left(\frac{1}{2n}+\frac{1}{2n^2}\right)\\&=0.\end{aligned}$$

例 2.7 求 $\lim\limits_{x\to\infty}\dfrac{x^3-5x+3}{3x^3-4x^2+x}$.

分析 当 $x\to\infty$ 时，分子和分母都趋于 ∞，不能直接用商的极限运算法则.

解

$$\begin{aligned}&\lim_{x\to\infty}\frac{x^3-5x+3}{3x^3-4x^2+x}=\lim_{x\to\infty}\frac{1-\dfrac{5}{x^2}+\dfrac{3}{x^3}}{3-\dfrac{4}{x}+\dfrac{1}{x^2}}\\&=\frac{1-0+0}{3-0+0}=\frac{1}{3}.\end{aligned}$$

小结 例 2.6 和例 2.7 是 $x\to\infty$(或 $n\to\infty$，下面仅以 $x\to\infty$ 为例) 时，求形如

$$\lim_{x\to\infty}\frac{a_0x^m+a_1x^{m-1}+\cdots+a_m}{b_0x^n+b_1x^{n-1}+\cdots+b_n}$$

的极限，其中 $a_0\neq 0, b_0\neq 0$, m 和 n 均为正整数. 这样的问题通常是将分子和分母同除以 x 的最高次幂 $x^k(k=\max\{m,n\})$，然后再用求极限的四则运算法则，得到的结果是

$$\lim_{x\to\infty}\frac{a_0x^m+a_1x^{m-1}+\cdots+a_m}{b_0x^n+b_1x^{n-1}+\cdots+b_n}=\begin{cases}\dfrac{a_0}{b_0}, & m=n,\\ 0, & m<n,\\ \infty, & m>n.\end{cases}$$

对于下面无理函数的极限问题，也可以用类似的方法来处理.

例 2.8 求 $\lim\limits_{x\to+\infty}\dfrac{\sqrt{4x^2+2x-1}-x-2}{\sqrt{x^2+3x}}$.

解

$$\lim_{x\to+\infty}\frac{\sqrt{4x^2+2x-1}-x-2}{\sqrt{x^2+3x}}=\lim_{x\to+\infty}\frac{\sqrt{4+\dfrac{2}{x}-\dfrac{1}{x^2}}-1-\dfrac{2}{x}}{\sqrt{1+\dfrac{3}{x}}}=1.$$

读者不妨试一下，计算当 $x\to-\infty$ 时该函数的极限，并判断 $x\to\infty$ 时，该函数极限是否存在.

例 2.9　求 $\lim\limits_{x\to2}\left(\dfrac{1}{x-2}-\dfrac{12}{x^3-8}\right)$.

分析　当 $x\to2$ 时，上式中的两项均无极限，因此，不能用求极限的四则运算法则，应该将其通分整理后，再求极限.

解

$$\lim_{x\to2}\left(\frac{1}{x-2}-\frac{12}{x^3-8}\right)=\lim_{x\to2}\frac{x^2+2x-8}{x^3-8}=\lim_{x\to2}\frac{x+4}{x^2+2x+4}=\frac{1}{2}.$$

例 2.10　求 $\lim\limits_{x\to+\infty}\left(\sqrt{x+\sqrt{x+\sqrt{x}}}-\sqrt{x}\right)$.

分析　与例 2.9 一样，不能直接用求极限的四则运算法则. 考虑此式是根式的形式，可以用有理化的方法将它变形整理，然后再求其极限.

解

$$\lim_{x\to+\infty}\left(\sqrt{x+\sqrt{x+\sqrt{x}}}-\sqrt{x}\right)=\lim_{x\to+\infty}\frac{\sqrt{x+\sqrt{x}}}{\sqrt{x+\sqrt{x+\sqrt{x}}}+\sqrt{x}}=\lim_{x\to+\infty}\frac{\sqrt{1+\dfrac{1}{\sqrt{x}}}}{\sqrt{1+\sqrt{\dfrac{1}{x}+\dfrac{\sqrt{x}}{x^2}}}+1}=\frac{1}{2}.$$

例 2.11　求下列各极限：

(1) $\lim\limits_{x\to1}\dfrac{x^m-1}{x^n-1}$　(m,n均为正整数);

(2) $\lim\limits_{x\to 1}\dfrac{\sqrt{1+x}-\sqrt{2}}{x^2-1}$;

(3) $\lim\limits_{x\to -8}\dfrac{\sqrt{1-x}-3}{2+\sqrt[3]{x}}$.

分析　这 3 个题目在各自的自变量变化过程中，分子、分母的极限都是零，不能直接用求极限的四则运算法则.

处理方法：用初等数学的方法，经过变形整理后，消去致零因子，然后再用四则运算法则求其极限.

解

$$
\begin{aligned}
(1)\quad \lim_{x\to 1}\frac{x^m-1}{x^n-1}&=\lim_{x\to 1}\frac{(x-1)(x^{m-1}+x^{m-2}+\cdots+x+1)}{(x-1)(x^{n-1}+x^{n-2}+\cdots+x+1)}\\
&=\lim_{x\to 1}\frac{x^{m-1}+x^{m-2}+\cdots+x+1}{x^{n-1}+x^{n-2}+\cdots+x+1}\\
&=\frac{m}{n}.
\end{aligned}
$$

$$
\begin{aligned}
(2)\quad \lim_{x\to 1}\frac{\sqrt{1+x}-\sqrt{2}}{x^2-1}&=\lim_{x\to 1}\frac{(\sqrt{1+x}-\sqrt{2})(\sqrt{1+x}+\sqrt{2})}{(x-1)(x+1)(\sqrt{1+x}+\sqrt{2})}\\
&=\lim_{x\to 1}\frac{1}{(x+1)(\sqrt{1+x}+\sqrt{2})}\\
&=\frac{1}{4\sqrt{2}}.
\end{aligned}
$$

$$
\begin{aligned}
(3)\quad \lim_{x\to -8}\frac{\sqrt{1-x}-3}{2+\sqrt[3]{x}}&=\lim_{x\to -8}\frac{(\sqrt{1-x}-3)(\sqrt{1-x}+3)(4-2\sqrt[3]{x}+\sqrt[3]{x^2})}{(2+\sqrt[3]{x})(4-2\sqrt[3]{x}+\sqrt[3]{x^2})(\sqrt{1-x}+3)}\\
&=\lim_{x\to -8}\frac{-(8+x)[(4-2\sqrt[3]{x}+\sqrt[3]{x^2})]}{(x+8)(\sqrt{1-x}+3)}\\
&=\lim_{x\to -8}-\frac{4-2\sqrt[3]{x}+\sqrt[3]{x^2}}{\sqrt{1-x}+3}\\
&=-2.
\end{aligned}
$$

注　对于上题中的 (3) 题，也可以用下面的变量替换的方法来求解，其过程会简便一些.

(3) 令 $\sqrt[3]{x}=t$, 则 $x=t^3$, 且当 $x\to -8$ 时， $t\to -2$.

$$
\begin{aligned}
\lim_{x\to -8}\frac{\sqrt{1-x}-3}{2+\sqrt[3]{x}}&=\lim_{t\to -2}\frac{\sqrt{1-t^3}-3}{2+t}\\
&=\lim_{t\to -2}\frac{-t^3-8}{(2+t)(\sqrt{1-t^3}+3)}
\end{aligned}
$$

$$= \lim_{t\to -2} \frac{-t^2+2t-4}{\sqrt{1-t^3}+3}$$
$$= -2.$$

例 2.12　求下列极限：

(1) $\lim\limits_{x\to 0} \dfrac{\sin ax}{\tan bx}$ (a, b 是非零常数)；　(2) $\lim\limits_{x\to\infty} x\sin\dfrac{2}{x}$；

(3) $\lim\limits_{x\to 0} \dfrac{x}{\sin(\sin x)}$；　(4) $\lim\limits_{x\to 1}(1-x)\tan\left(\dfrac{\pi}{2}x\right)$.

解

$$(1)\quad \lim_{x\to 0}\frac{\sin ax}{\tan bx} = \lim_{x\to 0}\frac{\sin ax}{ax}\cdot\frac{bx}{\sin bx}\cdot\cos bx\cdot\frac{a}{b} = 1\times 1\times 1\times\frac{a}{b} = \frac{a}{b}.$$

$$(2)\quad \lim_{x\to\infty} x\sin\frac{2}{x} = \lim_{\frac{1}{x}\to 0}\frac{2\sin\dfrac{2}{x}}{\dfrac{2}{x}} = 2.$$

$$(3)\quad \lim_{x\to 0}\frac{x}{\sin(\sin x)} = \lim_{x\to 0}\frac{\sin x}{\sin(\sin x)}\cdot\frac{x}{\sin x} = \lim_{x\to 0}\frac{\sin x}{\sin(\sin x)}\cdot\lim_{x\to 0}\frac{x}{\sin x} = 1.$$

$$(4)\quad \lim_{x\to 1}(1-x)\tan\left(\frac{\pi}{2}x\right) = \lim_{x\to 1}(x-1)\cot\frac{\pi}{2}(x-1) = \frac{2}{\pi}\lim_{x\to 1}\frac{\dfrac{\pi}{2}(x-1)}{\tan\dfrac{\pi}{2}(x-1)} = \frac{2}{\pi}.$$

注　重要极限公式 $\lim\limits_{x\to 0}\dfrac{\sin x}{x} = 1$ 可推广成 $\lim\limits_{u\to 0}\dfrac{\sin u}{u} = 1$ 或 $\lim\limits_{u\to 0}\dfrac{u}{\sin u} = 1$, 其中 $u = \varphi(x)$.

例 2.13　求下列极限：

(1) $\lim\limits_{x\to\infty}\left(1+\dfrac{1}{3x}\right)^x$；　(2) $\lim\limits_{x\to\infty}\left(\dfrac{x+1}{x-1}\right)^x$；　(3) $\lim\limits_{x\to 1} x^{\frac{3}{x-1}}$.

解

$$(1)\quad \lim_{x\to\infty}\left(1+\frac{1}{3x}\right)^x = \lim_{x\to\infty}\left(1+\frac{1}{3x}\right)^{3x\cdot\frac{1}{3}}$$

$$
\begin{aligned}
&= \lim_{x\to\infty}\left[\left(1+\frac{1}{3x}\right)^{3x}\right]^{\frac{1}{3}} \\
&= \mathrm{e}^{\frac{1}{3}}.
\end{aligned}
$$

$$
\begin{aligned}
(2)\quad \lim_{x\to\infty}\left(\frac{x+1}{x-1}\right)^{x} &= \lim_{x\to\infty}\left(1+\frac{2}{x-1}\right)^{x} \\
&= \lim_{x\to\infty}\left[\left(1+\frac{2}{x-1}\right)^{\frac{x-1}{2}+\frac{1}{2}}\right]^{2} \\
&= \lim_{x\to\infty}\left[\left(1+\frac{2}{x-1}\right)^{\frac{x-1}{2}}\right]^{2}\cdot\lim_{x\to\infty}\left(1+\frac{2}{x-1}\right) \\
&= \mathrm{e}^{2}\cdot 1=\mathrm{e}^{2}.
\end{aligned}
$$

或

$$
\begin{aligned}
\lim_{x\to\infty}\left(\frac{x+1}{x-1}\right)^{x} &= \lim_{x\to\infty}\frac{\left(\dfrac{x+1}{x}\right)^{x}}{\left(\dfrac{x-1}{x}\right)^{x}}=\frac{\lim\limits_{x\to\infty}\left(1+\dfrac{1}{x}\right)^{x}}{\lim\limits_{x\to\infty}\left(1-\dfrac{1}{x}\right)^{x}} \\
&= \frac{\mathrm{e}}{\mathrm{e}^{-1}}=\mathrm{e}^{2}.
\end{aligned}
$$

$$
(3)\quad \lim_{x\to 1}x^{\frac{3}{x-1}}=\lim_{x\to 1}[1+(x-1)]^{\frac{1}{x-1}\times 3}=\mathrm{e}^{3}.
$$

注 重要极限公式 $\lim\limits_{x\to\infty}\left(1+\dfrac{1}{x}\right)^{x}=\mathrm{e}$ 可以推广成 $\lim\limits_{u\to\infty}\left(1+\dfrac{1}{u}\right)^{u}=\mathrm{e}$ 或 $\lim\limits_{u\to 0}(1+u)^{\frac{1}{u}}=\mathrm{e}$, 其中 $u=\varphi(x)$.

例 2.14 求 $\lim\limits_{x\to\infty}\dfrac{\arctan x}{x}$.

解 因为 $|\arctan x|<\dfrac{\pi}{2}$, 即 $\arctan x$ 有界. 而 $\lim\limits_{x\to\infty}\dfrac{1}{x}=0$, 即当 $x\to\infty$ 时, $\dfrac{1}{x}$ 是无穷小量. 因此

$$
\lim_{x\to\infty}\frac{\arctan x}{x}=0.
$$

注 由于 $\lim\limits_{x\to+\infty}\arctan x=\dfrac{\pi}{2}$, $\lim\limits_{x\to-\infty}\arctan x=-\dfrac{\pi}{2}$, $\lim\limits_{x\to\infty}\arctan x$ 不存在, 因此下面的等式是不成立的:

$$
\lim_{x\to\infty}\frac{\arctan x}{x}=\lim_{x\to\infty}\frac{1}{x}\cdot\lim_{x\to\infty}\arctan x.
$$

例 2.15　求下列极限:

(1) $\lim\limits_{x\to\infty}[(x+2)\mathrm{e}^{\frac{1}{x}}-x]$;　　(2) $\lim\limits_{x\to a}\dfrac{\sin x-\sin a}{\mathrm{e}^x-\mathrm{e}^a}$.

解

$$(1)\quad \lim_{x\to\infty}[(x+2)\mathrm{e}^{\frac{1}{x}}-x]=\lim_{x\to\infty}(x\mathrm{e}^{\frac{1}{x}}-x)+\lim_{x\to\infty}2\mathrm{e}^{\frac{1}{x}}$$
$$=\lim_{x\to\infty}\frac{\mathrm{e}^{\frac{1}{x}}-1}{\dfrac{1}{x}}+2.$$

当 $x\to\infty$ 时, $\dfrac{1}{x}\to 0, \mathrm{e}^{\frac{1}{x}}-1\sim\dfrac{1}{x}$, 所以

$$原式=\lim_{x\to\infty}\frac{\dfrac{1}{x}}{\dfrac{1}{x}}+2=3.$$

$$(2)\quad \lim_{x\to a}\frac{\sin x-\sin a}{\mathrm{e}^x-\mathrm{e}^a}=\lim_{x\to a}\frac{2\cos\dfrac{x+a}{2}\sin\dfrac{x-a}{2}}{\mathrm{e}^a(\mathrm{e}^{x-a}-1)},$$

因为当 $x\to a$ 时, $x-a\to 0, \sin\dfrac{x-a}{2}\sim\dfrac{x-a}{2}, \mathrm{e}^{x-a}-1\sim x-a$, 所以

$$原式=\lim_{x\to a}\frac{2\cos\dfrac{x+a}{2}\cdot\dfrac{x-a}{2}}{\mathrm{e}^a(x-a)}=\frac{\cos a}{\mathrm{e}^a}.$$

注　(1) 合理地利用等价无穷小代换可以简化求分式极限的过程. 但要注意分子和分母都是无穷小时才可以代换. 分子或分母是代数和的形式时不能单拿出来一项用其等价无穷小代替.

(2) 要熟知一些常用的等价无穷小. 例如, 当 $x\to 0$ 时,

$$x\sim\sin x\sim\tan x\sim\mathrm{e}^x-1\sim\ln(1+x)\sim\arctan x\sim\arcsin x;$$

$$1-\cos x\sim\frac{x^2}{2};\qquad (1+\beta x)^\alpha-1\sim\alpha\beta x\quad(\alpha\neq 0,\beta\neq 0).$$

例 2.16　$\lim\limits_{x\to 0^+}\dfrac{1-\sqrt{\cos x}}{1-\cos\sqrt{x}}$.

解　由于当 $x\to 0^+$ 时, $1-\cos x\sim\dfrac{x^2}{2}$, 所以 $1-\cos\sqrt{x}\sim\dfrac{x}{2}$, 因此

$$\lim_{x\to 0^+}\frac{1-\sqrt{\cos x}}{1-\cos\sqrt{x}}=\lim_{x\to 0^+}\frac{1-\sqrt{\cos x}}{\dfrac{x}{2}}$$

$$
\begin{aligned}
&= \lim_{x \to 0^+} \frac{2(1-\cos x)}{x(1+\sqrt{\cos x})} \\
&= \lim_{x \to 0^+} \frac{2 \cdot \dfrac{x^2}{2}}{x(1+\sqrt{\cos x})} \\
&= 0.
\end{aligned}
$$

例 2.17 讨论下列函数在 $x=0$ 处是否有极限，并说明理由.

(1) $f(x)=\begin{cases}(1+x)^{-\frac{3}{x}}, & x<0, \\ (1-3x)^{\frac{1}{x}}, & x>0;\end{cases}$ (2) $f(x)=\dfrac{\sqrt{1-\cos x}}{x}$.

分析 分段函数 (或带有绝对值的函数) 在分段点处两端的表达式不同时，要讨论在分段点处的极限，一般应借助于左、右极限.

解 (1) 由于

$$
\begin{aligned}
\lim_{x \to 0^-} f(x) &= \lim_{x \to 0^-} (1+x)^{-\frac{3}{x}} = \mathrm{e}^{-3}, \\
\lim_{x \to 0^+} f(x) &= \lim_{x \to 0^+} (1-3x)^{\frac{1}{x}} \\
&= \lim_{x \to 0^+} (1-3x)^{\left(-\frac{1}{3x}\right)(-3)} = \mathrm{e}^{-3},
\end{aligned}
$$

即 $\lim\limits_{x \to 0^-} f(x) = \lim\limits_{x \to 0^+} f(x) = \mathrm{e}^{-3}$, 所以

$$
\lim_{x \to 0} f(x) = \mathrm{e}^{-3}.
$$

注 $f(x)$ 在 $x=x_0$ 处是否有定义并不影响 $f(x)$ 在该点处是否有极限.

(2) 由于 $f(x)=\dfrac{\sqrt{1-\cos x}}{x}=\dfrac{\sqrt{2\sin^2\dfrac{x}{2}}}{x}=\dfrac{\sqrt{2}\left|\sin\dfrac{x}{2}\right|}{x}$, 因此有

$$
\begin{aligned}
\lim_{x \to 0^-} f(x) &= \lim_{x \to 0^-} \frac{\sqrt{2}\left|\sin\dfrac{x}{2}\right|}{x} \\
&= \lim_{x \to 0^-} \left(-\frac{\sqrt{2}\sin\dfrac{x}{2}}{x}\right) = -\frac{\sqrt{2}}{2},
\end{aligned}
$$

$$
\begin{aligned}
\lim_{x \to 0^+} f(x) &= \lim_{x \to 0^+} \frac{\sqrt{2}\left|\sin\dfrac{x}{2}\right|}{x} \\
&= \lim_{x \to 0^+} \frac{\sqrt{2}\sin\dfrac{x}{2}}{x} = \frac{\sqrt{2}}{2},
\end{aligned}
$$

所以

$$\lim_{x\to0^-} f(x) \neq \lim_{x\to0^+} f(x).$$

由此 $f(x)=\dfrac{\sqrt{1-\cos x}}{x}$ 在 $x=0$ 处极限不存在.

例 2.18 讨论下列极限是否存在:

(1) $\lim\limits_{x\to0}\dfrac{1}{1-\mathrm{e}^{\frac{1}{x}}}$;　　(2) $\lim\limits_{x\to0}(1+x)\arctan\dfrac{1}{x}$.

解 (1) 由于 $\lim\limits_{x\to0^+}\dfrac{1}{x}=+\infty$, $\lim\limits_{x\to0^+}\mathrm{e}^{\frac{1}{x}}=+\infty$, 所以 $\lim\limits_{x\to0^+}\dfrac{1}{1-\mathrm{e}^{\frac{1}{x}}}=0.$ 而

$$\lim_{x\to0^-}\frac{1}{x}=-\infty, \qquad \lim_{x\to0^-}\mathrm{e}^{\frac{1}{x}}=0,$$

所以

$$\lim_{x\to0^-}\frac{1}{1-\mathrm{e}^{\frac{1}{x}}}=1,$$

故极限 $\lim\limits_{x\to0}\dfrac{1}{1-\mathrm{e}^{\frac{1}{x}}}$ 不存在.

(2) 由于 $\lim\limits_{x\to0^-}\arctan\dfrac{1}{x}=-\dfrac{\pi}{2}$, $\lim\limits_{x\to0^+}\arctan\dfrac{1}{x}=\dfrac{\pi}{2}$, 因此

$$\lim_{x\to0^-}(1+x)\arctan\frac{1}{x}=-\frac{\pi}{2},$$

$$\lim_{x\to0^+}(1+x)\arctan\frac{1}{x}=\frac{\pi}{2},$$

故极限 $\lim\limits_{x\to0}(1+x)\arctan\dfrac{1}{x}$ 不存在.

小结 需要借助于左、右极限来研究函数极限通常有两种情况:

(1) 考察点是分段函数 (或含有绝对值函数) 的分段点, 而在该点左、右两侧函数的表达式不一致 (如例 2.17);

(2) 涉及 $\lim\limits_{x\to\infty}\mathrm{e}^x$, $\lim\limits_{x\to\infty}\arctan x$ 等极限问题 (如例 2.18), 需熟悉下列几个基本结论:

$$\lim_{x\to+\infty}\mathrm{e}^x=+\infty;\quad \lim_{x\to-\infty}\mathrm{e}^x=0;$$

$$\lim_{x\to+\infty}\arctan x=\frac{\pi}{2};\quad \lim_{x\to-\infty}\arctan x=-\frac{\pi}{2}.$$

例 2.19 已知 $\lim\limits_{x\to2}\dfrac{x^3-x^2+a}{x-2}=b$, 其中 a 和 b 为常数, 求 a 与 b 的值.

解　因为 $\lim\limits_{x\to 2}(x-2)=0, b$ 为常数，所以 $\lim\limits_{x\to 2}(x^3-x^2+a)=8-4+a=0$，即 $a=-4$. 而

$$\begin{aligned}\lim_{x\to 2}\frac{x^3-x^2-4}{x-2}&=\lim_{x\to 2}\frac{(x^2+x+2)(x-2)}{x-2}\\&=\lim_{x\to 2}(x^2+x+2)=8,\end{aligned}$$

即 $b=8$.

例 2.20　求极限 $\lim\limits_{n\to\infty}\left(\dfrac{1}{n^2+n+1}+\dfrac{2}{n^2+n+2}+\cdots+\dfrac{n}{n^2+n+n}\right)$.

分析　这是 n 项和的极限，不能用和的极限法则，又不能合并成有限项，可考虑用夹逼准则求极限.

解　设 $x_n=\dfrac{1}{n^2+n+1}+\dfrac{2}{n^2+n+2}+\cdots+\dfrac{n}{n^2+n+n}$，则

$$\frac{1+2+\cdots+n}{n^2+n+n}\leqslant x_n\leqslant\frac{1+2+\cdots+n}{n^2+n+1},\quad n=1,2,\cdots,$$

而

$$\lim_{n\to\infty}\frac{1+2+\cdots+n}{n^2+n+n}=\lim_{n\to\infty}\frac{\frac{1}{2}n(n+1)}{n^2+n+n}=\frac{1}{2},$$

$$\lim_{n\to\infty}\frac{1+2+\cdots+n}{n^2+n+1}=\lim_{n\to\infty}\frac{\frac{1}{2}n(n+1)}{n^2+n+1}=\frac{1}{2},$$

根据夹逼准则，有

$$\lim_{n\to\infty}x_n=\frac{1}{2}.$$

注　使用夹逼准则的关键技巧是将所求极限的数列进行适当的放大或缩小，并且放大和缩小后得到的数列的极限要相等.

例 2.21　设 $a_1=2, a_{n+1}=\dfrac{1}{2}\left(a_n+\dfrac{1}{a_n}\right)$ $(n=1,2,\cdots)$，证明 $\lim\limits_{n\to\infty}a_n$ 存在，并求出极限.

分析　此类用递推公式给出的数列极限问题通常可考虑利用单调有界原理证明极限存在，再在极限存在的基础上求出极限.

2-1 单调有界原理

解　由已知，$a_n>0, n=1,2,\cdots$，所以

$$a_{n+1}=\frac{1}{2}\left(a_n+\frac{1}{a_n}\right)\geqslant\sqrt{a_n\cdot\frac{1}{a_n}}=1,\quad n=1,2,\cdots,$$

故数列 $\{a_n\}$ 有下界.

再由

$$\frac{a_{n+1}}{a_n}=\frac{\frac{1}{2}\left(a_n+\frac{1}{a_n}\right)}{a_n}=\frac{1}{2}\left(1+\frac{1}{a_n^2}\right),$$

而 $a_n\geqslant 1$, 所以 $\frac{a_{n+1}}{a_n}<1$, 即 $a_{n+1}<a_n, n=1,2,\cdots$. 故数列 $\{a_n\}$ 单调减少且有下界，由单调有界原理可知，数列 $\{a_n\}$ 收敛.

设 $\lim\limits_{n\to\infty}a_n=a(a\neq 0,$否则与 $a_{n+1}\geqslant 1$矛盾), 自然有 $\lim\limits_{n\to\infty}a_{n+1}=a$, 在等式

$$a_{n+1}=\frac{1}{2}\left(a_n+\frac{1}{a_n}\right)$$

中，令 $n\to\infty$, 有

$$\lim_{n\to\infty}a_{n+1}=\lim_{n\to\infty}\frac{1}{2}\left(a_n+\frac{1}{a_n}\right),$$

即

$$a=\frac{1}{2}\left(a+\frac{1}{a}\right),$$

解得 $a=1$ ($a=-1$ 不合题意), 故

$$\lim_{n\to\infty}a_n=1.$$

注　(1) 证明数列 $\{x_n\}$ 单调性常用的几种方法是：

①归纳法；②将 $\frac{a_{n+1}}{a_n}$ 与 1 比较；③将 $x_{n+1}-x_n$ 与 0 比较；④证明函数 $f(x)$ 为单调函数，其中 $f(n)=x_n$.

(2) 证明数列 $\{x_n\}$ 的有界性，通常要对数列 $\{x_n\}$ 进行适当的放缩.

例 2.22　设数列 $\{x_n\}$ 满足 $0<x_1<\pi$, $x_{n+1}=\sin x_n$ $(n=1,2,\cdots)$.

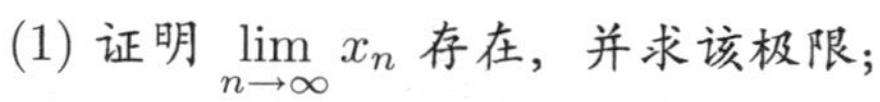

(1) 证明 $\lim\limits_{n\to\infty}x_n$ 存在，并求该极限；

(2) 计算 $\lim\limits_{n\to\infty}\left(\frac{x_{n+1}}{x_n}\right)^{\frac{1}{x_n^2}}$.

2-2 数列极限重要公式

解　(1) 用归纳法证明 $\{x_n\}$ 单调减少且有下界.

由 $0<x_1<\pi$, 得 $0<x_2=\sin x_1<x_1<\pi$; 设 $0<x_n<\pi$, 则 $0<x_{n+1}=\sin x_n<x_n<\pi$; 故 $\{x_n\}$ 单调减少且有下界，故 $\lim\limits_{n\to\infty}x_n$ 存在.

记 $a=\lim\limits_{n\to\infty}x_n$, 由 $x_{n+1}=\sin x_n$ 得 $a=\sin a$, 所以 $a=0$, 即

$$\lim_{n\to\infty} x_n = 0.$$

(2) 因为

$$\lim_{n\to\infty}\left(\frac{x_{n+1}}{x_n}\right)^{\frac{1}{x_n^2}} = \lim_{n\to\infty}\left(\frac{\sin x_n}{x_n}\right)^{\frac{1}{x_n^2}} = \lim_{x\to 0}\left(\frac{\sin x}{x}\right)^{\frac{1}{x^2}}.$$

$$\lim_{x\to 0}\left(\frac{\sin x}{x}\right)^{\frac{1}{x^2}} = \lim_{x\to 0}\left[\left(1+\frac{\sin x - x}{x}\right)^{\frac{x}{\sin x - x}}\right]^{\frac{\sin x - x}{x^3}},$$

而

$$\lim_{x\to 0}\left(1+\frac{\sin x - x}{x}\right)^{\frac{x}{\sin x - x}} = \mathrm{e};$$

$$\lim_{x\to 0}\frac{\sin x - x}{x^3} = -\frac{1}{6}\ (\text{在第 4 章介绍此类问题解法}),$$

所以

$$\lim_{n\to\infty}\left(\frac{x_{n+1}}{x_n}\right)^{\frac{1}{x_n^2}} = \mathrm{e}^{-\frac{1}{6}}.$$

例 2.23 函数 $f(x)=x\sin x$ 在 $(-\infty,+\infty)$ 内是否有界？当 $x\to+\infty$ 时，这个函数是否是无穷大？为什么？

解 取 $x_n=2n\pi+\dfrac{\pi}{2}, n\in\mathbb{Z}$, 则 $f(x_n)=f\left(2n\pi+\dfrac{\pi}{2}\right)=2n\pi+\dfrac{\pi}{2}$, 所以 $f(x)=x\sin x$ 在 $(-\infty,+\infty)$ 内无界.

取 $x_n=2n\pi, n\in\mathbb{Z}^+$, 因为 $\lim\limits_{n\to\infty}x_n=+\infty$, 而 $f(x_n)=f(2n\pi)=0$, 所以当 $x\to+\infty$ 时， $y=x\sin x$ 不是无穷大.

练习 2.1

1. 若 $\lim\limits_{x\to x_0}f(x)=0$, 是否一定有 $\lim\limits_{x\to x_0}f(x)g(x)=0$?

2. 利用极限的定义证明：

(1) $\lim\limits_{n\to\infty}\dfrac{3n-2}{2n+1}=\dfrac{3}{2}$;　　(2) $\lim\limits_{x\to 2}(5x+2)=12$;

(3) $\lim\limits_{x\to -2}\dfrac{x^2-4}{x+2}=-4$.

3. 求下列极限：

(1) $\lim\limits_{n\to\infty}(\sqrt{n^4+n+1}-n^2)(n+3)$;　　(2) $\lim\limits_{x\to\infty}\dfrac{\sqrt[3]{x}\sin x}{x+3}$;

(3) $\lim\limits_{x\to 0^-}\left[\mathrm{e}^{\frac{1}{x}}\sin\dfrac{1}{x^2}+\dfrac{\arcsin x^2}{x}\right]$;　　(4) $\lim\limits_{x\to 0}\dfrac{\sqrt[3]{1+x}-1}{\sqrt{1+x}-1}$;

(5) $\lim\limits_{x\to 0}(1+x^2)^{\cot^2 x}$;　(6) $\lim\limits_{x\to +\infty}(\sin\sqrt{x+1}-\sin\sqrt{x})$;

(7) $\lim\limits_{x\to 0}\dfrac{\sqrt{1+x\sin x}-1}{\mathrm{e}^{x^2}-1}$;　(8) $\lim\limits_{x\to 1}x^{\frac{1}{1-x}}$;

(9) $\lim\limits_{x\to\infty}[(x+2)\mathrm{e}^{\frac{1}{x}}-x]$;　(10) $\lim\limits_{x\to 0}(\cos 2x)^{\frac{1}{\sin^2 x}}$.

4. 求极限 $\lim\limits_{x\to 0}\left(\dfrac{2+\mathrm{e}^{\frac{1}{x}}}{1+\mathrm{e}^{\frac{4}{x}}}+\dfrac{\sin x}{|x|}\right)$.

5. 设 $x_n=1+\dfrac{1}{2^2}+\dfrac{1}{3^2}+\cdots+\dfrac{1}{n^2}$, $n=1,2,\cdots$, 证明数列 $\{x_n\}$ 收敛.

6. 求证： $\lim\limits_{n\to\infty}\sqrt[n]{\dfrac{1\cdot 3\cdot 5\cdot\cdots\cdot(2n-1)}{2\cdot 4\cdot 6\cdot\cdots\cdot(2n)}}=1$.

7. 设 $\lim\limits_{x\to -1}\dfrac{x^3-ax^2-x+4}{x+1}=b$, 其中 a,b 为常数，求 a,b 的值.

8. 问 a,b 为何值时， $\lim\limits_{x\to 0}\dfrac{\sin x}{a-\mathrm{e}^x}(b-\cos x)=2$.

9. 已知 $\lim\limits_{x\to -\infty}[\sqrt{x^2+x+1}-(ax+b)]=0$, 求 a,b.

10. 设 $1<a_1<7, a_{n+1}=\sqrt{a_n(7-a_n)}$, $n=1,2,\cdots$. 证明 $\lim\limits_{n\to\infty}a_n$ 存在，并求此极限.

练习 2.1 参考答案与提示

1.~2. 略.

3. (1) $\dfrac{1}{2}$;　(2) 0;　(3) 0;　(4) $\dfrac{2}{3}$;　(5) e;　(6) 0;　(7) $\dfrac{1}{2}$;　(8) $\dfrac{1}{\mathrm{e}}$;　(9) 3;　(10) $\dfrac{1}{\mathrm{e}^2}$.

4. 提示：分别求出左极限与右极限.

5. 提示：证明数列 $\{x_n\}$ 为单调有界数列.

6. 提示： $\sqrt[n]{\dfrac{1}{2n}}<\sqrt[n]{\dfrac{1\cdot 3\cdot 5\cdot\cdots\cdot(2n-1)}{2\cdot 4\cdot 6\cdot\cdots\cdot(2n)}}<1$, 然后利用夹逼准则.

7. $a=4, b=10$.

8. $a=1, b=-1$.

9. $a=-1, b=-\dfrac{1}{2}$.

10. 提示：证明数列 $\{a_n\}$ 为单调有界数列.

2.2 连续函数

一、主要内容

函数的连续性与间断点的概念，连续函数的运算，初等函数的连续性，闭区间上连续函数的性质.

二、教学要求

1. 理解函数在一点处连续和在一个区间上连续的概念，会求函数的间断点，并会判断间断点的类型.

2. 掌握连续函数的运算及初等函数的连续性，会利用初等函数的连续性求函数的极限.

3. 了解闭区间上连续函数的性质.

三、例题选讲

例 2.24 求 $\lim\limits_{x\to 0}\dfrac{\cos 2x-\sin x^2}{\mathrm{e}^{2x}+3\sin x}$.

解 由于函数 $\dfrac{\cos 2x-\sin x^2}{\mathrm{e}^{2x}+3\sin x}$ 是初等函数，$x=0$ 是其定义区间内的点，由初等函数的连续性可知，极限值等于其函数值，即

$$\lim_{x\to 0}\frac{\cos 2x-\sin x^2}{\mathrm{e}^{2x}+3\sin x}=\frac{\cos 0-\sin 0^2}{\mathrm{e}^{0}+3\sin 0}=1.$$

注 由于初等函数在其定义区间内是连续的，再利用函数在一点处连续的定义，当 x_0 是初等函数 $f(x)$ 定义区间内的点时，有

$$\lim_{x\to x_0}f(x)=f(x_0).$$

这是求函数极限的常用方法之一.

例 2.25 求 $\lim\limits_{x\to 0}\ln\dfrac{\tan 5x}{x}$.

解 函数 $\ln\dfrac{\tan 5x}{x}$ 是由 $y=\ln u, u=\dfrac{\tan 5x}{x}$ 复合而成的，由于

$$\lim_{x\to 0}\frac{\tan 5x}{x}=\lim_{x\to 0}\frac{5x}{x}=5$$

(此处用了等价无穷小的代换，当 $x\to 0$ 时，$\tan 5x\sim 5x$), 并且 $y=\ln u$ 在 $u=5$ 处连续，利用复合函数的连续性，有

$$\lim_{x\to 0}\ln\frac{\tan 5x}{x}=\ln\left(\lim_{x\to 0}\frac{\tan 5x}{x}\right)=\ln 5.$$

例 2.26　讨论函数 $y=\ln(x^2-4x+3)$ 的连续性.

分析　因为 $y=\ln(x^2-4x+3)$ 是初等函数，而初等函数在其定义区间内是连续的，所以只需求出它的定义区间.

解　为使 $y=\ln(x^2-4x+3)$ 有定义，只需 $x^2-4x+3>0$, 即 $x<1$ 或 $x>3$. 故 $y=\ln(x^2-4x+3)$ 的定义域为 $(-\infty,1)\bigcup(3,+\infty)$, 从而函数 $y=\ln(x^2-4x+3)$ 在 $(-\infty,1)\bigcup(3,+\infty)$ 内连续.

例 2.27　讨论函数 $f(x)=\begin{cases}3+\sin x, & x\geqslant\dfrac{\pi}{2},\\ 4+\cos x, & x<\dfrac{\pi}{2}\end{cases}$ 的连续性.

分析　讨论分段函数的连续性应分区间分别讨论，在分段点处的连续性要利用连续性的定义单独讨论.

解　当 $x<\dfrac{\pi}{2}$ 时，$f(x)=4+\cos x$ 是初等函数，所以 $f(x)$ 在 $\left(-\infty,\dfrac{\pi}{2}\right)$ 内是连续的.

当 $x>\dfrac{\pi}{2}$ 时，$f(x)=3+\sin x$ 是初等函数，所以 $f(x)$ 在 $\left(\dfrac{\pi}{2},+\infty\right)$ 内是连续的.

当 $x=\dfrac{\pi}{2}$ 时，$f\left(\dfrac{\pi}{2}\right)=3+\sin\dfrac{\pi}{2}=4$, 并且

$$\lim_{x\to\frac{\pi}{2}^-}f(x)=\lim_{x\to\frac{\pi}{2}^-}(4+\cos x)=4,$$

$$\lim_{x\to\frac{\pi}{2}^+}f(x)=\lim_{x\to\frac{\pi}{2}^+}(3+\sin x)=4,$$

即

$$\lim_{x\to\frac{\pi}{2}^-}f(x)=\lim_{x\to\frac{\pi}{2}^+}f(x)=f\left(\frac{\pi}{2}\right),$$

故 $f(x)$ 在 $x=\dfrac{\pi}{2}$ 处连续. 综合以上讨论 $f(x)$ 在 $(-\infty,+\infty)$ 内是连续的.

例 2.28　讨论函数 $f(x)=\begin{cases}\dfrac{\mathrm{e}^{\frac{1}{x}}-1}{\mathrm{e}^{\frac{1}{x}}+1}, & x\neq0,\\ 1, & x=0\end{cases}$ 的连续性.

解　在 $(-\infty,0)\bigcup(0,+\infty)$ 内，$f(x)$ 是初等函数，因而是连续的. 当 $x=0$ 时，由

$$f(0^-)=\lim_{x\to0^-}\frac{\mathrm{e}^{\frac{1}{x}}-1}{\mathrm{e}^{\frac{1}{x}}+1}=\frac{0-1}{0+1}=-1,$$

$$f(0^+)=\lim_{x\to0^+}\frac{\mathrm{e}^{\frac{1}{x}}-1}{\mathrm{e}^{\frac{1}{x}}+1}=\lim_{x\to0^+}\frac{1-\mathrm{e}^{-\frac{1}{x}}}{\mathrm{e}^{-\frac{1}{x}}+1}=\frac{1-0}{1+0}=1,$$

即 $f(0^-) \neq f(0^+)$, $\lim\limits_{x\to 0} f(x)$ 不存在, 故 $f(x)$ 在 $x=0$ 处不连续.

于是 $f(x)$ 在 $(-\infty,0)\bigcup(0,+\infty)$ 内连续.

例 2.29 讨论函数 $f(x)=\lim\limits_{n\to\infty}\dfrac{\ln(\mathrm{e}^n+x^n)}{n}$ $(x>0)$ 的连续性.

分析 应先求出函数的解析表达式, 然后再讨论其连续性.

解 当 $0<x<\mathrm{e}$ 时,

$$f(x)=\lim_{n\to\infty}\frac{n+\ln\left[1+\left(\dfrac{x}{\mathrm{e}}\right)^n\right]}{n}=\lim_{n\to\infty}\frac{n+\ln 1}{n}=1;$$

当 $x>\mathrm{e}$ 时,

$$f(x)=\lim_{n\to\infty}\frac{\ln x^n+\ln\left[1+\left(\dfrac{\mathrm{e}}{x}\right)^n\right]}{n}=\ln x;$$

当 $x=\mathrm{e}$ 时,

$$f(\mathrm{e})=\lim_{n\to\infty}\frac{\ln(2\mathrm{e}^n)}{n}=\lim_{n\to\infty}\frac{\ln 2+n}{n}=1.$$

所以

$$f(x)=\begin{cases}1, & 0<x\leqslant \mathrm{e},\\ \ln x, & x>\mathrm{e}.\end{cases}$$

在分段点 $x=\mathrm{e}$ 处, 由于 $f(\mathrm{e}^-)=1, f(\mathrm{e}^+)=1, f(\mathrm{e})=1$, 故 $f(x)$ 在 $x=\mathrm{e}$ 处连续. 因此, $f(x)$ 在 $(0,+\infty)$ 内连续.

例 2.30 设 $f(x)=\lim\limits_{n\to\infty}\dfrac{x^{2n-1}+ax^2+bx}{x^{2n}+1}$ 在 $(-\infty,+\infty)$ 内是连续函数, 求 a,b 的值.

2-3 函数连续性、数列极限重要公式

解 当 $|x|<1$ 时, 有 $\lim\limits_{n\to\infty}x^{2n}=0$,

$$f(x)=\lim_{n\to\infty}\frac{x^{2n-1}+ax^2+bx}{x^{2n}+1}=ax^2+bx;$$

当 $|x|>1$ 时, 有

$$f(x)=\lim_{n\to\infty}\frac{\dfrac{1}{x}+\dfrac{a}{x^{2n-2}}+\dfrac{b}{x^{2n-1}}}{1+\dfrac{1}{x^{2n}}}=\frac{1}{x};$$

当 $x=1$ 时, 有

$$f(1)=\frac{1}{2}(1+a+b);$$

当 $x=-1$ 时，有

$$f(-1)=\frac{1}{2}(-1+a-b).$$

于是

$$f(x)=\begin{cases} ax^2+bx, & |x|<1, \\ \dfrac{1}{x}, & |x|>1, \\ \dfrac{1}{2}(1+a+b), & x=1, \\ \dfrac{1}{2}(-1+a-b), & x=-1. \end{cases}$$

由于 $f(x)$ 是连续函数，因此，在 $x=1$ 处有

$$f(1^-)=f(1^+)=f(1),$$

即

$$a+b=1=\frac{1}{2}(a+b+1), \tag{1}$$

在 $x=-1$ 处有

$$f(-1^-)=f(-1^+)=f(-1),$$

即

$$a-b=-1=\frac{1}{2}(a-b-1), \tag{2}$$

联立式 (1) 和式 (2), 解得

$$a=0, \quad b=1.$$

注　讨论一个分段函数在分段点处是否是连续，就是验证函数在该点处的左极限、右极限及函数值三者之间是否相等. 若相等，该点是连续点，若不相等，该点是函数的间断点.

例 2.31　确定下列函数的间断点并判断其类型:

(1) $f(x)=(1-x)\arctan\dfrac{1}{1-x}$;　　(2) $f(x)=\dfrac{1}{1+\mathrm{e}^{\frac{1}{1-x}}}$;

(3) $f(x)=\dfrac{1}{1-\dfrac{1}{1-x}}$;　　(4) $f(x)=\dfrac{x}{\tan x}$.

解　(1) 由于 $f(x)=(1-x)\arctan\dfrac{1}{1-x}$ 在 $x=1$ 处无定义，所以该函数在 $x=1$ 处间断.

由于 $\lim\limits_{x\to 1}\arctan\dfrac{1}{1-x}$ 不存在, 但 $\left|\arctan\dfrac{1}{1-x}\right|<\dfrac{\pi}{2}$, 而 $x\to 1$ 时, $1-x$ 是无穷小量, 所以

$$\lim_{x\to 1}(1-x)\arctan\frac{1}{1-x}=0.$$

故 $x=1$ 是 $f(x)$ 的可去间断点 (第一类间断点).

(2) 由于函数 $y=\dfrac{1}{1+\mathrm{e}^{\frac{1}{1-x}}}$ 在 $x=1$ 处无定义, 故该函数在点 $x=1$ 处间断.

由于 $\lim\limits_{x\to 1^-}\mathrm{e}^{\frac{1}{1-x}}=\infty$, $\lim\limits_{x\to 1^+}\mathrm{e}^{\frac{1}{1-x}}=0$, 从而

$$f(1^-)=\lim_{x\to 1^-}f(x)=0,\quad f(1^+)=\lim_{x\to 1^+}f(x)=1,\quad f(1^-)\neq f(1^+),$$

故 $x=1$ 为跳跃间断点 (第一类间断点).

(3) 当 $x=1$ 时, $f(x)$ 无定义. 另外, 函数的分母 $1-\dfrac{1}{1-x}=\dfrac{-x}{1-x}$, 可见, 当 $x=0$ 时, 函数无定义. 所以, 该函数的间断点为 $x=0, x=1$.

由于

$$\lim_{x\to 0}f(x)=\lim_{x\to 0}\frac{x-1}{x}=\infty,$$

$$\lim_{x\to 1}f(x)=\lim_{x\to 1}\frac{x-1}{x}=0,$$

故 $x=0$ 是 $f(x)$ 的无穷间断点 (第二类间断点), $x=1$ 是 $f(x)$ 的可去间断点 (第一类间断点).

(4) 由于 $\tan x$ 在 $x=k\pi+\dfrac{\pi}{2}(k\in\mathbb{Z})$ 处无定义, 因此, 这些点是 $f(x)$ 的间断点, 又因为 $\tan x$ 是分母, 所以 $x=k\pi(k\in\mathbb{Z})$ 是函数的间断点.

由于 $\lim\limits_{x\to 0}f(x)=\lim\limits_{x\to 0}\dfrac{x}{\tan x}=1$, 所以 $x=0$ 是 $f(x)$ 的可去间断点, 也是第一类间断点. 又因为

$$\lim_{x\to k\pi}f(x)=\lim_{x\to k\pi}\frac{x}{\tan x}=\infty\quad (k=\pm 1,\pm 2,\cdots),$$

所以 $x=k\pi(k=\pm 1,\pm 2,\cdots)$ 是 $f(x)$ 的无穷间断点 (第二类间断点). 而

$$\lim_{x\to k\pi+\frac{\pi}{2}}f(x)=\lim_{x\to k\pi+\frac{\pi}{2}}\frac{x}{\tan x}=0\quad (k\in\mathbb{Z}),$$

因此, $x=k\pi+\dfrac{\pi}{2}(k\in\mathbb{Z})$ 是 $f(x)$ 的可去间断点 (第一类间断点).

注 对于例 2.31 中 (3) 题, 若先将 $f(x)=\dfrac{1}{1-\dfrac{1}{1-x}}$ 整理成 $y=\dfrac{x-1}{x}$, 就只能找到间断点 $x=0$, 而漏掉间断点 $x=1$.

事实上，对于函数 $f(x)=\dfrac{1}{1-\dfrac{1}{1-x}}$ 与 $f(x)=\dfrac{x-1}{x}$，由于两者的定义域的不同而成为不同的函数.

例 2.32　求函数 $f(x)=\begin{cases}\cos\dfrac{\pi}{2}x, & |x|\leqslant 1,\\ |x-1|, & |x|>1\end{cases}$ 的间断点，并判断其类型.

解　由于 $f(x)$ 在区间 $(-\infty,-1),(-1,1),(1,+\infty)$ 上都是初等函数，故 $f(x)$ 在上述区间上连续，因此，只有 $x=-1,x=1$ 两个点可能是间断点.

在点 $x=-1$ 处，由

$$f(-1^-)=\lim_{x\to-1^-}f(x)=\lim_{x\to-1^-}|x-1|=2,$$

$$f(-1^+)=\lim_{x\to-1^+}f(x)=\lim_{x\to-1^+}\cos\frac{\pi}{2}=0,$$

故 $x=-1$ 是 $f(x)$ 的跳跃间断点 (第一类间断点).

在 $x=1$ 处，由

$$f(1^-)=\lim_{x\to1^-}f(x)=\lim_{x\to1^-}\cos\frac{\pi}{2}=0,$$

$$f(1^+)=\lim_{x\to1^+}f(x)=\lim_{x\to1^+}|x-1|=0,$$

$$f(1)=0,$$

故 $x=1$ 是函数的连续点.

例 2.33　求极限 $\lim\limits_{t\to x}\left(\dfrac{\sin t}{\sin x}\right)^{\frac{x}{\sin t-\sin x}}$.

解

$$\begin{aligned}&\lim_{t\to x}\left(\frac{\sin t}{\sin x}\right)^{\frac{x}{\sin t-\sin x}}=\mathrm{e}^{\lim\limits_{t\to x}\frac{x}{\sin t-\sin x}\ln\frac{\sin t}{\sin x}}\\&=\mathrm{e}^{\lim\limits_{t\to x}\frac{x}{\sin t-\sin x}\ln\left(1+\frac{\sin t-\sin x}{\sin x}\right)}\\&=\mathrm{e}^{\lim\limits_{t\to x}\frac{x}{\sin t-\sin x}\cdot\frac{\sin t-\sin x}{\sin x}}\\&=\mathrm{e}^{\frac{x}{\sin x}}.\end{aligned}$$

注　对于幂指函数 $y=\varphi(x)^{\psi(x)}$ 的极限问题，可以采取如下方法：

由 $\varphi(x)^{\psi(x)}=\mathrm{e}^{\psi(x)\ln\varphi(x)}$，若 $\lim\varphi(x)>0,\lim\psi(x)$ 存在，则

$$\lim\varphi(x)^{\psi(x)}=\mathrm{e}^{\lim[\psi(x)\ln\varphi(x)]}$$

$$= e^{\lim \psi(x) \cdot \lim \ln \varphi(x)}$$

$$= [\lim \varphi(x)]^{\lim \psi(x)}.$$

这里用到了 $y = e^x, y = \ln x$ 的连续性.

例 2.34 证明方程 $x = \sin x + 2$ 至少有一个小于 3 的正根.

证明 令

$$f(x) = x - \sin x - 2,$$

由于 $f(0) = -2 < 0$, $f(3) = 1 - \sin 3 > 0$, 又 $f(x)$ 在 $[0,3]$ 上连续，由零点定理可知，$f(x)$ 在 $(0,3)$ 内至少有一个零点，即至少存在一点 $\xi(0 < \xi < 3)$, 使得

$$\xi - \sin \xi - 2 = 0,$$

即方程 $x = \sin x + 2$ 至少有一个小于 3 的正根. □

例 2.35 设 $f(x)$ 在 $[0,1]$ 上连续，且 $0 \leqslant f(x) \leqslant 1$, 证明至少存在一点 $\xi \in [0,1]$, 使得 $f(\xi) = \xi$.

分析 要证明 $f(\xi) = \xi$, 可将它变形为 $f(\xi) - \xi = 0$, 就是需要证明方程 $f(x) - x = 0$ 在 $[0,1]$ 上至少有一个实根. 利用零点定理即可得证.

证明 设 $F(x) = f(x) - x$, 显然 $F(x)$ 是 $[0,1]$ 上的连续函数. 由于 $0 \leqslant f(x) \leqslant 1$, 所以 $F(0) = f(0) - 0 = f(0) \geqslant 0; F(1) = f(1) - 1 \leqslant 0$.

(1) 若 $F(0) = f(0) - 0 = 0$, 则可取 $\xi = 0$, 命题得证.

(2) 若 $f(1) = 1, F(1) = f(1) - 1 = 0$, 则可取 $\xi = 1$, 命题得证.

(3) 若 $f(0) \neq 0, f(1) \neq 1$, 则 $F(0) > 0, F(1) < 0$, 由零点定理可知，至少存在一点 $\xi \in (0,1)$, 使得

$$F(\xi) = 0,$$

即

$$f(\xi) = \xi.$$

综上所述，原命题得证. □

例 2.36 若 $f(x)$ 在 $[a,b]$ 上连续，$a < x_1 < x_2 < \cdots < x_n < b$, 则在 $[x_1, x_n]$ 上必有 ξ, 使

$$f(\xi) = \frac{f(x_1) + f(x_2) + \cdots + f(x_n)}{n}.$$

证明 由于 $f(x)$ 在 $[a,b]$ 上连续，而 $[x_1, x_n] \subset [a,b]$, 故 $f(x)$ 在 $[x_1, x_n]$ 上连续.

由连续函数在闭区间上的最大值、最小值定理可知，$f(x)$ 在 $[x_1, x_n]$ 上必有最大值和最小值，设 M 和 m 分别是 $f(x)$ 在 $[x_1, x_n]$ 上的最大值和最小值，则

$$m \leqslant f(x) \leqslant M \quad (i = 1, 2, \cdots, n),$$

于是

$$m \leqslant \frac{f(x_1) + f(x_2) + \cdots + f(x_n)}{n} \leqslant M.$$

由闭区间上连续函数的介值定理可知，存在 $\xi \in [x_1, x_n]$ 使得

$$f(\xi) = \frac{f(x_1) + f(x_2) + \cdots + f(x_n)}{n}.$$

□

注　若本题取 m, M 为 $[a, b]$ 上的最大值、最小值，则介值定理只保证取到的 ξ 在 $[a, b]$ 上，而无法肯定 ξ 在 $[x_1, x_n]$ 上.

例 2.37　若函数 $f(x)$ 在 $(-\infty, +\infty)$ 内连续且 $\lim\limits_{x \to \infty} f(x)$ 存在，证明 $f(x)$ 在 $(-\infty, +\infty)$ 内有界.

分析　应利用极限的定义、有界的定义及闭区间上连续函数的性质.

证明　由 $\lim\limits_{x \to \infty} f(x)$ 存在，不妨设极限为 A, 则对于给定的 $\varepsilon = 1$, 存在正数 X, 当 $|x| > X$ 时，有

$$|f(x) - A| < \varepsilon = 1,$$

即

$$A - 1 < f(x) < A + 1,$$

$$|f(x)| < |A| + 1.$$

又由于 $f(x)$ 在 $(-\infty, +\infty)$ 内连续，因此 $f(x)$ 在 $[-X, X]$ 上也连续，由闭区间上连续函数的有界性，存在正数 M_1, 使得

$$|f(x)| \leqslant M_1, \quad x \in [-X, X],$$

现取 $M = \max\{M_1, |A| + 1\}$, 则对于任意 $x \in (-\infty, +\infty)$, 都有

$$|f(x)| \leqslant M,$$

即 $f(x)$ 在 $(-\infty, +\infty)$ 内有界.　□

四、疑难问题解答

1. 如何判定函数 $f(x)$ 在点 x_0 处的连续性？

答　判断函数在点 x_0 处的连续性通常分两种情形：

(1) $f(x)$ 是初等函数，给定点 x_0 是初等函数定义区间内的点，则可以直接肯定 $f(x)$ 在 x_0 处连续.

(2) 如果 $f(x)$ 是分段函数，给定的点 x_0 是分段点，则需用连续性的定义来判定，特别当分段函数在分段点两侧表达式不相同时，应该用左连续与右连续来判定.

利用连续性定义来判断 $f(x)$ 在点 x_0 处的连续性通常有以下步骤：

①看 $f(x)$ 在点 x_0 处是否有定义；

②若 $f(x)$ 在点 x_0 处有定义，再判定 $\lim\limits_{x\to x_0} f(x)$ 是否存在；

③若 $f(x)$ 在 x_0 处有定义，$\lim\limits_{x\to x_0} f(x)$ 存在，再判定 $\lim\limits_{x\to x_0} f(x)$ 是否等于 $f(x_0)$.

2. 怎样判定点 x_0 是 $f(x)$ 的间断点？

答　间断点就是不连续点，否定函数在一点处连续就是否定连续性的三个要素之一. 因此，判定函数的间断点通常有以下步骤：

(1) 考察 $f(x)$ 在点 x_0 处是否有定义. 若无定义，则 x_0 是 $f(x)$ 的间断点.

(2) 若 $f(x)$ 在点 x_0 处有定义，就再考察 $\lim\limits_{x\to x_0} f(x)$ 是否存在，如果 $\lim\limits_{x\to x_0} f(x)$ 不存在，则 x_0 为 $f(x)$ 的间断点.

(3) 如果 $\lim\limits_{x\to x_0} f(x)$ 存在，再考察其值是否等于 $f(x_0)$? 如果 $\lim\limits_{x\to x_0} f(x)\neq f(x_0)$，则 x_0 为 $f(x)$ 的间断点.

3. 若函数 $f(x)$ 在点 x_0 处连续，$|f(x)|$ 在 x_0 处是否一定连续？反之是否成立？

答　$|f(x)|$ 在 x_0 处一定连续. 下面证明这个结论.

由连续性的定义，只需证明 $\lim\limits_{x\to x_0} |f(x)|=|f(x_0)|$.

因为 $|f(x)|$ 在 x_0 处连续，就有 $\lim\limits_{x\to x_0} f(x)=f(x_0)$. 根据极限的定义，对于任意给定的正数 ε, 总存在正数 δ, 当 $0<|x-x_0|<\delta$ 时，

$$|f(x)-f(x_0|<\varepsilon$$

成立. 又由于

$$\big|\,|f(x)|-|f(x_0)|\,\big|\leqslant|f(x)-f(x_0)|<\varepsilon,$$

可知

$$\lim_{x\to x_0}|f(x)|=|f(x_0)|$$

成立，即 $|f(x)|$ 在点 x_0 处连续.

反之，若 $|f(x)|$ 在 x_0 处连续， $f(x)$ 在 x_0 处是不一定连续的.

例如，对于函数

$$f(x)=\begin{cases}-1, & x\leqslant 0,\\ 1, & x>0,\end{cases}$$

显然， $|f(x)|=1$ 在 $x=0$ 处是连续的，但 $f(x)$ 在 $x=0$ 处却是不连续的.

练习 2.2

1. 求下列函数极限：

(1) $\lim\limits_{x\to 0}\ln\dfrac{\tan 6x}{\tan 3x}$;　　(2) $\lim\limits_{x\to -2}\dfrac{2^x-1}{x}$;

(3) $\lim\limits_{x\to a}\dfrac{\ln x-\ln a}{x-a}\ (a>0)$;　　(4) $\lim\limits_{x\to\infty}\left(\dfrac{x-1}{x+3}\right)^{x^2\sin\frac{2}{x}}$.

2. 设函数 $f(x)=\begin{cases}2^x+\ln x, & x\geqslant 1,\\ ax+1, & x<1,\end{cases}$ 问 a 为何值时 $f(x)$ 在 $(-\infty,+\infty)$ 内连续？

3. 讨论下列函数的连续性：

(1) $f(x)=\begin{cases}x^3, & x\leqslant 1,\\ 2-x^2, & x>1;\end{cases}$　　(2) $f(x)=\begin{cases}\sin x, & x\leqslant 0,\\ x-2, & 0<x\leqslant 1,\\ \dfrac{1}{x-1}, & x>1.\end{cases}$

4. 求 $f(x)=\dfrac{\dfrac{1}{x}-\dfrac{1}{x+1}}{\dfrac{1}{x-1}+\dfrac{1}{x}}$ 的间断点，并判断其类型.

5. 设 $f(x)=\dfrac{x-b}{(x-a)(x-1)}$ 有无穷间断点 $x=0$, 有可去间断点 $x=1$, 求 a,b 的值.

6. 求 $f(x)=\lim\limits_{n\to\infty}\dfrac{x^{2n+1}+x}{x^{2n+1}-x^{n-1}+1}$ 的间断点，并判断其类型.

7. 证明方程 $\mathrm{e}^x-3x=0$ 至少有一个小于 1 的正根.

8. 设 $f(x)$ 和 $g(x)$ 均在 (a,b) 内连续，

$$F(x)=\max\{f(x),g(x)\},$$

证明 $F(x)$ 在 (a,b) 内是连续函数.

9. 设 $f(x)$ 在 $[a,+\infty)$ 上连续，并且 $\lim\limits_{x\to+\infty}f(x)$ 存在，证明 $f(x)$ 在 $[a,+\infty)$ 上有界.

10. 设 $f(x)$ 在 $(-\infty,+\infty)$ 内对任意 x,y 满足 $f(x+y)=f(x)+f(y)$, 且 $f(x)$ 在 $x=0$ 处连续，证明 $f(x)$ 在 $(-\infty,+\infty)$ 内连续.

练习 2.2 参考答案与提示

1. (1) $\ln 2$; (2) $\dfrac{3}{8}$; (3) $\dfrac{1}{a}$; (4) e^{-8}.

2. $a=1$.

3. (1) 在 $(-\infty,+\infty)$ 内连续;

(2) 在 $(-\infty,0),(0,1)$ 及 $(1,+\infty)$ 上分别连续; $x=0$ 是 $f(x)$ 的第一类间断点, $x=1$ 是 $f(x)$ 的第二类间断点.

4. $x_1=0,x_2=1$ 为第一类 (可去) 间断点, $x_3=-1,x_4=\dfrac{1}{2}$ 为第二类 (无穷) 间断点.

5. $a=0,b=1$.

6. $x=-1$ 为第一类 (跳跃) 间断点, $x=1$ 为第一类 (可去) 间断点.

7. 略.

8. 提示：做辅助函数 $F(x)=\dfrac{1}{2}[f(x)+g(x)]+\dfrac{1}{2}|f(x)-g(x)|$.

9.~10. 略.

综合练习 2

1. 填空题

(1) $\lim\limits_{h\to 0}\dfrac{\sqrt[3]{1+h}-1}{h}=$ ______________.

(2) $\lim\limits_{x\to\infty}\dfrac{x^2-1}{2x+4}\sin\dfrac{1}{x}=$ ______________.

(3) $\lim\limits_{x\to 0}(1-3x)^{\frac{1}{x}+x}=$ ______________.

(4) $\lim\limits_{x\to+\infty}\left(\sqrt{x+3\sqrt{x}}-\sqrt{x+\sqrt{x}}\right)=$ ______________.

(5) 若 $\lim\limits_{x\to\infty}\dfrac{3x^k-2x+5}{5x^4-4x^3+x}=\dfrac{3}{5}$, 则 $k=$ ______________.

(6) $\lim\limits_{x\to 0}\dfrac{3\sin x+x^2\cos\dfrac{1}{x}}{(1+\cos x)\ln(1+x)}=$ ______________.

(7) 若 $\lim\limits_{x\to 1}f(x)$ 存在, 且 $f(x)=x^2+3+4x\lim\limits_{x\to 1}f(x)$, 则 $\lim\limits_{x\to 1}f(x)=$ ________.

(8) 若 $x\to+\infty$ 时, ax^k 与 $\sqrt{x^3+1}-\sqrt{x^3}$ 为等价无穷小, 则 $a=$ ______, $k=$ ______.

(9) 设 $f(x)=\begin{cases}(\cos x)^{\frac{1}{x^2}}, & x\neq 0,\\ a, & x=0\end{cases}$ 在 $x=0$ 处连续, 则 $a=$ ______________.

(10) 设 $f(x)=\begin{cases}\dfrac{\ln(1+x)}{x}, & x>0,\\ 0, & x=0,\\ \dfrac{\sqrt{1+x}-\sqrt{1-x}}{x}, & -1\leqslant x<0,\end{cases}$ 则 $f(x)$ 的连续区间为 ________.

2. 选择题

(1) 若 x 是无穷小量 $(x\to 0)$, 则下面说法错误的是 (　　).

(A) x^2 是无穷小量　(B) $\sin 2x$ 是无穷小量

(C) $x+0.0001$ 是无穷小量　(D) $-x$ 是无穷小量

(2) 当 $x\to\infty$ 时, $\dfrac{1}{ax^2+bx+c}$ 是比 $\dfrac{1}{x-2}$ 高阶的无穷小量, 则 a,b,c 应满足 (　　).

(A) $a=0,b=1,c=1$　(B) $a\neq 0,b=1,c$ 为任意常数

(C) $a\neq 0,b,c$ 为任意常数　(D) a,b,c 都可以是任意常数

(3) 若 α 与 β 是等价的无穷小量, 则下面结论中可能不成立的是 (　　).

(A) $o(\alpha)\sim o(\beta)$　(B) $\alpha-\beta=o(\alpha)$

(C) $\alpha\sim\alpha+o(\beta)$　(D) $\alpha+o(\alpha)\sim\beta+o(\beta)$

(4) 若 $f(x)>g(x)$, 且 $\lim\limits_{x\to a}f(x)=A,\lim\limits_{x\to a}g(x)=B$, 则必有 (　　).

(A) $A>B$　(B) $A\geqslant B$　(C) $|A|>B$　(D) $|A|\geqslant B$

(5) $x\to 0$ 时下列无穷小中与 x^2 为同阶无穷小的是 (　　).

(A) $1-\mathrm{e}^x$　(B) $\ln(1-x^3)$　(C) $\arcsin(3x^2)$　(D) $\sqrt{1+x^4}-1$

(6) $\lim\limits_{x\to 0}\left(x\sin\dfrac{1}{x}-\dfrac{1}{x}\sin x\right)=$ (　　).

(A) -1　(B) 1　(C) 0　(D) 不存在

(7) $x=0$ 是 $f(x)=\sin x\cdot\sin\dfrac{1}{x}$ 的 (　　).

(A) 可去间断点　(B) 跳跃间断点

(C) 振荡间断点　(D) 无穷间断点

(8) 设 $f(x)=\begin{cases}\dfrac{x^2-1}{x-1}, & x<1,\\ 2x, & x\geqslant 1,\end{cases}$ 则 $x=1$ 是 $f(x)$ 的 (　　).

(A) 连续点　(B) 可去间断点

(C) 跳跃间断点　(D) 无穷间断点

(9) 设数列 $\{a_n\}(a_n>0,n=1,2,\cdots)$ 满足 $\lim\limits_{n\to\infty}\dfrac{a_{n+1}}{a_n}=0$, 则 (　　).

(A) $\lim\limits_{n\to\infty}a_n=0$　(B) $\lim\limits_{n\to\infty}a_n=c>0$

(C) $\lim\limits_{n\to\infty}a_n$ 不存在　(D) $\{a_n\}$ 收敛性不能确定

(10) 设函数 $f(x)=\dfrac{x}{a+\mathrm{e}^{bx}}$ 在 $(-\infty,+\infty)$ 内连续，且 $\lim\limits_{x\to-\infty}f(x)=0$, 则 a,b 满足 (　　).

(A) $a<0,b<0$　　(B) $a>0,b>0$

(C) $a\leqslant 0,b>0$　　(D) $a\geqslant 0,b<0$

3. 求极限：

(1) $\lim\limits_{n\to\infty}\left(\dfrac{\sqrt[n]{a}+\sqrt[n]{b}}{2}\right)^n\quad(a>0,b>0)$;

(2) $\lim\limits_{x\to\infty}\left(\dfrac{2x+1}{2x+4}\right)^{\frac{x^2+1}{x}}$;

(3) $\lim\limits_{x\to\frac{\pi}{4}}(\tan x)^{\tan 2x}$;

(4) $\lim\limits_{x\to 0^+}(\cos\sqrt{x})^{\frac{\pi}{x}}$.

4. 设 $x_1=1$, $x_{n+1}=1+\dfrac{x_n}{1+x_n}\quad(n=1,2,\cdots)$, 证明数列 $\{x_n\}$ 的极限存在，并求出极限.

5. 已知 $\lim\limits_{x\to+\infty}(\sqrt{x^2-x+1}+ax+b)=0$, 求 a,b.

6. 求下列函数的间断点并判断其类型：

(1) $f(x)=\dfrac{\arctan\dfrac{1}{x}}{\mathrm{e}^{\frac{1}{x}}+1}$;　　(2) $f(x)=\lim\limits_{n\to\infty}\dfrac{x^{2n+1}+1}{x^{2n+1}-x^{n+1}-x}$.

7. 设 $|f(x)|\geqslant|g(x)|$, 其中 $f(x)$ 在 $x=0$ 处连续，且 $f(0)=0$, 证明 $g(x)$ 在 $x=0$ 处连续.

8. 设 $f(x)$ 在 $(-\infty,+\infty)$ 内连续，且 $\lim\limits_{x\to\infty}f(x)=+\infty$, 证明 $f(x)$ 必有最小值.

综合练习 2 参考答案与提示

1. (1) $\dfrac{1}{3}$;　(2) $\dfrac{1}{2}$;　(3) e^{-3};　(4) 1;　(5) 4;　(6) $\dfrac{3}{2}$;　(7) $-\dfrac{4}{3}$;
(8) $a=\dfrac{1}{2},k=-\dfrac{3}{2}$;　(9) $\mathrm{e}^{-\frac{1}{2}}$;　(10) $(-1,0)\bigcup(0,+\infty)$.

2. (1) (C);　(2) (C);　(3) (A);　(4) (B);　(5) (C);　(6) (A);　(7) (A);
(8) (A);　(9) (A);　(10) (D).

3. (1) $\sqrt{ab}$;　(2) $\mathrm{e}^{-\frac{3}{2}}$;　(3) $\dfrac{1}{\mathrm{e}}$;　(4) $\mathrm{e}^{-\frac{\pi}{2}}$.

4. $\lim\limits_{n\to\infty}x_n=\dfrac{\sqrt{5}+1}{2}$.

5. $a=-1, b=\frac{1}{2}$.

6. (1) 连续区间为 $(-\infty,0),(0,+\infty)$. $x=0$ 是跳跃间断点.

(2) 连续区间为 $(-\infty,-1),(-1,0),(0,1),(1,+\infty)$.

$x=-1$ 为可去间断点， $x=1$ 为跳跃间断点， $x=0$ 为无穷间断点.

7.~8. 略.

第 2 章自测题

第 3 章　导数与微分

3.1　导　数

一、主要内容

导数的概念，求导法则，高阶导数，隐函数及由参数方程所确定的函数的导数.

二、教学要求

1. 理解导数概念，会从定义出发求导数.

2. 了解导数的几何意义，会求平面曲线的切线方程及法线方程.

3. 掌握函数可导性与连续性的关系及函数导数与左、右导数的关系.

4. 熟练掌握求导公式、导数的四则运算法则、 复合函数求导法则、反函数求导法则，以及高阶导数、隐函数与参数方程所确定的函数的导数的求法.

三、例题选讲

例 3.1　设 $f'(x_0)$ 存在，求下列极限：

(1) $\lim\limits_{\Delta x\to 0}\dfrac{f(x_0+3\Delta x)-f(x_0)}{\Delta x}$;

(2) $\lim\limits_{\Delta x\to 0}\dfrac{f(x_0-2\Delta x)-f(x_0+3\Delta x)}{\Delta x}$.

3-1 导数的定义

解　(1) 令 $x_0+3\Delta x=x$, 则 $\Delta x=\dfrac{1}{3}(x-x_0)$, $\Delta x\to 0$, $x\to x_0$, 故

$$\lim_{\Delta x\to 0}\frac{f(x_0+3\Delta x)-f(x_0)}{\Delta x}=3\lim_{x\to x_0}\frac{f(x)-f(x_0)}{x-x_0}=3f'(x_0).$$

(2) 原式

$$\begin{aligned}&=\lim_{\Delta x\to 0}\frac{f(x_0-2\Delta x)-f(x_0+3\Delta x)}{\Delta x}\\&=\lim_{\Delta x\to 0}\frac{f(x_0-2\Delta x)-f(x_0)}{\Delta x}+\lim_{\Delta x\to 0}\frac{f(x_0)-f(x_0+3\Delta x)}{\Delta x}\\&=-2f'(x_0)-3f'(x_0)\\&=-5f'(x_0).\end{aligned}$$

例 3.2　按定义求函数 $f(x)=\sqrt[3]{x}\ (x\neq 0)$ 的导数：

解　先求差商 $\dfrac{\Delta y}{\Delta x}=\dfrac{\sqrt[3]{x+\Delta x}-\sqrt[3]{x}}{\Delta x}$.

利用公式 $(a-b)\left(a^2+ab+b^2\right)=a^3-b^3$, 从分子中分离出一个因子 Δx.

$$\begin{aligned}\frac{\Delta y}{\Delta x}&=\frac{\left(\sqrt[3]{x+\Delta x}-\sqrt[3]{x}\right)\left(\left(\sqrt[3]{x+\Delta x}\right)^2+\sqrt[3]{x+\Delta x}\cdot\sqrt[3]{x}+\left(\sqrt[3]{x}\right)^2\right)}{\Delta x\left(\left(\sqrt[3]{x+\Delta x}\right)^2+\sqrt[3]{x+\Delta x}\cdot\sqrt[3]{x}+\left(\sqrt[3]{x}\right)^2\right)}\\&=\frac{\left(\sqrt[3]{x+\Delta x}\right)^3-\left(\sqrt[3]{x}\right)^3}{\Delta x\left(\left(\sqrt[3]{x+\Delta x}\right)^2+\sqrt[3]{x+\Delta x}\cdot\sqrt[3]{x}+\left(\sqrt[3]{x}\right)^2\right)},\end{aligned}$$

消去 Δx 后,

$$\frac{\Delta y}{\Delta x}=\frac{1}{\left(\sqrt[3]{x+\Delta x}\right)^2+\sqrt[3]{x+\Delta x}\cdot\sqrt[3]{x}+\left(\sqrt[3]{x}\right)^2},$$

所以

$$\begin{aligned}f'(x)&=\lim_{\Delta x\to 0}\frac{\Delta y}{\Delta x}=\lim_{\Delta x\to 0}\frac{1}{\left(\sqrt[3]{x+\Delta x}\right)^2+\sqrt[3]{x+\Delta x}\cdot\sqrt[3]{x}+\left(\sqrt[3]{x}\right)^2}\\&=\frac{1}{3\sqrt[3]{x^2}}.\end{aligned}$$

因此，$f'(x)=\dfrac{1}{3}x^{-\frac{2}{3}}\quad(x\neq 0)$.

例 3.3　设 $f(x)=\begin{cases}1-x^{\alpha}\cos\dfrac{1}{x}, & x>0,\\ 1, & x\leqslant 0\end{cases}$ 在 $x=0$ 处可导，则 (　　).

(A) $\alpha>0$　　(B) $\alpha\geqslant 1$　　(C) $\alpha>1$　　(D) $\alpha<0$

分析　当 $\alpha>1$ 时,

$$\begin{aligned}f'(0)&=\lim_{x\to 0}\frac{f(x)-f(0)}{x-0}=\lim_{x\to 0}\frac{1-x^{\alpha}\cos\dfrac{1}{x}-1}{x}\\&=\lim_{x\to 0}\frac{-x^{\alpha}\cos\dfrac{1}{x}}{x}=0,\end{aligned}$$

故正确答案为 (C).

例 3.4　设有函数 $y=|\sin x|$, 在 $\left[-\dfrac{\pi}{2},\dfrac{\pi}{2}\right]$ 上画出它的图形.

(1) 从图形上判断此函数在 $x=0$ 处是否存在左、右导数，证明你的判断.

(2) 从图形上判断此函数在 $x=0$ 处是否存在导数，证明你的判断.

解　(1) 函数 $y=|\sin x|$ 在 $\left[-\dfrac{\pi}{2},\dfrac{\pi}{2}\right]$ 上的图形如图 3.1 所示. 从图上判断, 此函数在 $x=0$ 存在左、右导数, 因为曲线在 $(0,0)$ 处有左、右切线. 为证明这一点, 在 $x=0$ 处考察

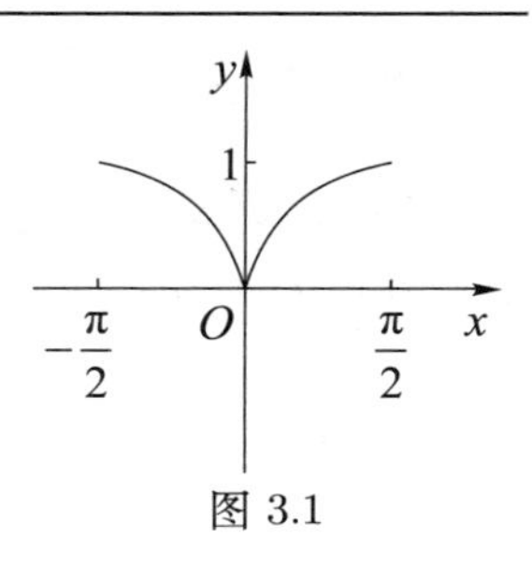

图 3.1

$$\frac{\Delta y}{\Delta x}=\frac{y(\Delta x)-y(0)}{\Delta x}=\frac{|\sin\Delta x|}{\Delta x}$$
$$=\left|\frac{\sin\Delta x}{\Delta x}\right|\frac{|\Delta x|}{\Delta x}.$$

因此

$$y'_+(0)=\lim_{\Delta x\to0^+}\frac{\Delta y}{\Delta x}=\lim_{\Delta x\to0^+}\left(\left|\frac{\sin\Delta x}{\Delta x}\right|\frac{|\Delta x|}{\Delta x}\right)=1.$$

同理 $y'_-(0)=-1$.

(2) 从图形上判断此函数在 $x=0$ 不存在导数, 因为曲线在 $(0,0)$ 处是尖点, 不存在切线.

证明如下：因为 $y'_+(0)\neq y'_-(0)$, 所以 $y=|\sin x|$ 在 $x=0$ 处不可导.

例 3.5　设函数 $f(x)$ 在 $x=0$ 处可导, 且 $f'(0)=\dfrac{1}{3}$, 又对任意的 x, 有 $f(3+x)=3f(x)$, 求 $f'(3)$.

解

$$\begin{aligned}f'(3)&=\lim_{\Delta x\to0}\frac{f(3+\Delta x)-f(3)}{\Delta x}\\&=\lim_{\Delta x\to0}\frac{3f(\Delta x)-3f(0)}{\Delta x}\\&=3\lim_{\Delta x\to0}\frac{f(0+\Delta x)-f(0)}{\Delta x}\\&=3f'(0)=3\times\frac{1}{3}=1.\end{aligned}$$

例 3.6　设 $f(x)=(2^x-1)\varphi(x)$, 其中 $\varphi(x)$ 在 $x=0$ 处连续, 求 $f'(0)$.

解

$$\begin{aligned}f'(0)&=\lim_{x\to0}\frac{f(x)-f(0)}{x-0}=\lim_{x\to0}\frac{(2^x-1)\varphi(x)}{x}\\&=\lim_{x\to0}\frac{2^x-1}{x}\cdot\lim_{x\to0}\varphi(x)=\varphi(0)\ln2.\end{aligned}$$

例 3.7　设 $f(x)=3(x-1)^3+(x-1)^2|x-1|$, 求 $f'(1)$, $f''(1)$.

解 $f(x)=\begin{cases}2(x-1)^3, & x\leqslant 1,\\ 4(x-1)^3, & x>1.\end{cases}$

在 $x=1$ 处，有

$$\begin{aligned}f'_-(1)&=\lim_{x\to 1^-}\frac{f(x)-f(1)}{x-1}\\&=\lim_{x\to 1^-}\frac{2(x-1)^3}{x-1}=0.\\f'_+(1)&=\lim_{x\to 1^+}\frac{f(x)-f(1)}{x-1}\\&=\lim_{x\to 1^+}\frac{4(x-1)^3}{x-1}=0.\end{aligned}$$

故 $f'(1)=f'_-(1)=f'_+(1)=0$. 于是

$$f'(x)=\begin{cases}6(x-1)^2, & x<1,\\ 0, & x=1,\\ 12(x-1)^2, & x>1.\end{cases}$$

又

$$f''_-(1)=\lim_{x\to 1^-}\frac{f'(x)-f'(1)}{x-1}=\lim_{x\to 1^-}\frac{6(x-1)^2}{x-1}=0,$$
$$f''_+(1)=\lim_{x\to 1^+}\frac{f'(x)-f'(1)}{x-1}=\lim_{x\to 1^+}\frac{12(x-1)^2}{x-1}=0.$$

故

$$f''(1)=f''_-(1)=f''_+(1)=0.$$

例 3.8 设 $f(x)=2^{|a-x|}$, 求 $f'(x)$.

解 原式可写成 $f(x)=\begin{cases}2^{x-a}, & x>a,\\ 1, & x=a,\\ 2^{a-x}, & x<a.\end{cases}$

当 $x>a$ 和 $x<a$ 时，

$$f'(x)=\begin{cases}2^{x-a}\ln 2, & x>a,\\ -2^{a-x}\ln 2, & x<a.\end{cases}$$

当 $x=a$ 时，

$$f'_+(a)=\lim_{\Delta x\to 0^+}\frac{f(a+\Delta x)-f(a)}{\Delta x}=\lim_{\Delta x\to 0^+}\frac{2^{\Delta x}-1}{\Delta x}=\ln 2,$$

$$f'_-(a)=\lim_{\Delta x\to 0^-}\frac{f(a+\Delta x)-f(a)}{\Delta x}=\lim_{\Delta x\to 0^-}\frac{2^{-\Delta x}-1}{\Delta x}=-\ln 2.$$

由于 $f'_+(a)\neq f'_-(a)$, 所以 $f(x)$ 在 $x=a$ 处不可导.

例 3.9 设函数 $f(x)=\left|x^3-1\right|\varphi(x)$, 其中 $\varphi(x)$ 在 $x=1$ 处连续, 则 $\varphi(1)=0$ 是 $f(x)$ 在 $x=1$ 处可导的 ( ).

(A) 充分必要条件 (B) 必要非充分条件

(C) 充分但非必要条件 (D) 既非充分也非必要条件

解 应选 (A). 因为 $f(x)$ 在 $x=1$ 处可导的充要条件是极限

$$\lim_{x\to 1}\frac{f(x)-f(1)}{x-1}$$

3-2 一元函数可导性

存在, 而 $\lim\limits_{x\to 1}\dfrac{f(x)-f(1)}{x-1}$ 存在的充要条件是

$$\lim_{x\to 1^-}\frac{f(x)-f(1)}{x-1}=\lim_{x\to 1^+}\frac{f(x)-f(1)}{x-1}.$$

由题意知

$$\begin{aligned}\lim_{x\to 1^-}\frac{f(x)-f(1)}{x-1}&=\lim_{x\to 1^-}\frac{-\left(x^3-1\right)\varphi(x)-0}{x-1}\\&=\lim_{x\to 1^-}\frac{(1-x)\left(x^2+x+1\right)\varphi(x)}{x-1}=-3\varphi(1),\\\lim_{x\to 1^+}\frac{f(x)-f(1)}{x-1}&=\lim_{x\to 1^+}\frac{\left(x^3-1\right)\varphi(x)-0}{x-1}\\&=\lim_{x\to 1^+}\frac{(x-1)\left(x^2+x+1\right)\varphi(x)}{x-1}=3\varphi(1),\end{aligned}$$

即 $-3\varphi(1)=3\varphi(1)$, 所以 $\varphi(1)=0$ 是 $f(x)$ 在 $x=1$ 处可导的充分必要条件.

例 3.10 设 $f(x)=1-x|x|$, 求 $f(x)$ 在 $x=0$ 处的导数.

解

$$f(x)=\begin{cases}1-x^2, & x\geqslant 0,\\1+x^2, & x<0.\end{cases}$$

由于

$$f'_-(0)=\lim_{x\to 0^-}\frac{f(x)-f(0)}{x-0}=\lim_{x\to 0^-}\frac{1+x^2-1}{x}=0,$$

$$f'_+(0)=\lim_{x\to 0^+}\frac{f(x)-f(0)}{x-0}=\lim_{x\to 0^+}\frac{1-x^2-1}{x}=0.$$

则有 $f'(0)=f'_-(0)=f'_+(0)=0$.

注　该类型题只能用导数定义，并且应先求左、右导数，再用相应的定理.

例 3.11　求下列函数的导数 y':

(1) $y=\dfrac{2x+3}{x^2-5x+5}$;　　(2) $y=\mathrm{e}^x\cos x+x^2\ln x$;

(3) $y=3^x\arctan x$;　　(4) $y=x\ln x\sin x$.

解　(1)
$$\begin{aligned} y' &= \frac{(2x+3)'\left(x^2-5x+5\right)-(2x+3)\left(x^2-5x+5\right)'}{\left(x^2-5x+5\right)^2} \\ &= \frac{2\left(x^2-5x+5\right)-(2x+3)(2x-5)}{\left(x^2-5x+5\right)^2} \\ &= \frac{-2x^2-6x+25}{\left(x^2-5x+5\right)^2}. \end{aligned}$$

(2)
$$\begin{aligned} y' &= \left(\mathrm{e}^x\cos x+x^2\ln x\right)' \\ &= \left(\mathrm{e}^x\cos x\right)'+\left(x^2\ln x\right)' \\ &= \left(\mathrm{e}^x\right)'\cos x+\mathrm{e}^x(\cos x)'+\left(x^2\right)'\ln x+x^2(\ln x)' \\ &= \mathrm{e}^x\cos x-\mathrm{e}^x\sin x+2x\ln x+x. \end{aligned}$$

(3)
$$\begin{aligned} y' &= \left(3^x\arctan x\right)' \\ &= \left(3^x\right)'\arctan x+3^x(\arctan x)' \\ &= 3^x\ln 3\cdot\arctan x+\frac{3^x}{1+x^2}. \end{aligned}$$

(4)
$$\begin{aligned} y' &= (x\ln x\sin x)' \\ &= (x)'\ln x\sin x+x(\ln x\sin x)' \\ &= \ln x\sin x+x(\ln x)'\sin x+x\ln x(\sin x)' \\ &= \ln x\sin x+\sin x+x\ln x\cos x. \end{aligned}$$

例 3.12　求下列函数的导数 y':

(1) $y=\sqrt{x+\sqrt{x}}$;　　(2) $y=\ln\dfrac{1}{\sqrt{x+\sqrt{x^2+1}}}$.

解　(1)
$$\begin{aligned} y' &= \left(\sqrt{x+\sqrt{x}}\right)'=\frac{1}{2}(x+\sqrt{x})^{-\frac{1}{2}}(x+\sqrt{x})' \\ &= \frac{1}{2}(x+\sqrt{x})^{-\frac{1}{2}}\left(1+\frac{1}{2\sqrt{x}}\right) \\ &= \frac{2\sqrt{x}+1}{4\sqrt{x}\sqrt{x+\sqrt{x}}}. \end{aligned}$$

(2)
$$y'=\left(\ln\frac{1}{\sqrt{x+\sqrt{x^2+1}}}\right)'$$

$$
\begin{aligned}
&= \frac{\sqrt{x+\sqrt{x^2+1}}}{1} \cdot \left(\frac{1}{\sqrt{x+\sqrt{x^2+1}}}\right)' \\
&= \sqrt{x+\sqrt{x^2+1}}\left[\left(x+\sqrt{x^2+1}\right)^{-\frac{1}{2}}\right]' \\
&= \sqrt{x+\sqrt{x^2+1}} \cdot \left(-\frac{1}{2}\right) \cdot \left(x+\sqrt{x^2+1}\right)^{-\frac{3}{2}}(x+\sqrt{x^2+1})' \\
&= -\frac{1}{2(x+\sqrt{x^2+1})}\left(1+\frac{2x}{2\sqrt{x^2+1}}\right) \\
&= -\frac{1}{2(x+\sqrt{x^2+1})} \cdot \frac{\sqrt{x^2+1}+x}{\sqrt{x^2+1}} \\
&= -\frac{1}{2\sqrt{x^2+1}}.
\end{aligned}
$$

注 此题可先利用对数性质，将函数化简，再求导数就方便了.

$$
y = -\ln\sqrt{x+\sqrt{x^2+1}} = -\frac{1}{2}\ln(x+\sqrt{x^2+1}),
$$

于是

$$
\begin{aligned}
y' &= -\frac{1}{2} \cdot \frac{1}{x+\sqrt{x^2+1}}\left(1+\frac{2x}{2\sqrt{x^2+1}}\right) \\
&= -\frac{1}{2}\frac{1}{x+\sqrt{x^2+1}} \cdot \frac{x+\sqrt{x^2+1}}{\sqrt{x^2+1}} \\
&= -\frac{1}{2\sqrt{x^2+1}}.
\end{aligned}
$$

例 3.13 设 $y=\log_x\left(x^2+1\right) \quad (x>1)$, 求 y'.

解 利用对数换底公式，有 $y=\dfrac{\ln\left(x^2+1\right)}{\ln x}$, 再用商的求导公式，有

$$
\begin{aligned}
y' &= \frac{\dfrac{1}{1+x^2}2x\ln x-\ln\left(x^2+1\right)\dfrac{1}{x}}{(\ln x)^2} \\
&= \frac{2x^2\ln x-\left(1+x^2\right)\ln\left(1+x^2\right)}{x\left(1+x^2\right)\ln^2 x}.
\end{aligned}
$$

例 3.14 已知 $f(x)=\arctan x$, 求 $f^{(n)}(0)$.

解 由 $f'(x)=\dfrac{1}{1+x^2}$, 有

$$
\left(1+x^2\right)f'(x)=1.
$$

对上式两端关于 x 求 $n-1$ 阶导数，并利用 Leibniz 公式可得

$$f^{(n)}(x)\left(1+x^2\right)+2(n-1)xf^{(n-1)}(x)+\cdots+(n-1)(n-2)f^{(n-2)}(x)=0,$$

令 $x=0$, 得 $f^{(n)}(0)=-(n-1)(n-2)f^{(n-2)}(0)$.

依次递推下去，并注意到 $f'(0)=1, f(0)=0$, 得

$$f^{(n)}(0)=\begin{cases}0, & n=2k,\\ (-1)^k(2k)!, & n=2k+1.\end{cases}$$

例 3.15　设 $\arcsin y=\mathrm{e}^{x+y}$, 求 y'.

解　方法 1　两边对 x 求导，得

$$\frac{y'}{\sqrt{1-y^2}}=\mathrm{e}^{x+y}\left(1+y'\right),$$

解得

$$y'=\frac{\sqrt{1-y^2}\mathrm{e}^{x+y}}{1-\sqrt{1-y^2}\mathrm{e}^{x+y}}.$$

方法 2　两边对 x 微分，即 $\mathrm{d}(\arcsin y)=\mathrm{d}\left(\mathrm{e}^{x+y}\right)$, 得

$$\frac{\mathrm{d}y}{\sqrt{1-y^2}}=\mathrm{e}^{x+y}(\mathrm{d}x+\mathrm{d}y),$$

解得

$$\frac{\mathrm{d}y}{\mathrm{d}x}=\frac{\sqrt{1-y^2}\mathrm{e}^{x+y}}{1-\sqrt{1-y^2}\mathrm{e}^{x+y}}.$$

例 3.16　设 $\sqrt{x^2+y^2}=5\mathrm{e}^{\arctan\frac{y}{x}}$, 求 $\dfrac{\mathrm{d}x}{\mathrm{d}y}, \dfrac{\mathrm{d}^2x}{\mathrm{d}y^2}$.

解　方程中有两个变量 x, y, 现要求 $\dfrac{\mathrm{d}x}{\mathrm{d}y}$, 故 y 是自变量， x 是 y 的函数，方程两边对 y 求导. 求导前先将方程两边取对数，计算可以简便些.

$$\frac{1}{2}\ln(x^2+y^2)=\ln 5+\arctan\frac{y}{x},$$

两边对 y 求导得

$$\frac{1}{2}\frac{2x\dfrac{\mathrm{d}x}{\mathrm{d}y}+2y}{x^2+y^2}=\frac{1}{1+\left(\dfrac{y}{x}\right)^2}\cdot\frac{x-y\dfrac{\mathrm{d}x}{\mathrm{d}y}}{x^2},$$

整理后得 $(x+y)\dfrac{\mathrm{d}x}{\mathrm{d}y}=x-y$, 因此 $\dfrac{\mathrm{d}x}{\mathrm{d}y}=\dfrac{x-y}{x+y}$.

$$\frac{\mathrm{d}^2x}{\mathrm{d}y^2}=\frac{\mathrm{d}}{\mathrm{d}y}\left(\frac{\mathrm{d}x}{\mathrm{d}y}\right)=\frac{\left(\dfrac{\mathrm{d}x}{\mathrm{d}y}-1\right)(x+y)-(x-y)\left(\dfrac{\mathrm{d}x}{\mathrm{d}y}+1\right)}{(x+y)^2},$$

用 $\dfrac{\mathrm{d}x}{\mathrm{d}y}=\dfrac{x-y}{x+y}$ 代入，得 $\dfrac{\mathrm{d}^2x}{\mathrm{d}y^2}=-\dfrac{2(x^2+y^2)}{(x+y)^3}$.

例 3.17 设 $\begin{cases}x=\ln\left(1+t^2\right),\\ y=t-\arctan t,\end{cases}$ 求 $\dfrac{\mathrm{d}y}{\mathrm{d}x},\dfrac{\mathrm{d}^2y}{\mathrm{d}x^2},\dfrac{\mathrm{d}^3y}{\mathrm{d}x^3}$.

解

$$\frac{\mathrm{d}y}{\mathrm{d}x}=\frac{\dfrac{\mathrm{d}y}{\mathrm{d}t}}{\dfrac{\mathrm{d}x}{\mathrm{d}t}}=\frac{1-\dfrac{1}{1+t^2}}{\dfrac{2t}{1+t^2}}=\frac{t}{2},$$

$$\frac{\mathrm{d}^2y}{\mathrm{d}x^2}=\frac{\dfrac{\mathrm{d}}{\mathrm{d}t}\left(\dfrac{\mathrm{d}y}{\mathrm{d}x}\right)}{\dfrac{\mathrm{d}x}{\mathrm{d}t}}=\frac{\dfrac{1}{2}}{\dfrac{2t}{1+t^2}}=\frac{1}{4}\left(t+\frac{1}{t}\right),$$

$$\frac{\mathrm{d}^3y}{\mathrm{d}x^3}=\frac{\dfrac{\mathrm{d}}{\mathrm{d}t}\left(\dfrac{\mathrm{d}^2y}{\mathrm{d}x^2}\right)}{\dfrac{\mathrm{d}x}{\mathrm{d}t}}=\frac{\dfrac{1}{4}\left(1-\dfrac{1}{t^2}\right)}{\dfrac{2t}{1+t^2}}=\frac{t^4-1}{8t^3}.$$

例 3.18 设 $f(x)=\lim\limits_{n\to\infty}\dfrac{x^2\mathrm{e}^{n(x-1)}+ax+b}{\mathrm{e}^{n(x-1)}+1}$ $\left(a,b\text{为常数}\right)$. 讨论 $f(x)$ 的连续性与可导性.

解

$$f(x)=\lim_{n\to\infty}\frac{x^2\mathrm{e}^{n(x-1)}+ax+b}{\mathrm{e}^{n(x-1)}+1}=\begin{cases}ax+b, & x<1,\\ \dfrac{1}{2}(a+b+1), & x=1,\\ x^2, & x>1.\end{cases}$$

3-3 一元函数的连续性和可导性

当且仅当 $f(1^-)=f(1^+)=\dfrac{1}{2}(a+b+1)$ 时， $f(x)$ 在 $x=1$ 处连续，即 $a+b=1=\dfrac{1}{2}(a+b+1)$. 因此，当 $a+b=1$ 时， $f(x)$ 在 $x=1$ 处连续，而在 $x\neq1$ 处也连续，故 $f(x)$ 在 $(-\infty,+\infty)$ 上连续.

当 $f'_+(1) = f'_-(1)$ 时，$f(x)$ 在 $x=1$ 处可微. 注意到连续是可导的必要条件，且 $a+b=1$, 及

$$\begin{aligned}
f'_+(1) &= \lim_{x\to1^+}\frac{f(x)-f(1)}{x-1} = \lim_{x\to1^+}\frac{x^2-\dfrac{1}{2}(a+b+1)}{x-1} \\
&= \lim_{x\to1^+}\frac{x^2-1}{x-1} = 2, \\
f'_-(1) &= \lim_{x\to1^-}\frac{f(x)-f(1)}{x-1} = \lim_{x\to1^-}\frac{ax+b-f(1)}{x-1} \\
&= \lim_{x\to1^-}\frac{ax+b-(a+b)}{x-1} = \lim_{x\to1^-}\frac{a(x-1)}{x-1} = a,
\end{aligned}$$

故仅当 $a=2, b=-1$ 时，$f'_+(1) = f'_-(1)$, 即 $f(x)$ 在 $x=1$ 处可导，而在 $x\neq1$ 处也可导，

综上所述，当 $a=2, b=-1$ 时，$f(x)$ 在 $(-\infty,+\infty)$ 上可导.

例 3.19　设 $y=f(x+y)$, 其中 f 具有二阶导数，且其一阶导数不等于 1, 求 $\dfrac{\mathrm{d}^2y}{\mathrm{d}x^2}$.

解　方程两边对 x 求导，有

$$y' = f'(x+y)(1+y'), \tag{1}$$

于是

$$y' = \frac{f'(x+y)}{1-f'(x+y)}.$$

对式 (1) 再求一次导数，得

$$y'' = (1+y')^2 f''(x+y) + y''f'(x+y),$$

故

$$y'' = \frac{(1+y')^2 f''(x+y)}{1-f'(x+y)} = \frac{f''(x+y)}{[1-f'(x+y)]^3}.$$

例 3.20　设函数 $y=y(x)$ 由 $x\mathrm{e}^{f(y)}=\mathrm{e}^y$ 确定，其中 f 具有二阶导数，且 $f'\neq1$, 求 $\dfrac{\mathrm{d}^2y}{\mathrm{d}x^2}$.

解　方法 1　方程两边取对数，得 $\ln x + f(y) = y$, 对 x 求导得

$$\frac{1}{x} + f'(y)\cdot y' = y',$$

于是

$$y' = \frac{1}{x[1-f'(y)]},$$

$$y'' = -\frac{1 - f'(y) - xf''(y)y'}{x^2[1 - f'(y)]^2}$$

$$= -\frac{(1 - f'(y))^2 - f''(y)}{x^2[1 - f'(y)]^3}.$$

方法 2 方程两边对 x 求导得

$$\mathrm{e}^{f(y)} + x\mathrm{e}^{f(y)}f'(y)y' = \mathrm{e}^y y',$$

从而

$$y' = \frac{\mathrm{e}^{f(y)}}{\mathrm{e}^y - x\mathrm{e}^{f(y)}f'(y)} = \frac{1}{x[1 - f'(y)]}.$$

其中最后等式是用原方程代入后得到的. 以下步骤同方法 1.

例 3.21 设 $x = y^2 + y, u = \left(x^2 + x\right)^{\frac{3}{2}}$, 求 $\dfrac{\mathrm{d}y}{\mathrm{d}u}$.

解 将方程 $x = y^2 + y$ 两边对 u 求导得

$$\frac{\mathrm{d}x}{\mathrm{d}u} = (2y + 1)\frac{\mathrm{d}y}{\mathrm{d}u},$$

整理得

$$\frac{\mathrm{d}y}{\mathrm{d}u} = \frac{1}{2y + 1}\frac{\mathrm{d}x}{\mathrm{d}u}.$$

将 $u = \left(x^2 + x\right)^{\frac{3}{2}}$ 两边对 u 求导得

$$1 = \frac{3}{2}\left(x^2 + x\right)^{\frac{1}{2}} \cdot (2x + 1)\frac{\mathrm{d}x}{\mathrm{d}u},$$

整理得

$$\frac{\mathrm{d}x}{\mathrm{d}u} = \frac{2}{3(2x + 1)\sqrt{x^2 + x}},$$

所以

$$\frac{\mathrm{d}y}{\mathrm{d}u} = \frac{2}{3(2x + 1)(2y + 1)\sqrt{x^2 + x}}.$$

例 3.22 设函数 $y = f(x)$ 由方程组 $\begin{cases} x = 3t^2 + 2t, \\ y = \mathrm{e}^y \sin t + 1 \end{cases}$ 确定. 求 $\left.\dfrac{\mathrm{d}y}{\mathrm{d}x}\right|_{t=0}$.

解

$$\left.\frac{\mathrm{d}y}{\mathrm{d}x}\right|_{t=0} = \left.\frac{\mathrm{e}^y \cos t}{(1 - \mathrm{e}^y \sin t)(6t + 2)}\right|_{t=0} = \frac{\mathrm{e}}{2}.$$

四、疑难问题解答

1. 函数 $f(x)$ 在点 x_0 处可导，那么是否存在点 x_0 的一个邻域，在此邻域内 $f(x)$ 也一定可导？

答　不一定. 例如函数

$$f(x)=\begin{cases}0, & x\text{ 为有理数},\\ x^2, & x\text{ 为无理数},\end{cases}$$

因为

$$0\leqslant\left|\frac{f(0+\Delta x)-f(0)}{\Delta x}\right|\leqslant\left|\frac{(\Delta x)^2}{\Delta x}\right|\to 0\quad(\Delta x\to 0),$$

所以 $f(x)$ 在 $x=0$ 处可导. 而在 $x\neq 0$ 处 $f(x)$ 不连续，当然谈不上可导了.

2. 如果函数 $f(x)$ 在 x_0 处可导，那么 $f(x)$ 在 x_0 处必连续. 但是在 x_0 的充分小邻域内 $f(x)$ 是否也一定连续？

答　不一定. 由导数定义可知，函数 $f(x)$ 必在点 x_0 的一个邻域内有定义，且可推出在 x_0 处必连续，但得不到 $f(x)$ 在点 x_0 的邻域内连续的结论. 如上题中的例子.

五、常见错误类型分析

1. 设 $f(x)=(x-a)\varphi(x)$, 其中 $\varphi(x)$ 在 $x=a$ 处连续，求 $f'(a)$.

错误解法　$f'(x)=\varphi(x)+(x-a)\varphi'(x)$.

令 $x=a$, 则得

$$f'(a)=\varphi(a).$$

错因分析　$\varphi(x)$ 仅在 $x=a$ 处连续，在任意点 x 处未必可导，即 $\varphi'(x)$ 未必存在，因而 $f(x)=(x-a)\varphi(x)$ 是否可导难以断定. 故上述解法不能成立.

正确解法　利用导数定义

$$\begin{aligned}f'(a)&=\lim_{x\to a}\frac{f(x)-f(a)}{x-a}\\&=\lim_{x\to a}\frac{(x-a)\varphi(x)-0}{x-a}=\varphi(a).\end{aligned}$$

2. 设函数 $f(x)$ 在 x_0 处可导，求 $\lim\limits_{h\to 0}\dfrac{f(x_0+h)-f(x_0-h)}{h}$.

错误解法

$$\lim_{h\to 0}\frac{f(x_0+h)-f(x_0-h)}{h}\xlongequal{\text{令}x=x_0-h}\lim_{h\to 0}\frac{f(x+2h)-f(x)}{h}$$

$$
\begin{aligned}
&= 2\lim_{h\to 0}\frac{f(x+2h)-f(x)}{2h} = 2\lim_{h\to 0} f'(x) \\
&= 2\lim_{h\to 0} f'(x_0-h) = 2f'(x_0).
\end{aligned}
$$

错因分析 (1) $f(x)$ 在 x_0 处可导，在 $x=x_0-h$ 处是否可导无从知晓. (2) 最后一步极限运算需要导数 $f'(x)$ 在点 x_0 处连续的条件才能得到.

正确解法

$$
\begin{aligned}
&\lim_{h\to 0}\frac{f(x_0+h)-f(x_0-h)}{h} \\
&= \lim_{h\to 0}\frac{[f(x_0+h)-f(x_0)]-[f(x_0-h)-f(x_0)]}{h} \\
&= \lim_{h\to 0}\frac{f(x_0+h)-f(x_0)}{h} + \lim_{h\to 0}\frac{f(x_0-h)-f(x_0)}{-h} \\
&= f'(x_0)+f'(x_0) \\
&= 2f(x_0).
\end{aligned}
$$

3. 设 $f(x)=\begin{cases} \ln(1+x), & x>0, \\ 0, & x=0, \\ \dfrac{1}{x}\sin^2 x, & x<0, \end{cases}$ 求 $f'(x)$.

错误解法

当 $x>0$ 时， $f'(x)=\dfrac{1}{1+x}$;

当 $x=0$ 时， $f'(x)=(0)'=0$;

当 $x<0$ 时， $f'(x)=\dfrac{x\sin 2x-\sin^2 x}{x^2}$.

故

$$
f'(x)=\begin{cases} \dfrac{1}{1+x}, & x>0, \\ 0, & x=0, \\ \dfrac{x\sin 2x-\sin^2 x}{x^2}, & x<0. \end{cases}
$$

错因分析 问题在于在分界点 $x=0$ 处的导数没用定义求解.

正确解法 当 $x>0, x<0$ 时， $f'(x)$ 与上述相同. 由于 $x=0$ 是该函数的分段点，由导数定义知

$$
\begin{aligned}
f'_+(0) &= \lim_{x\to 0^+}\frac{f(x)-f(0)}{x-0} = \lim_{x\to 0^+}\frac{\ln(1+x)-0}{x-0} = 1, \\
f'_-(0) &= \lim_{x\to 0^-}\frac{f(x)-f(0)}{x-0} = \lim_{x\to 0^-}\frac{\sin^2 x-0}{x^2-0} = 1,
\end{aligned}
$$

由于 $f'_+(0) = f'_-(0)$, 故有 $f'(0) = 1$, 于是

$$f'(x) = \begin{cases} \dfrac{1}{1+x}, & x > 0, \\ 1, & x = 0, \\ \dfrac{x\sin 2x - \sin^2 x}{x^2}, & x < 0. \end{cases}$$

4. 试求由参数方程 $\begin{cases} x = a(\cos t + t\sin t), \\ y = a(\sin t - t\cos t) \end{cases}$ 确定的函数的导数 $\dfrac{\mathrm{d}y}{\mathrm{d}x}, \dfrac{\mathrm{d}^2y}{\mathrm{d}x^2}$.

错误解法

$$\begin{aligned} y' &= \frac{\dfrac{\mathrm{d}y}{\mathrm{d}t}}{\dfrac{\mathrm{d}x}{\mathrm{d}t}} = \frac{a(\sin t - t\cos t)'}{a(\cos t + t\sin t)'} \\ &= \frac{t\sin t}{t\cos t} = \tan t, \\ y'' &= (y')' = (\tan t)' = \sec^2 t. \end{aligned}$$

错因分析　在上述解法中一阶导数的解法是正确的，二阶导数的解法是错误的. $y'' = \dfrac{\mathrm{d}^2y}{\mathrm{d}x^2}$ 是一阶导数 $\dfrac{\mathrm{d}y}{\mathrm{d}x}$ 再对 x 求导，而不是对 t 求导.

正确解法

$$\begin{aligned} y'' &= \frac{\mathrm{d}^2y}{\mathrm{d}x^2} = \frac{\mathrm{d}}{\mathrm{d}x}\left(\frac{\mathrm{d}y}{\mathrm{d}x}\right) = \frac{\dfrac{\mathrm{d}y'}{\mathrm{d}t}}{\dfrac{\mathrm{d}x}{\mathrm{d}t}} \\ &= \frac{\dfrac{\mathrm{d}}{\mathrm{d}t}(\tan t)}{\dfrac{\mathrm{d}}{\mathrm{d}t}a(\cos t + t\sin t)} \\ &= \frac{\sec^2 t}{at\cos t} = \frac{1}{at}\sec^3 t. \end{aligned}$$

练习 3.1

1. 判断下列结论是否正确，正确的要给出证明，错误的请举反例说明:

(1) 若函数 $f(x)$ 在 x_0 点连续，则 $f(x)$ 在 x_0 点一定可导;

(2) 若函数 $f(x)$ 在 x_0 点不可微，则 $f(x)$ 在 x_0 点一定不连续;

(3) 若函数 $f(x)$ 在 x_0 点的左、右导数均存在，但 $f'_-(x_0) \neq f'_+(x_0)$, 则 $f(x)$ 在 x_0 点一定不连续;

(4) 已知 x_0 是函数 $f(x)$ 的第一类间断点，则函数 $f(x)$ 在 x_0 点不可导且不可微.

2. 设 $f(x)$ 在 $x \leqslant 0$ 有定义，且有二阶导数，试确定常数 a,b,c, 使

$$g(x)=\begin{cases} ax^2+bx+c, & x>0, \\ f(x), & x\leqslant 0 \end{cases}$$

在 $x=0$ 处有二阶导数.

3. 求由方程 $y=a+\ln xy+\mathrm{e}^{x+y}$ 所确定的隐函数 $y(x)$ 的一阶导数.

4. 求由方程 $x^2-y^2-4xy=0$ 所确定的隐函数的二阶导数.

5. 设 $y=y(x)$ 由 $\begin{cases} x\mathrm{e}^t+t\cos x=\pi, \\ y=\sin t+\cos^2 t \end{cases}$ 所确定. 求 $\left.\dfrac{\mathrm{d}y}{\mathrm{d}x}\right|_{x=0}$.

6. 设 $\begin{cases} x=at^2, \\ y=bt^3, \end{cases}$ 其中 $a\neq 0, b\neq 0$. 求 $\dfrac{\mathrm{d}^2y}{\mathrm{d}x^2}$.

7. 已知 $f(x)$ 是周期为 5 的连续函数，它在 $x=0$ 的某个邻域内满足关系式：

$$f(1+\sin x)-3f(1-\sin x)=8x+o(x) \quad (x\to 0),$$

其中 $o(x)$ 是当 $x\to 0$ 时比 x 高阶的无穷小，且 $f(x)$ 在 $x=1$ 处可导，求曲线 $y=f(x)$ 在点 $(6,f(6))$ 处的切线方程.

8. 已知函数 $f(x)$ 对任意 x_1,x_2 有

$$|f(x_2)-f(x_1)|\leqslant (x_2-x_1)^\alpha \quad (\alpha>1)$$

成立，证明 $f'(x)$ 处处存在且求出 $f'(x)$.

9. 设函数 $f(x)=\left(\sin^2 x-\sin^2 a\right)g(x)$, 其中 $g(x)$ 在 $x=a$ 处连续, 求 $f'(a)$.

10. 一蓄水池为倒置的圆锥形，深 10m, 顶圆直径为 6m, 现以 $8\mathrm{m}^3/\min$ 的速度向水池内注水，求当水深 4m 时,

(1) 水面上升的速度;

(2) 水面面积扩大的速度.

11. 设函数 $f(x)$ 在 $x=0$ 点连续，且极限 $\lim\limits_{x\to 0}\dfrac{f(x)}{x}$ 存在，试证 $f(x)$ 在 $x=0$ 点可导.

12. 求下列函数的导数:

(1) $y=\left(\arccos\dfrac{1}{x}\right)^2$;　　(2) $y=\sec^3\left(\mathrm{e}^{\frac{1}{x}}\right)$;　　(3) $y=x^{a^a}+a^{x^a}+x^{x^x}$.

13. 设一质点在 xOy 平面上的运动规律是 $\begin{cases} x=\dfrac{1}{\sqrt{1+t^2}}, \\ y=\dfrac{t}{\sqrt{1+t^2}}. \end{cases}$

(1) 验证质点的运动轨迹是圆弧 $x^2+y^2=1\ (x>0, y\geqslant 0)$;

(2) 求质点在时刻 t 的速度 $v(t)$;

(3) 求 $\lim\limits_{t\to+\infty} v(t)$.

14. 求星形线 $\begin{cases} x=\cos^3 t, \\ y=\sin^3 t \end{cases}$ 上点 $\left(-\dfrac{\sqrt{2}}{4}, \dfrac{\sqrt{2}}{4}\right)$ 处的切线方程和法线方程.

15. 已知函数 $f(x), g(x)$ 处处可导，求下列函数的导数：

(1) $y=f\left(x+\mathrm{e}^{-x}\right)$;　　(2) $y=f\left(\mathrm{e}^{x}\right) \mathrm{e}^{g(x)}$.

练习 3.1 参考答案与提示

1. (1) 错．例如： $f(x)=|x|, x_0=0$.

(2) 错．反例同上.

(3) 错． $f(x)$ 在 x_0 点一定连续．因为

$$\lim_{x\to x_0^-}\left(f(x)-f\left(x_0\right)\right)=\lim_{x\to x_0^-} \frac{f(x)-f\left(x_0\right)}{x-x_0}\left(x-x_0\right)=0,$$

所以 $f(x)$ 在 x_0 点左连续，同理可证 $f(x)$ 在 x_0 点右连续，故 $f(x)$ 在 x_0 点连续.

(4) 正确．用反证法证明.

2. $a=\dfrac{1}{2} f''(0)$,　$b=f_-'(0)$,　$c=f(0)$.

3. $y'=\dfrac{y\left(1+x\mathrm{e}^{x+y}\right)}{x\left(y-1-y\mathrm{e}^{x+y}\right)}$.

4. $y'=\dfrac{x-2y}{2x+y}$,　$y''=0$.

5. e^{π}.

6. $\dfrac{\mathrm{d}y}{\mathrm{d}x}=\dfrac{3b}{2a}t$, $\dfrac{\mathrm{d}^2 y}{\mathrm{d}x^2}=\dfrac{3b}{4a^2 t}$.

7. $f'(6)=f'(1)=2$, 切线为 $2x-y-12=0$.

8. 提示：利用导数定义及夹逼准则.

9. 提示：利用导数定义得 $f'(a)=g(a)\sin 2a$.

10. (1) $\dfrac{50}{9\pi}\mathrm{m/min}$;　　(2) $4\mathrm{m}^2/\mathrm{min}$.

11. 略.

12. (1) $\dfrac{2\arccos\dfrac{1}{x}}{|x|\sqrt{x^2-1}}$;　　(2) $-\dfrac{3}{x^2}\mathrm{e}^{\frac{1}{x}}\sec^3\left(\mathrm{e}^{\frac{1}{x}}\right)\tan\left(\mathrm{e}^{\frac{1}{x}}\right)$;

(3) $a^a x^{a^a-1}+a x^{a-1} a^{x^a}\ln a+x^{x^x}\left[x^{x-1}+x^x(1+\ln x)\ln x\right]$.

13. (1) 结论显然;　　(2) $v(t)=\dfrac{1}{1+t^2}$;　　(3) $\lim\limits_{t\to+\infty} v(t)=0$.

14. 切线方程为 $y-x=\dfrac{\sqrt{2}}{2}$; 法线方程为 $x+y=0$.

15. (1) $\left(1-\mathrm{e}^{-x}\right) f'\left(x+\mathrm{e}^{-x}\right)$;　(2) $\left[\mathrm{e}^{x} f'\left(\mathrm{e}^{x}\right)+f\left(\mathrm{e}^{x}\right) g'(x)\right] \mathrm{e}^{g(x)}$.

3.2 微分与导数在经济学中的应用

一、主要内容

微分及其应用，边际分析，弹性分析.

二、教学要求

1. 理解微分的概念及导数与微分的关系，会利用一阶微分形式不变性求复合函数的导数.
2. 了解微分在近似计算中的应用.
3. 会应用导数解决经济学中关于边际分析与弹性分析问题.

三、例题选讲

例 3.23 不计算导数，而通过计算函数的增量求出下列函数的微分，并给出函数增量与微分的几何解释：

(1) 圆面积 $A=\pi x^2$; (2) 正方体的体积 $V=x^3$.

解 (1) 求函数的增量

$$\Delta A=\pi(x+\Delta x)^2-\pi x^2=2\pi x\Delta x+\pi\Delta x^2,$$

其中 $2\pi x\Delta x$ 是 Δx 的一次函数，另一项 $\pi\Delta x^2=o(\Delta x)\quad(\Delta x\to 0)$，因此按定义

$$\mathrm{d}A=2\pi x\Delta x,$$

ΔA 表示半径分别为 $x+\Delta x, x$ 的两个同心圆之间的圆环的面积，$\mathrm{d}A$ 表示以圆周长 $2\pi x$ 为长，半径之差 Δx 为宽的矩形的面积. 它是面积改变量 ΔA 的近似值.

(2) 求函数的增量

$$\Delta V=(x+\Delta x)^3-x^3=3x^2\Delta x+3x\Delta x^2+\Delta x^3,$$

其中 $3x^2\Delta x$ 是 Δx 的一次函数，而

$$3x\Delta x^2+\Delta x^3=o(\Delta x)\quad(\Delta x\to 0),$$

因此

$$\mathrm{d}V=3x^2\Delta x.$$

ΔV 表示以 $x+\Delta x$ 为边长的立方体与以 x 为边长的立方体的体积之差，$\mathrm{d}V$ 表示三个以 $x,x,\Delta x$ 为棱的长方体的体积之和．它是体积改变量 ΔV 的近似值．

例 3.24　利用一阶微分形式不变性求复合函数 $y=\arctan\sqrt{\dfrac{1-x}{1+x}}$ 的导数．

解　由

$$\begin{aligned}\mathrm{d}y&=\mathrm{d}\left(\arctan\sqrt{\frac{1-x}{1+x}}\right)=\frac{1}{1+\dfrac{1-x}{1+x}}\mathrm{d}\left(\sqrt{\frac{1-x}{1+x}}\right)\\&=\frac{1}{2}(x+1)\frac{1}{2\sqrt{\dfrac{1-x}{1+x}}}\mathrm{d}\left(\frac{1-x}{1+x}\right)\\&=\frac{(x+1)\sqrt{1+x}}{4\sqrt{1-x}}\cdot\frac{(-1)(1+x)-(1-x)}{(1+x)^2}\mathrm{d}x\\&=\frac{-1}{2\sqrt{(1+x)(1-x)}}\mathrm{d}x,\end{aligned}$$

有

$$y'=\frac{\mathrm{d}y}{\mathrm{d}x}=\frac{-1}{2\sqrt{(1+x)(1-x)}}.$$

例 3.25　利用微分形式不变性求下列函数的导数：
(1) $y=\left\{\arcsin\left[\ln\left(x^2+x\right)\right]\right\}^2$；　(2) $y=\mathrm{e}^{\arctan\sqrt{x}}$，　(3) $y=(\sin x)^{\cos x}$.

解

(1)
$$\begin{aligned}\mathrm{d}y&=\mathrm{d}\left\{\arcsin\left[\ln\left(x^2+x\right)\right]\right\}^2\\&=2\arcsin\left[\ln\left(x^2+x\right)\right]\mathrm{d}\arcsin\left[\ln\left(x^2+x\right)\right]\\&=2\arcsin\left[\ln\left(x^2+x\right)\right]\cdot\frac{1}{\sqrt{1-\ln^2\left(x^2+x\right)}}\mathrm{d}\left(\ln\left(x^2+x\right)\right)\\&=2\arcsin\left[\ln\left(x^2+x\right)\right]\frac{1}{\sqrt{1-\ln^2\left(x^2+x\right)}}\cdot\frac{1}{x^2+x}\mathrm{d}\left(x^2+x\right)\\&=2\arcsin\left[\ln\left(x^2+x\right)\right]\frac{1}{\sqrt{1-\ln^2\left(x^2+x\right)}}\cdot\frac{2x+1}{x^2+x}\mathrm{d}x,\end{aligned}$$

故

$$y'=2\arcsin\left[\ln\left(x^2+x\right)\right]\frac{1}{\sqrt{1-\ln^2\left(x^2+x\right)}}\cdot\frac{2x+1}{x^2+x}.$$

(2)　$\mathrm{d}y=\mathrm{d}\mathrm{e}^{\arctan\sqrt{x}}$

$$
\begin{aligned}
&= \mathrm{e}^{\arctan\sqrt{x}}\mathrm{d}\left(\arctan\sqrt{x}\right) \\
&= \mathrm{e}^{\arctan\sqrt{x}}\cdot\frac{1}{1+x}\mathrm{d}\left(\sqrt{x}\right) \\
&= \mathrm{e}^{\arctan\sqrt{x}}\cdot\frac{1}{2\sqrt{x}(1+x)}\mathrm{d}x,
\end{aligned}
$$

故

$$y'=\mathrm{e}^{\arctan\sqrt{x}}\cdot\frac{1}{2\sqrt{x}\,(1+x)}.$$

(3)
$$
\begin{aligned}
\mathrm{d}y &= \mathrm{d}\mathrm{e}^{\cos x\ln\sin x} \\
&= (\sin x)^{\cos x}\cdot\left[-\sin x\ln(\sin x)+\frac{\cos^2 x}{\sin x}\right]\mathrm{d}x.
\end{aligned}
$$

例 3.26 设 $A>0,|B|=o\left(A^n\right)\ (A\to 0)$, 证明:

$$\sqrt[n]{A^n+B}\approx A+\frac{B}{nA^{n-1}},$$

并计算 $\sqrt[10]{1000}$.

解 当 $|x|$ 很小时, 有 $(1+x)^\alpha\approx 1+\alpha x$, 由 $|B|=o\left(A^n\right)$, 有 $\frac{|B|}{A^n}\to 0\ (A\to 0)$, 即 $\frac{|B|}{A^n}$ 很小, 则有

$$
\begin{aligned}
\sqrt[n]{A^n+B}=\left(A^n+B\right)^{\frac{1}{n}} &= A\left(1+\frac{B}{A^n}\right)^{\frac{1}{n}} \\
&\approx A\left(1+\frac{B}{nA^n}\right)=A+\frac{B}{nA^{n-1}},
\end{aligned}
$$

且有 $\sqrt[10]{1000}=\left(2^{10}-24\right)^{\frac{1}{10}}\approx 2\left(1-\frac{24}{10\times 2^9}\right)\approx 1.9953.$

例 3.27 半径为 10cm 的金属圆片加热后, 半径伸长了 0.05cm, 问面积增大了多少?

解 设半径为 r 时圆的面积为 A, 则 $A=\pi r^2$. 当 $r=10\text{cm},\Delta r=0.05\text{cm}$ 时, 计算圆片面积增量 $\Delta A=A\left(r+\Delta r\right)-A\left(r\right)$(单位: cm^2).

用微分近似改变量得

$$\Delta A\approx \mathrm{d}A=A'\left(r\right)\Delta r=2\pi r\Delta r.$$

由 $r=10,\Delta r=0.05$ 得

$$\Delta A\approx 2\pi\times 10\times 0.05=\pi=3.1416.$$

因此，圆片的面积增大了 3.1416cm^2.

例 3.28 设生产某产品 x 个单位的总成本 $C(x)=1000+0.012x^2$(单位：元)，求边际成本 $C'(x)$，并对 $C'(1000)$ 的经济意义进行解释.

解 边际成本 $C'(x)=0.024x, C'(1000)=0.024\times1000=24$，即当产量达到 1000 个单位时，再增加一个单位产量则增加 24 元的成本.

例 3.29 设某产品的价格 P 与销售量 Q 的关系为 $P=10-\dfrac{Q}{5}$，求总收益函数、边际收益函数，并对销售量为 30 时的边际收益进行解释.

解 总收益函数为 $R(Q)=QP=10Q-\dfrac{Q^2}{5}$，边际收益函数为 $R'(Q)=10-\dfrac{2Q}{5}$.

$R'(30)=10-\dfrac{2}{5}\times30=-2$ 表示当销售量为 30 时，再售出一个产品总收益反而减少 2 元.

例 3.30 设某种商品的需求量 Q 与价格 P 之间的函数关系为 $Q=P(8-3P)$，试求在 $P=\dfrac{14}{9}$ 元、$\dfrac{16}{9}$ 元、2 元的价格水平时，需求量对价格的弹性.

解 $\dfrac{EQ}{EP}=Q'\cdot\dfrac{P}{Q}=(8-6P)\cdot\dfrac{P}{P(8-3P)}=\dfrac{8-6P}{8-3P}$.

故 $\left.\dfrac{EQ}{EP}\right|_{P=\frac{14}{9}}=\dfrac{8-6\times\dfrac{14}{9}}{8-3\times\dfrac{14}{9}}=-0.4$，表明在 $\dfrac{14}{9}$ 元的价格水平时，价格上涨 1%，则需求量下降 0.4%.

$\left.\dfrac{EQ}{EP}\right|_{P=\frac{16}{9}}=-1$，表明在 $\dfrac{16}{9}$ 元的价格水平时，价格上涨 1%，则需求量下降 1%.

$\left.\dfrac{EQ}{EP}\right|_{P=2}=-2$，表明在 2 元的价格水平时，价格上涨 1%，则需求量下降 2%.

例 3.31 设某产品得总成本函数为 $C(x)=400+3x+\dfrac{1}{2}x^2$，而需求函数为 $P=\dfrac{100}{\sqrt{x}}$，其中 x 为产量 (假定等于需求量)，P 为单价. 试求：

(1) 边际成本；

(2) 边际收益；

(3) 边际利润；

(4) 收益的价格弹性.

解 (1) 边际成本 $C'(x)=\left(400+3x+\dfrac{1}{2}x^2\right)'=3+x$.

(2) 收益函数 $R(x)=xP=100\sqrt{x}$, 边际收益 $R'(x)=(100\sqrt{x})'=\dfrac{50}{\sqrt{x}}$.

(3) 利润函数 $L(x)=R(x)-C(x)=100\sqrt{x}-\left(400+3x+\dfrac{1}{2}x^2\right)$.

边际利润 $L'(x)=R'(x)-C'(x)=\dfrac{50}{\sqrt{x}}-(3+x)$.

(4) 由 $P=\dfrac{100}{\sqrt{x}}$ 得 $x=\dfrac{100^2}{P^2}$, 于是收益函数

$$R(P)=xP=\frac{100^2}{P^2}\cdot P=\frac{100^2}{P},$$

收益对价格的弹性

$$\frac{ER}{EP}=\frac{P}{R}R'(P)=\frac{P}{\dfrac{100^2}{P}}\left(\frac{-100^2}{P^2}\right)=-1,$$

由于 $\left|\dfrac{ER}{EP}\right|=1$ 为单位弹性，此时提价或降价对总收益无明显影响.

例 3.32 生产 x 件某产品的总成本 C(单位：元) 为产量 x 的函数， $C=C(x)=100+\dfrac{1}{10}x^2$. 求：

(1) 生产 40 件时的平均成本 (单位：元 / 件);

(2) 生产 40 件到 50 件时，总成本的平均变化率;

(3) 生产 40 件和 50 件时的边际成本 (单位：元 / 件).

解 (1) 生产 40 件的总成本为

$$C(40)=100+\frac{1}{10}\times 40^2=260,$$

平均成本为

$$\frac{C(40)}{40}=\frac{260}{40}=65.$$

(2) 生产 40 件到 50 件时总成本的改变量为

$$\Delta C=C(50)-C(40)=\left(100+\frac{1}{10}\times 50^2\right)-\left(100+\frac{1}{10}\times 40^2\right)=90,$$

平均变化率为

$$\frac{\Delta C}{\Delta x}=\frac{C(50)-C(40)}{50-40}=\frac{90}{10}=9.$$

(3) 边际成本为

$$C'(x)=\left(100+\frac{1}{10}x^2\right)'=\frac{x}{5},$$

故生产 40 件的边际成本为

$$C'(40)=\frac{1}{5}\times 40=8,$$

生产 50 件的边际成本为

$$C'(50)=\frac{1}{5}\times 50=10.$$

例 3.33　某商品的销售量 Q 与价格 P 的关系为

$$Q=A\mathrm{e}^{-P}\quad (A>0,P\in[0,10]),$$

求当价格为 10 元时的需求弹性.

解　需求弹性

$$\begin{aligned}\frac{EQ}{EP}&=\frac{P}{Q}Q'(P)=\frac{P}{A\mathrm{e}^{-P}}\left(A\mathrm{e}^{-P}\right)'\\&=\frac{P\left(-A\mathrm{e}^{-P}\right)}{A\mathrm{e}^{-P}}=-P,\end{aligned}$$

当价格 $P=10$ 时，需求弹性价格为 $\left.\frac{EQ}{EP}\right|_{P=10}=-10$. 由于 $\left|\frac{EQ}{EP}\right|=10>1$, 所以是富有弹性，即价格的变动会对需求量变化有较大影响. 又因弹性 $\frac{EQ}{EP}=-10<0$, 故当价格 $P=10$ 时，价格每增加 (减少)1%, 需求量将减少 (增加)10%.

四、疑难问题解答

1. 微分 $\mathrm{d}y=f'(x)\,\mathrm{d}x$ 中的 $\mathrm{d}x$ 是否要很小？

答　不一定.

由于 $\mathrm{d}y=f'(x_0)\Delta x$, 不管 Δx 的大或小都应该成立. 所以 $\mathrm{d}y=A\Delta x$ 应理解为 Δx 的函数，而这个函数具有这样的性质：当 $\Delta x\to 0$ 时，它是无穷小量，且 $\Delta y-\mathrm{d}y$ 是 Δx 的高阶无穷小量. 所以微分 $\mathrm{d}y=A\Delta x$ 中的 Δx 可以任意取值，当 $A\neq 0$, 而 $|\Delta x|$ 很小时，$\Delta y\approx \mathrm{d}y=A\Delta x$.

练习 3.2

1. 设 $f(x)$ 在 $(-\infty,+\infty)$ 内可微，求下列函数的微分和导数：

(1) $y=f\left(\ln^2 x-\mathrm{e}^{-x}\right)$;　　(2) $y=f\{f[f(x)]\}$.

2. 已知某产品的总成本为 $C(x)=0.5x^2+3x+300$, 求产量 $x=100$ 时的边际成本.

3. 某单位生产 x 个产品的总收益 y 为 x 的函数 $y=200x-0.01x^2$, 求生产 50 个单位产品时的总收益、平均收益、边际收益及其经济意义.

4. 某商品的需求量 Q 与价格 P 的函数关系为 $Q=aP^b$, 其中 a 和 b 为常数, 且 $a\neq 0$, 则需求量对价格 P 的弹性为 ______.

5. 设某厂每月生产产品的固定成本为 1000 元, 生产 x 单位产品的可变成本为 $0.01x^2+10x$(单位: 元). 如果每单位产品的售价为 30 元. 试求: 边际成本、利润函数、边际利润为零时的产量.

6. 设某商品的需求函数为 $Q=100(6-P)$, 求需求的价格弹性, 并求 P 为何值时, 需求富有弹性和缺乏弹性.

7. 已知某商品的总成本函数与需求函数为 $C(Q)=1+\sqrt{Q}, Q=\dfrac{5-P}{P}$. 试求:

(1) 总成本 C 对销售量 Q 的弹性;

(2) 总收入 R 对销售量 Q 的弹性;

(3) 总收入 R 对价格 P 的弹性.

8. 已知函数 $f(x)$ 在 x_0 点可导, 且 $f'(x_0)=1$, 则当 $\Delta x\to 0$ 时, 下列结论正确的是 (　　).

(A) $\mathrm{d}y$ 与 Δx 相比是等价无穷小

(B) $\mathrm{d}y$ 与 Δx 相比是同阶 (非等价) 无穷小

(C) $\mathrm{d}y$ 是比 Δx 高阶的无穷小

(D) $\mathrm{d}y$ 是比 Δx 低阶的无穷小

练习 3.2 参考答案与提示

1. (1) $\mathrm{d}y=f'\left(\ln^2 x-\mathrm{e}^{-x}\right)\left(2\dfrac{\ln x}{x}+\mathrm{e}^{-x}\right)\mathrm{d}x$

$$y'=\left(\frac{2\ln x}{x}+\mathrm{e}^{-x}\right)f'\left(\ln^2 x-\mathrm{e}^{-x}\right).$$

(2) $\mathrm{d}y=f'\{f[f(x)]\}f'[f(x)]f'(x)\,\mathrm{d}x$,

$$y'=f'\{f[f(x)]\}f'[f(x)]f'(x).$$

2. 103.

3. 9975, 199.5, 199. 边际收益的经济意义为: 在销售水平 $x=50$ 基础上, 再多销售一个单位产品, 其收益将增加 199.

4. b.

5. $C'(x)=0.02x+10$, $L(x)=-0.01x^2+20x-1000$, $L'(x)=0$ 时, $x=1000$.

6. 弹性 $\dfrac{EQ}{EP}=\dfrac{-P}{6-P}$.

当 $\left|\dfrac{EQ}{EP}\right|>1$, 即 $3<P<6$, 需求富有弹性;

当 $\left|\dfrac{EQ}{EP}\right|<1$, 即 $0<P<3$, 需求缺乏弹性.

7. (1) $\dfrac{EC}{EQ}=\dfrac{\sqrt{Q}}{2\left(1+\sqrt{Q}\right)}$; (2) $\dfrac{ER}{EQ}=\dfrac{1}{Q+1}$; (3) $\dfrac{ER}{EP}=\dfrac{P}{P-5}$.

8. (A).

综合练习 3

1. 填空题

(1) 设函数 $f(x)=\begin{cases}\dfrac{\ln(1+bx)}{x}, & x\neq 0,\\ -1, & x=0,\end{cases}$ 则当 $f(x)$ 在 $x=0$ 处可导时, 有 $f'(0)=$______.

(2) 设函数 $f(x)=\varphi(a+bx)-\varphi(a-bx)$, 其中 $\varphi(x)$ 在 $x=a$ 处可导, 则 $f'(0)=$______.

(3) 设函数 $f(x)=\begin{cases}\dfrac{1}{x}-\dfrac{1}{\mathrm{e}^x-1}, & x\neq 0,\\ \dfrac{1}{2}, & x=0,\end{cases}$ 则 $f'(0)=$______.

(4) 设 $y=y(x)$ 由方程 $x\sin y+y\mathrm{e}^x=0$ 所确定, 则 $y'(0)=$______.

(5) 设 $f'(0)$ 存在, 则 $\lim\limits_{x\to 0}\dfrac{f(x)-f\left(\dfrac{1}{2}x\right)}{x}=$______.

(6) 设函数 $g(x)$ 满足条件 $g(0)=g'(0)=0$, 而 $f(x)=\begin{cases}g(x)\sin\dfrac{1}{x}, & x\neq 0,\\ 0, & x=0,\end{cases}$ 则 $f'(0)=$______.

(7) 设函数 $f(x)=\lim\limits_{t\to\infty}x\left(1+\dfrac{1}{t}\right)^{2tx}$, 则 $f'(x)=$______.

(8) 设 $\begin{cases}x=f(2\sin t),\\ y=f(\cos t+1)+f(t-\pi),\end{cases}$ 其中 f 可微且 $f'(0)\neq 0$, 则 $\left.\dfrac{\mathrm{d}y}{\mathrm{d}x}\right|_{t=\pi}=$______.

(9) 设 $y=y(x)$ 满足方程 $\arcsin x\cdot\ln y-\mathrm{e}^{2x}+\tan y=0$, 则 $y'(0)=$______.

(10) 设 $y=y(x)$ 满足方程 $\mathrm{e}^{xy}+\sin\left(x^2y\right)=y^2$, 则 $y'(0)=$______.

(11) 设函数 $f(x)=x(\sin x)^{\cos x}$, 则 $f'(x)=$______.

(12) 设 $\begin{cases}x=\mathrm{e}^t\sin t,\\ y=\mathrm{e}^t\cos t\end{cases}$ $\left(0\leqslant t\leqslant\dfrac{\pi}{2}\right)$, 则 $\dfrac{\mathrm{d}^2y}{\mathrm{d}x^2}$ 在 $t=\dfrac{\pi}{4}$ 时的值应是______.

(13) 设曲线 $y=x^n, n\in\mathbb{N}$ 在点 $(1,1)$ 处的切线与 x 轴相交于 $(\xi_n,0)$, 则极限 $\lim\limits_{n\to\infty} y(\xi_n)=$ ________.

(14) 某商品的需求量 Q 与价格 P 的函数关系为 $Q=aP^b$, 其中 a 和 b 为常数, 且 $a\neq 0$, 则需求量对价格 P 的边际是 ________.

(15) 设商品的需求函数为 $Q=100-5P$, 其中 Q,P 分别表示需求量和价格. 如果商品需求弹性的绝对值大于 1, 则商品的价格的取值范围是 ________.

2. 选择题

(1) 判断 $f(x)>g(x)$ 是 $f'(x)>g'(x)$ 的 (   ).

(A) 充分但非必要条件　　(B) 必要但非充分条件

(C) 充分必要条件　　(D) 既非充分也非必要条件

(2) 曲线 $\begin{cases} x=t\cos t, \\ y=t\sin t \end{cases}$ 在 $t=\dfrac{\pi}{2}$ 处的法线方程是 (   ).

(A) $y=\dfrac{\pi}{2}(x+1)$　　(B) $y=\dfrac{\pi}{2}+\dfrac{2}{\pi}x$

(C) $y=\dfrac{\pi}{2}(1-x)$　　(D) $y=\dfrac{\pi}{2}-\dfrac{2}{\pi}x$

(3) 设函数 $f(x)=\dfrac{1}{x^2-3x+2}$, 则 $f^{(n)}(x)$ 应为 (   ).

(A) $(-1)^n n!\left[\dfrac{1}{(x-2)^{n+1}}-\dfrac{1}{(x-1)^{n+1}}\right]$

(B) $(-1)^{n+1} n!\left[\dfrac{1}{(x-2)^{n+1}}-\dfrac{1}{(x-1)^{n+1}}\right]$

(C) $(-1)^n n!\left[\dfrac{1}{(x-2)^{n}}-\dfrac{1}{(x-1)^{n}}\right]$

(D) $(-1)^{n+1} n!\left[\dfrac{1}{(x-2)^{n}}-\dfrac{1}{(x-1)^{n}}\right]$

(4) 若曲线 $y=x^2+ax+b$ 与 $2y=xy^3-1$ 在点 $(1,-1)$ 处相切, 则 (   ).

(A) $a=0,\quad b=2$　　(B) $a=1,\quad b=-3$

(C) $a=-3,\quad b=1$　　(D) $a=-1,\quad b=-1$

(5) 若函数 $f(x)$ 在 x_0 点左、右导数均存在, 则 $f(x)$ 在 x_0 点一定 (   ).

(A) 可导　　(B) 可微　　(C) 间断　　(D) 连续

(6) 下列结论中不正确的是 (   ).

(A) 曲线 $y=x^2-2x$ 在点 $(1,-1)$ 处的切线是水平的

(B) 曲线 $y=x-\cos x$ 在点 $(0,-1)$ 处的切线与 x 轴的夹角是 $\dfrac{\pi}{4}$

(C) 曲线 $y=x^{\frac{1}{3}}$ 在点 $(0,0)$ 处有切线

(D) 已知曲线 $y=f(x)$ 处处有切线, 则函数 $f(x)$ 处处可导

(7) 设 $y=x+\sin x, \mathrm{d}y$ 是 y 在 $x=0$ 点的微分，则当 $\Delta x\to 0$ 时，(　　).

(A) $\mathrm{d}y$ 与 Δx 相比是等价无穷小

(B) $\mathrm{d}y$ 与 Δx 相比是同阶 (非等价) 无穷小

(C) $\mathrm{d}y$ 是比 Δx 高阶的无穷小

(D) $\mathrm{d}y$ 是比 Δx 低阶的无穷小

(8) 若函数 $y=f(x)$ 有 $f'(x_0)=\dfrac{1}{2}$, 则当 $\Delta x\to 0$ 时，该函数在 $x=x_0$ 处的微分 $\mathrm{d}y$ 是 (　　).

(A) 与 Δx 等价的无穷小　　(B) 与 Δx 同阶 (非等价) 的无穷小

(C) 比 Δx 低阶的无穷小　　(D) 比 Δx 高阶的无穷小

3. 设 $f(x)=(x-a)^m\varphi(x)$, 其中 $\varphi(x)$ 在点 a 的某邻域内有 $m-1$ 阶连续导数，求 $f^{(m)}(a)$.

4. 设 α,β 为常数，$\beta<0, f(x)=\begin{cases} x^\alpha\sin x^\beta, & x>0, \\ 0, & x\leqslant 0, \end{cases}$ 讨论 $f(x)$ 在 $x=0$ 点的连续性、可导性及导函数的连续性.

5. 设 $y=\dfrac{\sin^2 x}{1+\tan x}+\dfrac{\cos^2 x}{1+\cot x}$, 求 y''.

6. 设 $y=\sin^4 x+\cos^4 x$, 求 $y^{(n)}$.

7. 设 $f(x)=x\sin|x|$, 证明 $f(x)$ 在 $x=0$ 处的二阶导数不存在.

8. $y=\ln\dfrac{\sqrt{1+x^2}-1}{\sqrt{1+x^2}+1}$, 求 y'.

9. 设 $y=\sin\left[f\left(x^2\right)\right]$, 其中 f 具有二阶导数，求 $\dfrac{\mathrm{d}^2y}{\mathrm{d}x^2}$.

10. 设 $f(x)$ 可导，且满足 $af(x)+bf\left(\dfrac{1}{x}\right)=\dfrac{c}{x}$, 其中 a,b,c 均为常数，且 $|a|\neq|b|$, 求 $f'(x)$.

11. 设某产品的需求函数为 $Q=Q(P)$, 收益函数为 $R=PQ$, 其中 P 为产品价格，Q 为需求量 (产品的产量). $Q(P)$ 是单调减函数，如果当价格为 P_0, 对应产量为 Q_0 时，边际收益 $\left.\dfrac{\mathrm{d}R}{\mathrm{d}Q}\right|_{Q=Q_0}=a>0$, 收益对价格的边际收益 $\left.\dfrac{\mathrm{d}R}{\mathrm{d}P}\right|_{P=P_0}=c<0$, 需求对价格的弹性为 $\dfrac{EQ}{EP}=b>1$, 求 P_0 和 Q_0.

综合练习 3 参考答案与提示

1. (1) $-\dfrac{1}{2}$;　(2) $2b\varphi'(a)$;　(3) $-\dfrac{1}{12}$;　(4) 0;　(5) $\dfrac{1}{2}f'(0)$;　(6) 0;　(7) $(2x+1)\mathrm{e}^{2x}$;　(8) $-\dfrac{1}{2}$;　(9) $\dfrac{2-\ln\dfrac{\pi}{4}}{2}$;　(10) $\dfrac{1}{2}$;

(11) $(\sin x)^{\cos x}\left(1-x\sin x\ln\sin x+\dfrac{x\cos^2 x}{\sin x}\right)$； (12) $-\dfrac{\mathrm{e}^{-\frac{\pi}{4}}}{\sqrt{2}}$； (13) e^{-1}；

(14) $Q'=abP^{b-1}$； (15) $10<P<20$.

2. (1) (D)； (2) (A)； (3) (A)； (4) (D)； (5) (D)； (6) (D)； (7) (B)； (8) (B).

3. $m!\varphi(a)$.

4. (1) 当 $a>0$, $f(x)$ 在 $x=0$ 点连续；当 $a<0$ 时， $f(x)$ 在 $x=0$ 点间断；

(2) 当 $\alpha>1$ 时， $f(x)$ 在 $x=0$ 点可导，且 $f'(0)=0$; 当 $0<\alpha\leqslant 1$ 时，$f(x)$ 不可导；

(3) 当 $\alpha>1-\beta$ 时， $f'(x)$ 连续；当 $\alpha\leqslant 1-\beta$ 时， $f'(x)$ 在 $x=0$ 间断.

5. 提示：先化简后求导. $y''=-2\sin 2x$.

6. $4^{n-1}\cos\left(4x+\dfrac{n\pi}{2}\right)$.

7. 略.

8. $y'=\dfrac{2}{x\sqrt{1+x^2}}$.

9. $2f'(x^2)\cos[f(x^2)]+4x^2\left\{f''(x^2)\cos[f(x^2)]-[f'(x^2)]^2\sin[f(x^2)]\right\}$.

10. $f'(x)=\dfrac{c(a+bx^2)}{(b^2-a^2)x^2}$.

11. $P_0=\dfrac{ab}{b-1}$, $Q_0=\dfrac{c}{1-b}$.

第 3 章自测题

第 4 章　微分中值定理与导数应用

4.1　微分中值定理

一、主要内容

微分中值定理， L′Hospital 法则， Taylor 公式.

二、教学要求

1. 理解 Rolle 定理、 Lagrange 中值定理、 Cauchy 中值定理的条件和结论，可利用这三个定理证明一些问题.

2. 掌握用 L′Hospital 法则求未定式极限的方法.

3. 了解 Taylor 公式和 Maclaurin 公式，掌握几个基本初等函数的 Maclaurin 公式，会用 Taylor 公式和 Maclaurin 公式解决一些简单问题.

三、例题选讲

例 4.1　证明方程 $\cos x - x\sin x = 0$ 在区间 $\left(0, \dfrac{\pi}{2}\right)$ 中至少有一个实根.

证明　由 $(x\cos x)' = \cos x - x\sin x$, 因此令

$$F(x) = x\cos x, \quad x \in \left[0, \frac{\pi}{2}\right].$$

于是， $F(x)$ 在闭区间 $\left[0, \dfrac{\pi}{2}\right]$ 上连续，在开区间 $\left(0, \dfrac{\pi}{2}\right)$ 内可导， $F'(x) = \cos x - x\sin x$, 且

$$F(0) = F\left(\frac{\pi}{2}\right).$$

由 Rolle 定理知，存在 $\xi \in \left(0, \dfrac{\pi}{2}\right)$, 使得

$$F'(\xi) = \cos\xi - \xi\sin\xi = 0,$$

即方程 $\cos x - x\sin x = 0$ 在 $\left(0, \dfrac{\pi}{2}\right)$ 中至少有一个实根.　□

例 4.2　设函数 $f(x)$ 在 $[a,b]$ 上连续，在 (a,b) 内二阶可导，且 $f(a) = f(c) = f(b) \quad (a < c < b)$, 试证：至少存在一点 $\xi \in (a,b)$, 使 $f''(\xi) = 0$.

证明 显然 $f(x)$ 在 $[a,c]$ 和 $[c,b]$ 上满足 Rolle 定理的条件，于是分别存在 $\xi_1 \in (a,c)$, $\xi_2 \in (c,b)$, 使

$$f'(\xi_1)=0, \qquad f'(\xi_2)=0.$$

同样, 对 $f'(x)$ 在 $[\xi_1,\xi_2]$ 上应用 Rolle 定理, 存在 $\xi \in (\xi_1,\xi_2) \subset (a,b)$, 使 $f''(\xi)=0$.

□

例 4.3 设 $f(x)$ 在 $[a,b]$ 上连续，在 (a,b) 内可导，证明在 (a,b) 内存在一点 ξ, 使 $f'(\xi)=\dfrac{f(\xi)-f(a)}{b-\xi}$ 成立.

证明 设 $F(x)=(b-x)[f(x)-f(a)]$.

由 $f(x)$ 在 $[a,b]$ 上连续，在 (a,b) 内可导，可知 $F(x)$ 在 $[a,b]$ 上连续，在 (a,b) 内可导；又 $F(a)=F(b)$, 因此 $F(x)$ 满足 Rolle 定理条件. 故在 (a,b) 内存在一点 ξ, 使 $F'(\xi)=0$.

由 $F'(x)=f'(x)(b-x)-[f(x)-f(a)]$, 得 $f'(\xi)(b-\xi)-[f(\xi)-f(a)]=0$, 即

$$f'(\xi)=\frac{f(\xi)-f(a)}{b-\xi} \quad (a<\xi<b).$$

□

例 4.4 设函数 $f(x)$ 在 $[a,b]$ 上连续，在 (a,b) 内可导，其中 $0<a<b$, 且 $f(a)=0$. 证明：至少存在一点 $\xi \in (a,b)$, 使 $f(\xi)=\dfrac{b-\xi}{a}f'(\xi)$.

证明 令 $F(x)=(b-x)^a f(x)$, $F(a)=(b-a)^a f(a)=0, F(b)=0$. 由 Rolle 定理知，至少存在一点 $\xi \in (a,b)$ 使 $F'(\xi)=0$. 而

$$F'(x)=-a(b-x)^{a-1}f(x)+(b-x)^a f'(x)=0, \quad f(x)=\frac{b-x}{a}f'(x).$$

故 $f(\xi)=\dfrac{b-\xi}{a}f'(\xi)$.

□

例 4.5 设函数 $f(x)$ 在 x_0 点右连续，且导数 $f'(x)$ 在 x_0 的右极限 $f'(x_0^+)$ 存在 (或为无穷), 证明 $f(x)$ 在 x_0 处右导数 $f'_+(x_0)$ 存在，且 $f'_+(x_0)=f'(x_0^+)$.

证明 由题设可知 $f(x)$ 在 x_0 点的右邻域 $[x_0,x_0+h)$ 上连续，在 (x_0,x_0+h) 内可导，故当 $0<\triangle x<h$ 时， $f(x)$ 在 $[x_0,x_0+\triangle x]$ 上满足 Lagrange 中值定理条件，从而有

$$\frac{f(x_0+\triangle x)-f(x_0)}{\triangle x}=f'(\xi) \quad (x_0<\xi<x_0+\triangle x).$$

当 $\Delta x \to 0^+$ 时， $\xi \to x_0^+$, 所以 $\lim\limits_{\xi\to x_0^+} f'(\xi)=f'(x_0^+) \quad (0<\triangle x<h)$, 即 $f'_+(x_0)=f'(x_0^+)$.

因此，在类似条件下，可证明左导数 $f'_-(x_0)=f'(x_0^-)$. □

例 4.6　试证：方程 $x^3-3x^2+C=0$ 在 $(0,1)$ 内不可能有两个不同的实根，其中 C 为常数.

证明　设 $f(x)=x^3-3x^2+C$, 若 $f(x)$ 在 $(0,1)$ 内有两个不同的点 x_1,x_2 使 $f(x_1)=0$, $f(x_2)=0$, 则因 $f(x)$ 在 $[x_1,x_2]$(或 $[x_2,x_1]$) 上满足 Rolle 定理的条件，故存在 $\xi\in(0,1)$, 使 $f'(\xi)=0$, 即 $3\xi^2-6\xi=0$, 解得 $\xi=0,\xi=2$. 他们都不在区间 $(0,1)$ 内，因此在 $(0,1)$ 内 $x^3-3x^2+C=0$ 不可能有两个不同的实根. □

例 4.7　已知函数 $f(x)$ 在 $[0,1]$ 上连续，在 $(0,1)$ 内可导，且 $f(0)=0$, $f(1)=1$. 证明：

(1) 存在 $\xi\in(0,1)$, 使得 $f(\xi)=1-\xi$;

(2) 存在两个不同的点 $\eta,\zeta\in(0,1)$, 使得 $f'(\zeta)f'(\eta)=1$.

证明　(1) 令 $g(x)=f(x)+x-1$, 由 $f(x)$ 在 $[0,1]$ 上连续，有 $g(x)$ 在 $[0,1]$ 上连续，且

$$g(0)=-1<0,\quad g(1)=1>0.$$

由零点定理，存在 $\xi\in(0,1)$, 使得

$$g(\xi)=f(\xi)+\xi-1=0,$$

即有 $f(\xi)=1-\xi$.

(2) 由 $f(x)$ 在 $[0,1]$ 上连续，在 $(0,1)$ 内可导，又 $\xi\in(0,1)$, 有 $f(x)$ 在 $[0,\xi]$ 和 $[\xi,1]$ 上分别满足 Lagrange 中值定理，则存在 $\eta\in(0,\xi)$, 使得

$$f'(\eta)=\frac{f(\xi)-0}{\xi}=\frac{1-\xi}{\xi},$$

存在 $\zeta\in(\xi,1)$, 使得

$$f'(\zeta)=\frac{f(1)-f(\xi)}{1-\xi}=\frac{\xi}{1-\xi},$$

所以

$$f'(\zeta)f'(\eta)=\frac{1-\xi}{\xi}\cdot\frac{\xi}{1-\xi}=1.$$

□

例 4.8　证明：对在 $[a,b]\,(0<a<b)$ 上的可微函数 $f(x)$, 存在 $\xi\in(a,b)$, 使

$$\frac{1}{b-a}\begin{vmatrix}\ln b & \ln a\\ f(a) & f(b)\end{vmatrix}=f'(\xi)\ln\xi+\frac{f(\xi)}{\xi}.$$

证明 令 $F(x)=f(x)\ln x$. 由 $f(x)$ 在 $[a,b]$ 上可微，有 $F(x)$ 在 $[a,b]$ 上可微，则 $F(x)$ 在 $[a,b]$ 上满足 Lagrange 中值定理，存在 $\xi\in(a,b)$，使 $F(b)-F(a)=F'(\xi)(b-a)$. 而 $F'(x)=f'(x)\ln x+f(x)\cdot\dfrac{1}{x}$，有

$$\frac{f(b)\ln b-f(a)\ln a}{b-a}=\frac{F(b)-F(a)}{b-a}=F'(\xi)=f'(\xi)\ln\xi+\frac{f(\xi)}{\xi}.$$

所以

$$\frac{1}{b-a}\begin{vmatrix}\ln b & \ln a\\ f(a) & f(b)\end{vmatrix}=f'(\xi)\ln\xi+\frac{f(\xi)}{\xi}\quad(\xi\in(a,b)).$$

□

例 4.9 设函数 $f(x)$ 在 $[0,3]$ 上连续，在 $(0,3)$ 内可导，且 $f(0)+f(1)+f(2)=3$，$f(3)=1$，试证：必存在 $\xi\in(0,3)$，使

$$f'(\xi)=0.$$

证明 因 $f(x)$ 在 $[0,3]$ 上连续，所以在 $[0,2]$ 上连续，在 $[0,2]$ 上有最大值 M 与最小值 m，即有

4-1 微分中值定理

$$m\leqslant f(0),\ f(1),\ f(2)\leqslant M,$$

$$m\leqslant\frac{f(0)+f(1)+f(2)}{3}\leqslant M.$$

由介值定理知，至少存在一点 $c\in[0,2]$，使

$$f(c)=\frac{f(0)+f(1)+f(2)}{3}.$$

又因为 $f(c)=f(3)=1$，$f(x)$ 在 $[c,3]$ 上连续，在 $(c,3)$ 内可导，由 Rolle 定理知，必存在 $\xi\in(c,3)\subset(0,3)$，使

$$f'(\xi)=0.$$

□

例 4.10 证明：当 $|x|\leqslant\dfrac{1}{2}$ 时，$3\arccos x-\arccos\left(3x-4x^3\right)=\pi$.

证明 当 $|x|<\dfrac{1}{2}$ 时，

$$\begin{aligned}&\left[3\arccos x-\arccos\left(3x-4x^3\right)\right]'\\&=-\frac{3}{\sqrt{1-x^2}}+\frac{3\left(1-4x^2\right)}{(1-4x^2)\sqrt{1-x^2}}=0,\end{aligned}$$

故

$$3\arccos x-\arccos\left(3x-4x^3\right)=C\quad(C\text{为常数}).$$

令 $x=0$, 则 $C=\pi$. 故当 $|x|<\dfrac{1}{2}$ 时,

$$3\arccos x-\arccos\left(3x-4x^3\right)=\pi.$$

又

$$\lim_{x\to-\frac{1}{2}}\left[3\arccos x-\arccos\left(3x-4x^3\right)\right]=\pi,$$
$$\lim_{x\to\frac{1}{2}}\left[3\arccos x-\arccos\left(3x-4x^3\right)\right]=\pi,$$

故当 $|x|\leqslant\dfrac{1}{2}$ 时, $3\arccos x-\arccos\left(3x-4x^3\right)=\pi$. □

例 4.11　当 $0<a<b<1$ 时，证明不等式

$$\frac{b-a}{\sqrt{1-a^2}}<\arcsin b-\arcsin a<\frac{b-a}{\sqrt{1-b^2}}.$$

证明　令 $f(x)=\arcsin x$, 则

$$f'(x)=\frac{1}{\sqrt{1-x^2}},$$

对 $f(x)$ 在 $[a,b]$ 上应用 Lagrange 中值定理. 存在 $\xi\in(a,b)$, 使

$$\arcsin b-\arcsin a=\frac{1}{\sqrt{1-\xi^2}}(b-a),$$

由 $0<a<\xi<b<1$, 有

$$\frac{b-a}{\sqrt{1-a^2}}<\frac{b-a}{\sqrt{1-\xi^2}}<\frac{b-a}{\sqrt{1-b^2}},$$

所以

$$\frac{b-a}{\sqrt{1-a^2}}<\arcsin b-\arcsin a<\frac{b-a}{\sqrt{1-b^2}}.$$

□

例 4.12　用 L'Hospital 法则求下列极限:

(1) $\displaystyle\lim_{x\to0}\frac{\sin^2x-x^2}{x^4}$;　(2) $\displaystyle\lim_{x\to0}\frac{3^x+3^{-x}-2}{x^2}$;

(3) $\displaystyle\lim_{x\to1}\left(\frac{x}{\ln x}-\frac{1}{x-1}\right)$;　(4) $\displaystyle\lim_{x\to0}x^2\mathrm{e}^{\frac{1}{x^2}}$;

(5) $\displaystyle\lim_{x\to0^+}x^{\frac{1}{\ln(\mathrm{e}^x-1)}}$;　(6) $\displaystyle\lim_{x\to0}(\cos x)^{\frac{1}{x^2}}$;

(7) $\displaystyle\lim_{x\to0^+}\left(\frac{1}{\sin x}\right)^{\tan x}$.

解 (1) 这是 $\dfrac{0}{0}$ 型未定式，由 L′Hospital 法则，有

$$\begin{aligned}
\text{原式} &= \lim_{x\to 0}\frac{(\sin^2 x - x^2)'}{(x^4)'}\\
&= \lim_{x\to 0}\frac{2\sin x\cos x - 2x}{4x^3}\\
&= \lim_{x\to 0}\frac{\sin 2x - 2x}{4x^3}\\
&= \lim_{x\to 0}\frac{2\cos 2x - 2}{12x^2}\\
&= \lim_{x\to 0}\frac{\cos 2x - 1}{6x^2}\\
&= \lim_{x\to 0}\frac{-2\sin 2x}{12x} = -\frac{1}{3}.
\end{aligned}$$

(2)
$$\begin{aligned}
\text{原式} &= \lim_{x\to 0}\frac{(3^x - 3^{-x})\ln 3}{2x}\\
&= \lim_{x\to 0}\frac{(3^x + 3^{-x})\ln^2 3}{2}\\
&= \ln^2 3.
\end{aligned}$$

(3) 由于

$$\frac{x}{\ln x} - \frac{1}{x-1} = \frac{x^2 - x - \ln x}{(x-1)\ln x},$$

且 $x\to 1$ 时， $\ln x \sim x-1, (x-1)\ln x \sim (x-1)^2$, 因此

$$\begin{aligned}
\lim_{x\to 1}\left(\frac{x}{\ln x} - \frac{1}{x-1}\right) &= \lim_{x\to 1}\frac{x^2 - x - \ln x}{(x-1)^2}\\
&= \lim_{x\to 1}\frac{2x - 1 - \dfrac{1}{x}}{2(x-1)}\\
&= \lim_{x\to 1}\frac{(2x+1)(x-1)}{2x(x-1)}\\
&= \lim_{x\to 1}\frac{2x+1}{2x} = \frac{3}{2}.
\end{aligned}$$

(4) 这是 $0\cdot\infty$ 型，先化为 $\dfrac{\infty}{\infty}$ 型，得

$$\begin{aligned}
\lim_{x\to 0} x^2 \mathrm{e}^{\frac{1}{x^2}} &= \lim_{x\to 0}\frac{\mathrm{e}^{\frac{1}{x^2}}}{\dfrac{1}{x^2}}\\
&= \lim_{x\to 0}\frac{\mathrm{e}^{\frac{1}{x^2}}\left(-\dfrac{2}{x^3}\right)}{-\dfrac{2}{x^3}}
\end{aligned}$$

$$
\begin{aligned}
&= \lim_{x\to 0} \mathrm{e}^{\frac{1}{x^2}} \\
&= \infty.
\end{aligned}
$$

(5) 这是 0^0 型未定式，设 $y = x^{\frac{1}{\ln(\mathrm{e}^x-1)}}$，两边取对数得

$$
\ln y = \frac{\ln x}{\ln(\mathrm{e}^x - 1)},
$$

$$
\begin{aligned}
\lim_{x\to 0^+} \ln y &= \lim_{x\to 0^+} \frac{\ln x}{\ln(\mathrm{e}^x - 1)} \quad \left(\frac{\infty}{\infty}\right) \\
&= \lim_{x\to 0^+} \frac{\frac{1}{x}}{\frac{\mathrm{e}^x}{\mathrm{e}^x - 1}} \\
&= \lim_{x\to 0^+} \frac{\mathrm{e}^x - 1}{x\mathrm{e}^x} \quad \left(\frac{0}{0}\right) \\
&= \lim_{x\to 0^+} \frac{\mathrm{e}^x}{\mathrm{e}^x + x\mathrm{e}^x} = 1,
\end{aligned}
$$

所以

$$
\lim_{x\to 0^+} x^{\frac{1}{\ln(\mathrm{e}^x-1)}} = \lim_{x\to 0^+} \mathrm{e}^{\ln y} = \mathrm{e}^{\lim\limits_{x\to 0^+} \ln y} = \mathrm{e}^1 = \mathrm{e}.
$$

(6) 这是 1^∞ 型未定式.

$$
\begin{aligned}
\lim_{x\to 0} (\cos x)^{\frac{1}{x^2}} &= \lim_{x\to 0} \mathrm{e}^{\frac{\ln(\cos x)}{x^2}} \\
&= \mathrm{e}^{\lim\limits_{x\to 0} \frac{\ln(\cos x)}{x^2}} \\
&= \mathrm{e}^{\lim\limits_{x\to 0} -\frac{\tan x}{2x}} \\
&= \mathrm{e}^{-\frac{1}{2}}.
\end{aligned}
$$

(7) 这是 ∞^0 型未定式，设 $y = \left(\dfrac{1}{\sin x}\right)^{\tan x}$，则

$$
\begin{aligned}
\lim_{x\to 0^+} \ln y &= \lim_{x\to 0^+} \frac{-\ln\sin x}{\cot x} \\
&= \lim_{x\to 0^+} \frac{-\cot x}{-\csc^2 x} \\
&= \lim_{x\to 0^+} \sin x \cos x = 0,
\end{aligned}
$$

故

$$
\lim_{x\to 0^+} \left(\frac{1}{\sin x}\right)^{\frac{1}{\tan x}} = \mathrm{e}^0 = 1.
$$

例 4.13 求极限 $\lim\limits_{x\to 0}\left(\dfrac{1}{\ln\left(x+\sqrt{1+x^2}\right)}-\dfrac{1}{\ln(1+x)}\right)$.

解 $I=\lim\limits_{x\to 0}\dfrac{\ln(1+x)-\ln\left(x+\sqrt{1+x^2}\right)}{\ln\left(x+\sqrt{1+x^2}\right)\ln(1+x)}$. 如直接用 L'Hospital 法则比较麻烦.

注意到

$$\ln\left(x+\sqrt{1+x^2}\right)'=\frac{1}{\sqrt{1+x^2}},$$

$$\lim_{x\to 0}\frac{\ln\left(x+\sqrt{1+x^2}\right)}{x}=\lim_{x\to 0}\frac{1}{\sqrt{1+x^2}}=1,$$

即 $\ln\left(x+\sqrt{1+x^2}\right)\sim x\ \ (x\to 0)$, 又 $\ln(1+x)\sim x\ \ (x\to 0)$.

因此，先作等价无穷小因子替换后再用 L'Hospital 法则得

$$\begin{aligned}
I&=\lim_{x\to 0}\frac{\ln(1+x)-\ln\left(x+\sqrt{1+x^2}\right)}{x^2}\\
&=\lim_{x\to 0}\frac{\dfrac{1}{1+x}-\dfrac{1}{\sqrt{1+x^2}}}{2x}\\
&=\lim_{x\to 0}\frac{1}{2(1+x)\sqrt{1+x^2}}\cdot\lim_{x\to 0}\frac{\sqrt{1+x^2}-(1+x)}{x}\\
&=\frac{1}{2}\lim_{x\to 0}\left(\frac{x}{\sqrt{1+x^2}}-1\right)=-\frac{1}{2}.
\end{aligned}$$

例 4.14 已知函数 $f(x)$ 在 $x=0$ 的某邻域内有连续导数，且

$$\lim_{x\to 0}\left(\frac{\sin x}{x^2}+\frac{f(x)}{x}\right)=2,$$

求 $f(0)$ 及 $f'(0)$.

4-2 泰勒公式

解 当 $x\to 0$ 时,

$$\begin{aligned}
\sin x+xf(x)&=x+o\left(x^2\right)+x\left[f(0)+f'(0)x+o(x)\right]\\
&=[1+f(0)]\cdot x+f'(0)x^2+o\left(x^2\right),
\end{aligned}$$

又

$$\lim_{x\to 0}\frac{\sin x+xf(x)}{x^2}=\lim_{x\to 0}\left(\frac{\sin x}{x^2}+\frac{f(x)}{x}\right)=2,$$

则当 $x\to 0, \sin x+xf(x)\sim 2x^2$, 有

$$1+f(0)=0,\qquad f'(0)=2,$$

所以 $f(0)=-1$, $f'(0)=2$.

例 4.15　求 $\sqrt{1+x}\cos x$ 的带 Peano 余项的三阶 Maclaurin 公式.

解

$$\sqrt{1+x}=1+\frac{1}{2}x-\frac{1}{8}x^2+\frac{1}{16}x^3+o\left(x^3\right)\quad(x\to 0),$$

$$\cos x=1-\frac{1}{2}x^2+o\left(x^3\right)\quad(x\to 0),$$

则

$$\begin{aligned}\sqrt{1+x}\cos x&=1+\frac{1}{2}x-\frac{1}{8}x^2+\frac{1}{16}x^3-\frac{1}{2}x^2-\frac{1}{4}x^3+o\left(x^3\right)\\&=1+\frac{1}{2}x-\frac{5}{8}x^2-\frac{3}{16}x^3+o\left(x^3\right)\quad(x\to 0).\end{aligned}$$

例 4.16　利用 Taylor 公式求极限：

(1) $\lim\limits_{x\to 0}\dfrac{\dfrac{x^2}{2}+1-\sqrt{1+x^2}}{\left(\cos x-\mathrm{e}^{x^2}\right)\sin x^2}$;　　(2) $\lim\limits_{x\to 0}\dfrac{\mathrm{e}^x\sin x-x(1+x)}{x^3}$.

解　(1) 由 $(1+t)^{\frac{1}{2}}$ 的 Taylor 公式可得

$$\begin{aligned}\left(1+x^2\right)^{\frac{1}{2}}&=1+\frac{1}{2}x^2+\frac{\frac{1}{2}\left(\frac{1}{2}-1\right)}{2!}x^4+o\left(x^4\right)\\&=1+\frac{1}{2}x^2-\frac{1}{8}x^4+o\left(x^4\right)\quad(x\to 0),\end{aligned}$$

于是

$$\frac{x^2}{2}+1-\sqrt{1+x^2}=\frac{1}{8}x^4+o\left(x^4\right)\quad(x\to 0).$$

由 $\cos x$ 与 e^x 的 Taylor 公式可得

$$\cos x-\mathrm{e}^{x^2}=-\frac{3}{2}x^2+o\left(x^2\right)\quad(x\to 0),$$

注意 $\sin x^2\sim x^2\quad(x\to 0)$, 因此

$$\lim_{x\to 0}\frac{\dfrac{x^2}{2}+1-\sqrt{1+x^2}}{\left(\cos x-\mathrm{e}^{x^2}\right)x^2}=\lim_{x\to 0}\frac{\dfrac{1}{8}x^4+o\left(x^4\right)}{\left(-\dfrac{3}{2}x^2+o\left(x^2\right)\right)x^2}.$$

分子、分母同除 x^4, 可得原极限为

$$\frac{\dfrac{1}{8}}{-\dfrac{3}{2}}=-\frac{1}{12}.$$

(2) 原式 $=\lim\limits_{x\to0}\dfrac{\left[1+x+\dfrac{x^2}{2}+o(x^2)\right]\left[x-\dfrac{x^3}{3!}+o(x^3)\right]-x-x^2}{x^3}$

$$=\lim_{x\to0}\frac{x-\dfrac{x^3}{3!}+x^2+\dfrac{x^3}{2}+o(x^3)-x-x^2}{x^3}$$

$$=\lim_{x\to0}\frac{\dfrac{x^3}{3}+o(x^3)}{x^3}$$

$$=\frac{1}{3}.$$

四、疑难问题解答

1. Rolle 定理中“函数 $f(x)$ 在闭区间上连续，在开区间 (a,b) 内可导”这两个条件是否可以合并成“在闭区间 $[a,b]$ 上可导”一条？

答　函数 $f(x)$ 在闭区间 $[a,b]$ 上可导不仅包含了函数 $f(x)$“在闭区间 $[a,b]$ 上连续，在开区间 (a,b) 内可导”这两个条件，还包含着 $f(x)$ 在区间端点 a,b 的右导数 $f'_+(a)$ 与左导数 $f'_-(b)$ 也都存在，这样条件增强了，当然 Rolle 定理的适用范围就要缩小．例如，函数 $f(x)=\sqrt{1-x^2}$ 在闭区间 $[-1,1]$ 上连续，在开区间 $(-1,1)$ 内可导，且 $f(-1)=f(1)=0$, 满足 Rolle 定理的三个条件，于是在 $(-1,1)$ 内至少存在一点 ξ, 使得

$$f'(\xi)=-\left.\frac{x}{\sqrt{1-x^2}}\right|_{x=\xi}=-\frac{\xi}{\sqrt{1-\xi^2}}=0,$$

亦即 $\xi=0\in(-1,1)$. 但是，$f(x)=\sqrt{1-x^2}$ 在 $x=\pm1$ 处 $f'(x)$ 都不存在. 可见如果将 Rolle 定理的三个条件合并成“$f(x)$ 在闭区间 $[a,b]$ 上可导，且 $f(a)=f(b)$”两条件，那么这个函数 $f(x)=\sqrt{1-x^2}$ 在 $(-1,1)$ 上 Rolle 定理就不适用了．在研究数学命题时，通常力求把命题的条件减弱，以扩大其适用范围.

2. 设 $f(x),g(x)$ 在 $(0,1)$ 内可导，在 $[0,1]$ 上连续，且 $g'(x)\neq0,\ \ x\in(0,1)$. 问：能否用 $f(x),g(x)$ 在 $[0,1]$ 上的 Lagrange 中值定理证明 $f(x),g(x)$ 满足 Cauchy 中值定理？

答　由 $f(x),g(x)$ 在 $[0,1]$ 上分别满足 Lagrange 中值定理，有

$$f(1)-f(0)=f'(\xi_1)(1-0),\quad \xi_1\in(0,1),$$

$$g(1)-g(0)=g'(\xi_2)(1-0),\quad \xi_2\in(0,1).$$

又 $g'(x)\neq0, x\in(0,1)$, 有 $g'(\xi_2)\neq0$. 两式相除得

$$\frac{f(1)-f(0)}{g(1)-g(0)}=\frac{f'(\xi_1)}{g'(\xi_2)},$$

ξ_1 与 ξ_2 不一定相等，则上式不是 Cauchy 中值定理. 故不能用 $f(x), g(x)$ 在 $[0,1]$ 上分别应用 Lagrange 中值定理来证明 $f(x)$，$g(x)$ 在 $[0,1]$ 上满足 Cauchy 中值定理.

五、常见错误类型分析

1. 设 $f(x), g(x)$ 均可微，且当 $x \geqslant a$ 时，$|f'(x)| \leqslant g'(x)$，试证：当 $x \geqslant a$ 时，$|f(x) - f(a)| \leqslant g(x) - g(a)$.

错误解法　由 Cauchy 中值定理知，存在 $\xi \in (a, x)$，使得

$$\frac{f(x) - f(a)}{g(x) - g(a)} = \frac{f'(\xi)}{g'(\xi)},$$

因而有 $|f(x) - f(a)| = |g(x) - g(a)| \left|\dfrac{f'(\xi)}{g'(\xi)}\right| \leqslant |g(x) - g(a)|$. 又因 $g'(x) \geqslant 0$，故 $g(x)$ 单调增加，于是当 $x \geqslant a$ 时，有

$$g(x) \geqslant g(a), \quad 即 \quad g(x) - g(a) \geqslant 0.$$

故 $|f(x) - f(a)| \leqslant g(x) - g(a)$.

错因分析　$g'(x) \geqslant |f'(x)|$，并不能保证 $g'(x) \neq 0$，因而不能使用 Cauchy 中值定理.

正确解法　作辅助函数

$$\varphi(x) = g(x) - f(x),$$

显然，该函数满足 Lagrange 中值定理条件，于是存在 $\xi \in (a, x)$，使

$$\varphi(x) - \varphi(a) = \varphi'(\xi)(x - a).$$

又当 $x \geqslant a$ 时，$|f'(x)| \leqslant g'(x)$，即

$$-g'(x) \leqslant f'(x) \leqslant g'(x),$$

因而

$$\varphi'(x) = g'(\xi) - f'(\xi) \geqslant 0,$$

也有

$$\varphi(x) - \varphi(a) \geqslant 0,$$

可知

$$g(x) - f(x) - [g(a) - f(a)] \geqslant 0,$$

即

$$g(x)-g(a)\geqslant f(x)-f(a). \tag{1}$$

再令 $\psi(x)=g(x)+f(x)$, 由 Lagrange 定理知，存在 $\eta\in(a,x)$, 使

$$\psi(x)-\psi(a)=\psi'(\eta)(x-a),$$

又

$$\psi'(\eta)=g'(\eta)+f'(\eta)\geqslant 0,$$

故

$$\psi(x)-\psi(a)=g(x)+f(x)-[g(a)+f(a)]\geqslant 0,$$

因而

$$f(x)-f(a)\geqslant -[g(x)-g(a)]. \tag{2}$$

于是由 (1) 、 (2) 两式有

$$|f(x)-f(a)|\leqslant g(x)-g(a).$$

3. 设 $f(x)=\begin{cases} x, & 0\leqslant x\leqslant 1,\\ -x, & -1\leqslant x<0\end{cases}$ 在 $(-1,1)$ 内是否存在一点 ξ, 使 $f'(\xi)=0$.

错误解法　由 Rolle 定理可知存在 $\xi\in(-1,1)$ 使 $f'(\xi)=0$.

错因分析　由 $f(x)$ 在 $x=0$ 不可导，故 $f(x)$ 不满足 Rolle 定理.

正确解法　当 $0<x<1$ 时， $f'(x)=1$; 当 $-1<x<0$ 时， $f'(x)=-1$, 且 $f(x)$ 在 $x=0$ 不可导，故在 $(-1,1)$ 内不存在 ξ, 使 $f'(\xi)=0$.

4. 设函数 $f(x)$ 的二阶导数存在，求

$$\lim_{h\to 0}\frac{f(x+h)+f(x-h)-2f(x)}{h^2}.$$

错误解法　利用 L'Hospital 法则，则

$$\begin{aligned}\text{原式}&=\lim_{h\to 0}\frac{f'(x+h)-f'(x-h)}{2h}\\&=\lim_{h\to 0}\frac{f''(x+h)+f''(x-h)}{2}=f''(x).\end{aligned}$$

4-3 洛必达法则

错因分析　在推导出结果时使用了二阶导数连续的条件，本题并无这样的假设.

正确解法

$$\lim_{h\to 0}\frac{f(x+h)+f(x-h)-2f(x)}{h^2}$$

$$
\begin{aligned}
&=\lim_{h\to 0}\frac{f'(x+h)-f'(x-h)}{2h}\\
&=\frac{1}{2}\lim_{h\to 0}\left[\frac{f'(x+h)-f'(x)}{h}+\frac{f'(x-h)-f'(x)}{-h}\right]\\
&=\frac{1}{2}\left[f''(x)+f''(x)\right]=f''(x).
\end{aligned}
$$

5. 求 $\lim\limits_{x\to 0}\dfrac{\sin x+x^2\sin\dfrac{1}{x}}{(1+\cos x)\ln(1+x)}$.

错误解法　利用 L′Hospital 法则，并注意到 $\lim\limits_{x\to 0}\cos\dfrac{1}{x}$ 不存在，故

$$
原式=\lim_{x\to 0}\frac{\cos x+2x\sin\dfrac{1}{x}-\cos\dfrac{1}{x}}{-\sin x\ln(1+x)+\dfrac{1+\cos x}{1+x}}
$$

的极限也不存在.

错因分析　忽视了 L′Hospital 法则仅是极限存在的充分条件而非必要条件. 本题不能用 L′Hospital 法则.

正确解法

$$
\begin{aligned}
原式&=\lim_{x\to 0}\frac{1}{1+\cos x}\cdot\frac{\sin x+x^2\sin\dfrac{1}{x}}{x}\cdot\frac{x}{\ln(1+x)}\\
&=\lim_{x\to 0}\frac{1}{1+\cos x}\lim_{x\to 0}\left(\frac{\sin x}{x}+x\sin\frac{1}{x}\right)\lim_{x\to 0}\frac{x}{\ln(1+x)}\\
&=\frac{1}{2}.
\end{aligned}
$$

练习 4.1

1. 设 $f(x)$ 在 $[a,b]$ 上连续，在 (a,b) 内 $f''(x)>0$, 则曲线 $y=f(x)$ 上，在 $A[a,f(a)],B[b,f(b)]$ 之间存在唯一的点 C, 使 $\triangle ABC$ 的面积最大.

2. 设 $f(x)$ 在 $[0,1]$ 上连续，在 $(0,1)$ 内可导，且 $f(0)=1,f(1)=\mathrm{e}^{-1}$. 证明：在 $(0,1)$ 内至少存在一点 ξ, 使

$$
f'(\xi)=-\mathrm{e}^{-\xi}.
$$

3. 设 $f(x)$ 在 $[a,b]$ 上连续 $(a>0)$, 在 (a,b) 内可导，证明：在 (a,b) 内必存在 ξ,η, 使

$$
f'(\xi)=\frac{a+b}{2\eta}f'(\eta).
$$

4. 设 $f(x)$ 在 $[a,b]$ 有定义，在 (a,b) 内可导，则 (　　).

(A) 当 $f(a)f(b)<0$ 时，存在 $c\in(a,b)$, 使 $f(c)=0$

(B) 对任意 $c\in(a,b)$, 有 $\lim\limits_{x\to c}[f(x)-f(c)]=0$

(C) 当 $f(a)=f(b)$ 时，存在 $c\in(a,b)$, 使 $f'(c)=0$

(D) 存在 $c\in(a,b)$, 使 $f(b)-f(a)=f'(c)(b-a)$

5. 求下列极限：

(1) $\lim\limits_{x\to 0}\dfrac{\mathrm{e}^x-\mathrm{e}^{\sin x}}{x-\sin x}$;

(2) $\lim\limits_{x\to 0}\dfrac{x(\mathrm{e}^x+1)-2(\mathrm{e}^x-1)}{\sin^3 x}$;

(3) $\lim\limits_{x\to 0}\dfrac{\sin^2 x-x^2}{x^4}$;

(4) $\lim\limits_{x\to+\infty}\dfrac{\ln^\beta x}{x^\alpha}$　$\left(\alpha,\beta\text{ 均为正的常数}\right)$;

(5) $\lim\limits_{x\to\infty}\left(\sin\dfrac{2}{x}+\cos\dfrac{1}{x}\right)^x$.

6. 利用 Taylor 公式，求证：

$$\frac{x^2}{3}<1-\cos x<\frac{x^2}{2}\quad\left(0<x<\frac{\pi}{2}\right).$$

7. 设 $f(x)$ 的二阶导数连续，且 $f(0)=f(1)=0$ 及 $\min\limits_{x\in[0,1]}f(x)=-1$, 求证：

$$\max_{x\in[0,1]}f''(x)\geqslant 8.$$

8. 设函数 $f(x)$ 在 $(0,1)$ 上二阶可导，$f(0)=f(1)$, 且 $|f''(x)|\leqslant 2$, 试证 $|f'(x)|\leqslant 1$.

练习 4.1 参考答案与提示

1. 提示：利用 Lagrange 中值定理及 Rolle 定理.

2. 提示：令 $F(x)=f(x)-\mathrm{e}^{-x}$, 用 Rolle 定理.

3. 提示：先用 Lagrange 中值定理得

$$f'(\xi)=\frac{f(b)-f(a)}{b-a}=\frac{f(b)-f(a)}{b^2-a^2}(a+b),$$

再将 $f(x),g(x)$ 在 $[a,b]$ 上用 Cauchy 中值定理.

4. (B). 提示：假设 $f(x)$ 在 $x=a$ 与 b 连续，不能保证 (A) 、(C) 、(D) 成立；或直接证 (B) 成立. 因可导必连续.

5. (1) 1;　(2) $\dfrac{1}{6}$;　(3) $-\dfrac{1}{3}$;　(4) 0;　(5) e^2.

6. 略.
7. 提示：利用 Taylor 公式在最小值点展开式.
8. 提示：函数在 $x=0$ 和 $x=1$ 点用 Taylor 公式.

4.2　导数应用

一、主要内容

函数单调性的判别法，函数的凸性与曲线的拐点，函数的极值与最值及其在经济分析中的应用.

二、教学要求

1. 会用导数来判别函数的单调性.
2. 理解函数极值概念，掌握求取函数极值和最值的方法.
3. 掌握利用导数判别函数的凸性和求曲线的拐点的方法.
4. 了解函数的最值在经济分析中的应用.

三、例题选讲

例 4.17　求 $f(x)=(x-1)\sqrt[3]{x^2}$ 的单调区间.

解　$f(x)$ 的定义域为 $(-\infty,+\infty)$. 由

$$f'(x)=x^{\frac{2}{3}}+(x-1)\frac{2}{3}x^{-\frac{1}{3}}=\frac{1}{3}x^{-\frac{1}{3}}(3x+2(x-1))$$
$$=\frac{1}{3}x^{-\frac{1}{3}}(5x-2)\quad(x\neq 0),$$

解 $f'(x)=0$ 得 $x=\dfrac{2}{5}$; $x=0$ 时，$f'(x)$ 不存在，但 $f(x)$ 在 $x=0$ 处连续.

现用点 $x=0,\dfrac{2}{5}$ 将定义域分成如下区间：

$$(-\infty,0),\quad \left(0,\frac{2}{5}\right),\quad \left(\frac{2}{5},+\infty\right).$$

当 $x\in(-\infty,0)$ 时，$f'(x)>0$, $f(x)$ 单调增加.
当 $x\in\left(0,\dfrac{2}{5}\right)$ 时，$f'(x)<0$, $f(x)$ 单调减少.
当 $x\in\left(\dfrac{2}{5},+\infty\right)$ 时，$f'(x)>0$, $f(x)$ 单调增加.
所以单调增加区间为 $(-\infty,0]$, $\left[\dfrac{2}{5},+\infty\right)$, 单调减少区间为 $\left[0,\dfrac{2}{5}\right]$.

例 4.18 设 $f''(x)<0,\ f(0)=0$, 证明对任何 $x_1>0, x_2>0$, 有

$$f(x_1+x_2)<f(x_1)+f(x_2).$$

证明 令 $F(x)=f(x+x_2)-f(x)$, 则

$$\begin{aligned}F'(x)&=f'(x+x_2)-f'(x)\\&=x_2f''(x+\theta x_2)<0\qquad(0<\theta<1),\end{aligned}$$

所以 $F(x)$ 单调减少.

又 $x_1>0$, 故 $F(x_1)<F(0)$, 即

$$f(x_1+x_2)-f(x_1)<f(x_2)-f(0),$$

故

$$f(x_1+x_2)<f(x_1)+f(x_2)\qquad(\text{因为}f(0)=0).$$ □

例 4.19 求函数 $f(x)=\mathrm{e}^x+\mathrm{e}^{-x}+2\cos x$ 的单调区间.

解 $f(x)$ 的定义域是 $(-\infty,+\infty)$. 先求 $f'(x)$:

$$f'(x)=\mathrm{e}^x-\mathrm{e}^{-x}-2\sin x,$$

易观察到, $f'(0)=0$ 的一个根是 $x=0$. 为判断 $f'(x)$ 的正负号再求 $f''(x)$:

$$f''(x)=\mathrm{e}^x+\mathrm{e}^{-x}-2\cos x,$$

因为 $\mathrm{e}^x+\mathrm{e}^{-x}>2\quad(x\neq0)$, 故 $f''(x)>2(1-\cos x)\geqslant0\quad(x\neq0)$, 从而 $f'(x)$ 在 $(-\infty,+\infty)$ 单调增加. 当 $x>0$ 时, $f'(x)>0$; 当 $x<0$ 时, $f'(x)<0$.

因此在 $(0,+\infty)$ 上, $f(x)$ 单调增加, 在 $(-\infty,0)$ 上, $f(x)$ 单调减少.

所以, 单调增加区间为 $(0,+\infty)$, 单调减少区间为 $(-\infty,0)$.

例 4.20 k 为何值时, 方程 $x-\ln x+k=0$ 在区间 $(0,+\infty)$ 内, (1) 有相异的两实根; (2) 有唯一的实根; (3) 无实根.

解 令 $f(x)=x-\ln x+k$, $f'(x)=1-\dfrac{1}{x}$, 令 $f'(x)=0$, 解得 $x=1$; $f''(x)=\dfrac{1}{x^2}$, $f''(1)>0$, 所以 $f(x)$ 在 $x=1$ 取极小值.

由于 $f(x)$ 在 $(0,+\infty)$ 内只有一个驻点, 所以 $f(1)$ 为 $f(x)$ 在 $(0,+\infty)$ 内的最小值, $f_{\min}=f(1)=1+k$.

又

$$\lim_{x\to0^+}f(x)=\lim_{x\to0^+}(x-\ln x+k)=+\infty,$$

$$\lim_{x\to+\infty} f(x)=\lim_{x\to+\infty}(x-\ln x+k)=+\infty.$$

所以

(1) 当 $1+k<0$, 即 $k<-1$ 时， $f(x)$ 有两个相异实根;

(2) 当 $1+k=0$, 即 $k=-1$ 时， $f(x)$ 在 $(0,+\infty)$ 内只有一个实根;

(3) 当 $1+k>0$, 即 $k>-1$ 时， $f(x)$ 在 $(0,+\infty)$ 内无实根.

例 4.21　函数 $f(x)$ 对于一切实数 x 满足微分方程

$$xf''(x)+3x\left[f'(x)\right]^2=1-\mathrm{e}^{-x}, \tag{3}$$

(1) 若 $f(x)$ 在点 $x=c\,(c\neq 0)$ 有极值，试证它是极小值;

(2) 若 $f(x)$ 在点 $x=0$ 有极值，问它是极大值还是极小值?

解　(1) 由 $f(x)$ 可导，且它在 $x=c$ 处有极值，故 $f'(c)=0\quad(c\neq 0)$, 将 $x=c$ 代入式 (3) 得

$$cf''(c)+3c\left[f'(c)\right]^2=1-\mathrm{e}^{-c},$$

解得 $f''(c)=\dfrac{1-\mathrm{e}^{-c}}{c}$. 不管 $c>0$ 还是 $c<0$, 总有 $f''(c)>0$. 故 $f(x)$ 为极小值.

(2) 因 $f(x)$ 对一切实数 x 二阶可导，又 $f(0)$ 为极值，所以 $f'(0)=0$, 且

$$\lim_{x\to 0} f'(x)=0,$$

又

$$\begin{aligned}
f''(0)&=\lim_{x\to 0}\frac{f'(x)-f'(0)}{x-0}=\lim_{x\to 0}\frac{f'(x)}{x}\\
&=\lim_{x\to 0} f''(x)\\
&=\lim_{x\to 0}\left\{\frac{1-\mathrm{e}^{-x}}{x}-3\left[f'(x)^2\right]\right\}\\
&=\lim_{x\to 0}\frac{1-\mathrm{e}^{-x}}{x}\\
&=\lim_{x\to 0}\mathrm{e}^{-x}=1>0,
\end{aligned}$$

故 $f(0)$ 为极小值.

例 4.22　设 $f(x)$ 连续，且 $f(0)=0, \lim\limits_{x\to 0}\dfrac{f(x)}{1-\cos x}=2$, 证明：在 $x=0$ 处， $f(x)$ 取极小值.

证明　因为 $\lim\limits_{x\to 0}\dfrac{f(x)}{1-\cos x}=2$, 所以 $\dfrac{f(x)}{1-\cos x}=2+\alpha(x)$, 其中 $\lim\limits_{x\to 0}\alpha(x)=0$. 于是

$$f(x)=2(1-\cos x)+\alpha(x)(1-\cos x),$$

$$f(x)=f(x)-f(0)=2(1-\cos x)+\alpha(x)(1-\cos x),$$

当 x 充分小时，有 $f(x)-f(0)$ 与 $2(1-\cos x)$ 同号，而 $2(1-\cos x)\geqslant 0$，故 $f(x)-f(0)\geqslant 0$，可知 $f(0)$ 为极小值. □

例 4.23 求函数 $f(x)=(x-1)x^{\frac{2}{3}}$ 的极值.

4-4 函数的极值

解 $f(x)$ 的定义域是 $(-\infty,+\infty)$，

$$f'(x)=\frac{5x-2}{3\sqrt[3]{x}},$$

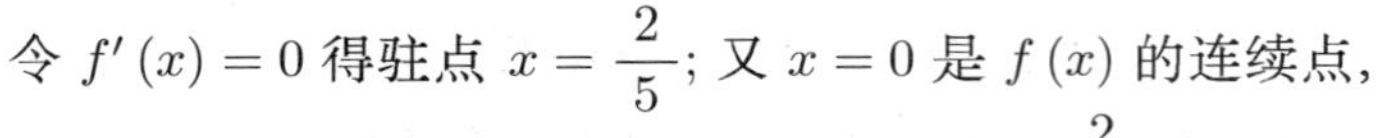

令 $f'(x)=0$ 得驻点 $x=\dfrac{2}{5}$；又 $x=0$ 是 $f(x)$ 的连续点，但不可导，因此极值点只能在 $x=0$ 及 $x=\dfrac{2}{5}$ 中考虑，列表讨论如下：

x	$(-\infty,0)$	0	$\left(0,\frac{2}{5}\right)$	$\frac{2}{5}$	$\left(\frac{2}{5},+\infty\right)$
$f'(x)$	$+$	不存在	$-$	0	$+$
$f(x)$	$\nearrow$	极大	$\searrow$	极小	$\nearrow$

由函数取得极值的一阶充分条件知，$x=0$ 是极大值点，极大值为 $f(0)=0$；$x=\dfrac{2}{5}$ 是极小值点，极小值为 $f\left(\dfrac{2}{5}\right)=-\dfrac{3}{5}\sqrt[3]{\dfrac{4}{25}}$.

例 4.24 求曲线 $y=x+x^{\frac{5}{3}}$ 的凹凸区间及拐点.

解 函数的定义域为 $(-\infty,+\infty)$.

$$y'=1+\frac{5}{3}x^{\frac{2}{3}},\qquad y''=\frac{10}{9}x^{-\frac{1}{3}}.$$

令 $y''=0$，无解. 当 $x=0$ 时，y'' 不存在，故 $x=0$ 可能是拐点.

x	$(-\infty,0)$	0	$(0,+\infty)$
y''	$-$	不存在	$+$
y	$\frown$	拐点 $(0,0)$	$\smile$

因此在区间 $(-\infty,0)$ 中曲线上凸，在区间 $(0,+\infty)$ 中，曲线下凸，故拐点为 $(0,0)$.

例 4.25 证明不等式

$$x^{\alpha}-\alpha x\leqslant 1-\alpha\quad(x>0,\ 0<\alpha<1).$$

证明 设 $f(x)=x^{\alpha}-\alpha x-(1-\alpha)$, 则

$$f'(x)=\alpha x^{\alpha-1}-\alpha=\alpha\left(x^{\alpha-1}-1\right).$$

令 $f'(x)=0$, 得唯一驻点 $x=1$. 又当 $0<x<1$ 时，$f'(x)>0$; 当 $x>1$ 时，$f'(x)<0$, 从而 $f(1)$ 是 $f(x)$ 在 $(0,+\infty)$ 上的最大值，即有

$$f(x)\leqslant f(1)=0,$$

所以 $x^{\alpha}-\alpha x-(1-\alpha)\leqslant 0$ 或 $x^{\alpha}-\alpha x\leqslant 1-\alpha \quad (x>0,\ 0<\alpha<1)$. □

例 4.26 若火车每小时所耗燃料费用与火车速度的立方成正比. 已知速度为 20km/h 时，每小时的燃料费用为 40 元，其他费用每小时 200 元，求最经济的行驶速度.

解 依题意，每小时所耗燃料费用 $R=kv^3$, 当 $v=20$ 时，$R=40$, 解得 $k=\dfrac{1}{200}$. 设火车行驶 S(单位：km) 耗资 w 元，根据题意建立函数关系：

$$w(v)=\frac{S}{v}\left(\frac{v^3}{200}+200\right)=\frac{Sv^2}{200}+\frac{200S}{v}\quad (v>0).$$

令 $w'(v)=0$, 解得 $v=\sqrt[3]{20000}\approx 27.14$. 可导函数在 $(0,+\infty)$ 内只有一个驻点，且由题意可知最经济的行驶速度一定存在，且在区间内部取得，所以 $v=27.14$km/h 为所求.

例 4.27 求内接于半径为 R, 圆心角为 2φ $\left(\varphi<\dfrac{\pi}{2}\right)$ 的扇形的矩形的最大面积 (矩形的一边与扇形分角线平行).

解 半径 R, 圆心角 2φ 是常量，内接矩形 $ABCD$ 的面积 S 是随着矩形的边长或者顶点位置的变化而变化的，待求的就是 S 的最大值. 设内接矩形的宽 $BC=2x$, 高 $AB=y$, 则矩形面积为 $S=BC\cdot AB=2xy$. 取角度 $\theta=\angle BOE$ 作为自变量，那么 $x=R\sin\theta, y=R\cos\theta-R\sin\theta\cot\varphi$. 这时

$$\begin{aligned}
S&=2R\sin\theta\,(R\cos\theta-R\sin\theta\cot\varphi)\\
&=R^2\left[\sin 2\theta-(1-\cos 2\theta)\cot\varphi\right]\quad (0<\theta<\varphi),\\
\frac{\mathrm{d}S}{\mathrm{d}\theta}&=R^2\left(2\cos 2\theta-2\sin 2\theta\cdot\cot\varphi\right),
\end{aligned}$$

令 $\dfrac{\mathrm{d}S}{\mathrm{d}\theta}=0$, 得 $\cot 2\theta=\cot\varphi$, 在 $0<\theta<\varphi\leqslant\dfrac{\pi}{2}$ 内仅有一个解 $\theta=\dfrac{\varphi}{2}$, 而

$$\left.\frac{\mathrm{d}^2S}{\mathrm{d}\theta^2}\right|_{\theta=\frac{\varphi}{2}}=-4R^2\left(\sin 2\theta+\cos 2\theta\cdot\cot\varphi\right)\Big|_{\theta=\frac{\varphi}{2}}=-\frac{4R^2}{\sin\varphi}<0.$$

于是 $\theta=\dfrac{\varphi}{2}$ 是极大值点，因为是唯一极值点，从而必为最大值点.

故所求内接矩形的最大面积为

$$S|_{\theta=\frac{\varphi}{2}}=R^2\left[\sin\varphi-(1-\cos\varphi)\cot\varphi\right]=R^2\tan\frac{\varphi}{2}.$$

注 此题若选择其他变量作自变量，从目标函数的结构式来看，都会含有无理函数，求极值不方便.

例 4.28 设函数 $f(x)$ 在 $x=x_0$ 的某邻域内具有连续的三阶导数，且 $f'(x_0)=f''(x_0)=0$, $f'''(x_0)\neq 0$. 证明：

(1) $f(x)$ 在 $x=x_0$ 取不到极值；

(2) $(x_0,f(x_0))$ 是曲线 $f(x)$ 的拐点.

证明 不妨设 $f'''(x_0)>0$, 邻域为 I. 因为

$$\begin{aligned}f(x)=&f(x_0)+f'(x_0)(x-x_0)+\frac{f''(x_0)}{2!}(x-x_0)^2\\&+\frac{f'''(x_0)}{3!}(x-x_0)^3+o[(x-x_0)^3],\qquad x\in I.\end{aligned}$$

$$f(x)-f(x_0)=\frac{f'''(x_0)}{3!}(x-x_0)^3+o[(x-x_0)^3].\tag{4}$$

(1) 由于 $f'''(x_0)>0$, 当 $x<x_0$ 时，$(x-x_0)^3<0$, $f(x)-f(x_0)<0$, 当 $x>x_0$ 时，$(x-x_0)^3>0$,$f(x)-f(x_0)>0$, 所以 $f(x)$ 在 $x=x_0$ 不取极值.

(2) 由式 (4) 得

$$f'(x)=\frac{f'''(x_0)}{2}(x-x_0)^2+o[(x-x_0)^2],$$

$$f''(x)=f'''(x_0)(x-x_0)+o[(x-x_0)].$$

由于 $f'''(x_0)>0$, 当 x 从 x_0 左侧邻域变到右侧邻域时，$f''(x)$ 由负变到正，即 $f(x)$ 从上凸变到下凸，故 $(x_0,f(x_0))$ 是拐点. □

例 4.29 设函数 $f(x)$ 有二阶导数，且处处有 $f''(x)>0$, $x\to 0$ 时，$f(x)\sim x^2$. 证明：当 $x\neq 0$ 时，$f(x)>0$.

证明 方法 1 利用单调性.

先证 $x>0$ 时 $f(x)>0$. 由 $f(x)$ 二阶可导及已知 $x\to 0$ 时，$f(x)\sim x^2$, 得

$$f(0)=\lim_{x\to 0}f(0)=0,$$

$$f'(0)=\lim_{x\to 0}\frac{f(x)-f(0)}{x-0}=\lim_{x\to 0}\frac{f(x)}{x^2}\cdot x=0,$$

又已知 $f''(x)>0$, 表明导数 $f'(x)$ 在 $(0,+\infty)$ 内单增，于是当 $x\to 0$ 时，$f'(x)>f'(0)=0$, 即函数 $f(x)$ 在 $[0,+\infty)$ 内单增，注意 $f(0)=0$, 故必有 $x>0$ 时， $f(x)>0$.

同理可证，当 $x<0$ 时， $f(x)>0$.

方法 2　利用凸函数的性质.

根据已知条件易知

$$f(0)=f'(0)=0,\quad f''(0)>0,$$

由此可得，函数 $f(x)$ 在 $x=0$ 点取极小值，因为 $f''(x)>0$, 表明 $f(x)$ 是下凸函数，所以 $f(0)$ 是 $f(x)$ 的最小值，故 $x\neq 0$ 时，恒有 $f(x)>f(0)=0$.

方法 3　利用 Taylor 公式.

由已知条件得 $f(0)=f'(0)=0$ 及 $f''(x)>0$, 函数 $f(x)$ 在 $x_0=0$ 点的一阶 Taylor 公式为

$$\begin{aligned}f(x)&=f(0)+f'(0)x+\frac{1}{2!}f''(\xi)x^2\\&=\frac{1}{2}f''(\xi)x^2\qquad(\xi\text{介于 } x \text{ 与 } 0 \text{ 之间}),\end{aligned}$$

故 $x\neq 0$ 时，有 $f(x)>0$. □

例 4.30　某商场每年销售某商品 a 件，分为 x 批采购进货. 已知每批采购费用为 b 元，而未售商品的库存费用为 c 元 / 年 · 件. 设销售商品是均匀的，问分多少批进货时，才能使以上两种费用的总和为最省？ (a,b,c 为常数，且 $a,b,c>0$.)

解　显然，采购进货的费用 $w_1(x)=bx$, 因为销售均匀，所以平均库存的商品数应为每批进货的商品数 $\frac{a}{x}$ 的一半 $\frac{a}{2x}$, 因而商品的库存费用 $w_2(x)=\frac{ac}{2x}$, 总费用 $w(x)=w_1(x)+w_2(x)=bx+\frac{ac}{2x}\ (x>0)$.

令 $w'(x)=b-\frac{ac}{2x^2}=0$, 得 $x=\sqrt{\frac{ac}{2b}}$, 又 $w''(x)=\frac{ac}{x^3}>0$, 所以 $w\left(\sqrt{\frac{ac}{2b}}\right)$ 为 $w(x)$ 的一个最小值.

从而当批数 x 取一个最接近 $\sqrt{\frac{ac}{2b}}$ 的自然数时，才能使采购与库存费用之和最省.

例 4.31　某种商品的平均成本 $\overline{C}(x)=2$, 价格函数为 $P(x)=20-4x$(x 为商品数量), 国家向企业每件商品征税为 t.

(1) 生产商品多少时，利润最大？

(2) 在企业取得最大利润的情况下， t 为何值时才能使总税收最大？

解 (1) 总成本 $C(x)=x\overline{C}(x)=2x$,

总收益 $R(x)=xP(x)=20x-4x^2$,

总税收 $T(x)=tx$,

总利润 $L(x)=R(x)-C(x)-T(x)=(18-t)x-4x^2$.

令 $L'(x)=18-t-8x=0$ 得 $x=\dfrac{18-t}{8}$. 又 $L''(x)=-8<0$, 所以 $L\left(\dfrac{18-t}{8}\right)=\dfrac{(18-t)^2}{16}$ 为最大利润.

(2) 取得最大利润时的税收为

$$T=tx=\frac{t(18-t)}{8}=\frac{18t-t^2}{8}\quad (x>0).$$

令 $T'=\dfrac{9-t}{4}=0$, 得 $t=9$. 又

$$T''=-\frac{1}{4}<0,$$

所以当 $t=9$ 时，总税收取得最大值，即

$$T(9)=\frac{9(18-9)}{8}=\frac{81}{8},$$

此时的总利润为 $L=\dfrac{(18-9)^2}{16}=\dfrac{81}{16}$.

例 4.32 设某银行总存款量与银行付给储户的年利率的平方成正比，若银行以 10% 的年利率把总存款的 90% 贷出，问它给储户支付的年利率为多少时才能获得最大利润？

解 设 x 为银行给储户支付的年利率， y 为银行存款总量， L 为银行获得利润，则

$$y=kx^2\quad (\text{其中 } k \text{ 为比例常数}),$$

$$\begin{aligned}L&=0.9\times 0.1\times y-xy\\&=0.09kx^2-kx^3,\ \ 0<x<0.09,\end{aligned}$$

$$\frac{\mathrm{d}L}{\mathrm{d}x}=0.18kx-3kx^2.$$

令 $\dfrac{\mathrm{d}L}{\mathrm{d}x}=0$, 得 $x=0.06$.

当 $x<0.06$ 时， $\dfrac{\mathrm{d}L}{\mathrm{d}x}>0$; 当 $x>0.06$ 时， $\dfrac{\mathrm{d}L}{\mathrm{d}x}<0$, 所以 L 在 $x=0.06$ 点取得极大值.

根据问题的实际意义，利润 L 一定有最大值，且在 $(0,0.09)$ 内取得，又极值点唯一，故 $x=0.06$ 时，L 取最大值，即银行支付给储户 6% 的年利时，它能获得最大利润.

例 4.33　设某种商品的单价为 P 时，售出的商品数量 Q 可以表示为

$$Q=\frac{a}{P+b}-c.\quad \text{其中 } a,b,c \text{均为正数, 且 } a>bc.$$

求：(1) P 在什么范围变化，使相应销售额增加或减少？

(2) 要使销售额最大，商品单价 P 应取何值？最大销售额是多少？

解　(1) 设出售商品的销售额为 R, 则

$$R=PQ=P\left(\frac{a}{P+b}-c\right),$$

$$\frac{\mathrm{d}R}{\mathrm{d}P}=\frac{ab-c\,(P+b)^2}{(P+b)^2},$$

令 $\dfrac{\mathrm{d}R}{\mathrm{d}P}=0$, 得驻点

$$P_0=\sqrt{\frac{ab}{c}}-b=\sqrt{\frac{b}{c}}\left(\sqrt{a}-\sqrt{bc}\right)>0.$$

当 $0<P<P_0$ 时，$\dfrac{\mathrm{d}R}{\mathrm{d}P}>0$, 因此随价格 P 增大，相应的销售额也增大.

当 $P>P_0$ 时，$\dfrac{\mathrm{d}R}{\mathrm{d}P}<0$, 故随价格 P 增大，相应的销售额减少.

(2) 由 (1) 可知，当 $P=P_0=\sqrt{\dfrac{b}{c}}\left(\sqrt{a}-\sqrt{bc}\right)$ 时，销售额 R 取最大值，且最大销售额为 $\max R=\left(\sqrt{a}-\sqrt{bc}\right)^2$.

四、疑难问题解答

1. 如果函数 $f(x)$ 在 x_0 处有极大值，能否肯定存在点 x_0 的邻域，使 $f(x)$ 在左邻域内单调增加，而在右邻域内单调减少？

答　不能肯定. 如果函数 $f(x)$ 在点 x_0 的某邻域内连续，且 $f(x)$ 在 x_0 的左邻域内单调增加，而在 x_0 的右邻域内单调减少，则 $f(x)$ 在 x_0 处一定有极大值 $f(x_0)$. 但是，这个结论反过来是不一定成立的.

例如，函数

$$f(x)=\begin{cases}2-x^2\left(2+\sin\dfrac{1}{x}\right), & x\neq 0,\\ 2, & x=0.\end{cases}$$

显然，$f(0)=2$ 是极大值，$x=0$ 是极大值点. 容易算出

$$f'(x)=\begin{cases} -2x\left(2+\sin\dfrac{1}{x}\right)+\cos\dfrac{1}{x}, & x\neq 0, \\ 0, & x=0. \end{cases}$$

取 $x_{n_1}=\dfrac{1}{2n\pi}, x_{n_2}=\dfrac{1}{(2n+1)\pi}$ (n为正整数). 当 n 充分大时，x_{n_1} 与 x_{n_2} 都可进入 $x=0$ 的充分小邻域内，而

$$f'(x_{n_1})=1-\frac{2}{n\pi}>0,$$

$$f'(x_{n_2})=-1-\frac{4}{(2n+1)\pi}<0 \quad (n\geqslant 1),$$

由此可见，在点 $x=0$ 的右 δ 邻域内，无论 $\delta>0$ 多么小，总有这样的点 x_{n_1} 与 x_{n_2}，使 $f'(x_{n_1})>0$ 与 $f'(x_{n_2})<0$. 因而函数 $f(x)$ 不是单调的. 同样，在点 $x=0$ 的左 δ 邻域内也是如此.

对于 $f(x)$ 在某点 x_0 取极小值的情形，只要注意到：如果 $f(x)$ 在 x_0 处取得极大值，那么函数 $-f(x)$ 必在 x_0 处取得极小值，便可得出同样的回答.

练习 4.2

1. 求下列函数在定义域中的单调区间与极值点：
(1) $y=x^4-2x^2-5$； (2) $y=x+|\sin 2x|$； (3) $y=\dfrac{1}{4x^3-9x^2+6x}$.

2. 求下列函数的极值、曲线上的拐点，并讨论函数的凸性：
(1) $f(x)=3x^2-x^3$； (2) $f(x)=\sin x(1-\cos x) \quad (0\leqslant x\leqslant 2\pi)$.

3. 设 n 为自然数，求

$$f(x)=\left(1+x+\frac{x^2}{2!}+\cdots+\frac{x^n}{n!}\right)\mathrm{e}^{-x}$$

的极值.

4. 求下列函数在指定区间上的最大值和最小值：
(1) $f(x)=\dfrac{x-1}{x+1}, \quad x\in[0,4)$； (2) $f(x)=x+\sqrt{1-x}, \quad x\in[-5,1]$.

5. 一个正圆锥内接于半径为 R 的球. 问圆锥体的高 h 和底半径 r 各为多少时，其体积最大？

6. 曲线 $y=4-x^2$ 与直线 $y=2x+1$ 相交于 A,B 两点，C 为曲线上的一点，问 C 点在何处时，$\triangle ABC$ 的面积最大？并求此最大面积.

7. 求函数 $f(x)=(x-1)^{\frac{2}{3}}(x+1)^{\frac{1}{3}}$ 的单调区间、极值和拐点，并讨论曲线 $y=f(x)$ 的凸性.

练习 4.2 参考答案与提示

1. (1) 单调减少区间：$(-\infty,-1],[0,1]$；单调增加区间：$[-1,0],[1,+\infty)$.
极小值点 $x=-1,x=1$；极大值点 $x=0$.

(2) 在 $\left[\dfrac{k\pi}{2}+\dfrac{\pi}{3},\dfrac{k\pi}{2}+\dfrac{\pi}{2}\right]$ 单调减少，在 $\left[\dfrac{k\pi}{2},\dfrac{k\pi}{2}+\dfrac{\pi}{3}\right]$ 单调增加 $(k=0,\pm1,\pm2,\cdots)$.

(3) 在 $(-\infty,0),\left[0,\dfrac{1}{2}\right],[1,+\infty)$ 内单调减少，在 $\left[\dfrac{1}{2},1\right]$ 内单调增加.

2. (1) $f(x)$ 在 $x=0$ 点取极小值 $f(0)=0$, 在 $x=2$ 点取极大值 $f(2)=4$, 在 $(-\infty,1]$ 内下凸，在 $[1,+\infty)$ 内上凸，拐点为 $(1,2)$；

(2) $f(x)$ 在 $x=\dfrac{2}{3}\pi$ 点取极大值 $f\left(\dfrac{2}{3}\pi\right)=\dfrac{3\sqrt{3}}{4}$, 在 $x=\dfrac{4}{3}\pi$ 点取极小值 $f\left(\dfrac{4\pi}{3}\right)=-\dfrac{3\sqrt{3}}{4}$, 在 $\left(0,\arccos\dfrac{1}{4}\right),(\pi,2\pi)$ 内下凸，在 $\left(\arccos\dfrac{1}{4},\pi\right)$ 内上凸，拐点为 $\left(\arccos\dfrac{1}{4},\dfrac{3\sqrt{15}}{16}\right)$ 和 $(\pi,0)$.

3. n 为奇数时 $f(x)=1$ 为极大值， n 为偶数时 $f(x)$ 无极值.
$\left(\text{提示}: f'(x)=-\dfrac{x^n}{n!}\mathrm{e}^{-x}.\right)$

4. (1) 最大值 $\dfrac{3}{5}$, 最小值 -1；　(2) 最大值 $\dfrac{5}{4}$, 最小值 $\sqrt{6}-5$.

5. 当 $h=\dfrac{4}{3}R,r=\dfrac{2\sqrt{2}}{3}R$ 时，圆锥体的体积最大.

6. C 点坐标为 $(-1,3)$, 三角形的最大面积为 8.

7. $f(x)$ 在 $\left(-\infty,-\dfrac{1}{3}\right],[1,+\infty)$ 内单调增加，在 $\left[-\dfrac{1}{3},1\right]$ 内单调减少；在 $x=-\dfrac{1}{3}$ 点取极大值 $f\left(-\dfrac{1}{3}\right)=\dfrac{2}{3}\sqrt[3]{4}$, 在 $x=1$ 点取极小值 $f(1)=0$; 在 $(-\infty,-1)$ 内下凸，在 $[-1,+\infty)$ 内上凸，拐点为 $(-1,0)$.

综合练习 4

1. 填空题

(1) 设 $f(x)$ 在 $[a,b]$ 上连续，在 (a,b) 内可导，则至少存在一点 $\xi\in(a,b)$, 使 $\mathrm{e}^{f(b)}-\mathrm{e}^{f(a)}=$ ____________.

(2) $y=x-\ln(1+x)$ 在区间 ________ 内单调减少，在区间 ________ 内单调增加.

(3) 当 $x=$ ____________ 时，函数 $y=x2^x$ 取得极小值.

(4) 曲线 $y=\mathrm{e}^{-x^2}$ 的上凸区间是 ____________.

(5) $y=x+2\cos x$ 在区间 $\left[0,\dfrac{\pi}{2}\right]$ 上的最大值为 ______.

(6) 设函数 $f(x)=a\ln x+bx^2+x$ 在 $x_1=1$ 与 $x_2=2$ 处都取得极值，则 a,b 之值分别为 ______.

(7) 设由 Lagrange 中值定理可得到 $\mathrm{e}^x-1=x\mathrm{e}^{\theta x}\quad(0<\theta<1)$，则 $\lim\limits_{x\to 0}\theta=$ ______.

(8) $x\mathrm{e}^{-x}$ 的 n 阶带有 Peano 余项的 Maclaurin 公式是 ______.

(9) 设 $y=f(x)$ 二阶可导，且 $y'=(4-y)y^{\beta}\quad(\beta>0)$. 若 $y=f(x)$ 的一个拐点是 $(x_0,3)$，则 $\beta=$ ______.

(10) 设 $f(x)=x\mathrm{e}^x$，则 $f^{(n)}(x)$ 在点 $x=$ ______ 处取极小值 ______.

2. 选择题

(1) 设 $\lim\limits_{x\to a}\dfrac{f(x)-f(a)}{(x-a)^2}=-1$，则在点 $x=a$ 处 (　　).

(A) $f(x)$ 的导数存在，且 $f'(a)\neq 0$　　(B) $f(x)$ 取得极大值

(C) $f(x)$ 取得极小值　　(D) $f(x)$ 的导数不存在

(2) 设 $f(x)$ 连续，且 $f'(0)>0$，则存在 $\delta>0$，使得 (　　).

(A) $f(x)$ 在 $(0,\delta)$ 内单调增加

(B) 对任意的 $x\in(0,\delta)$ 有 $f(x)>f(0)$

(C) $f(x)$ 在 $(-\delta,0)$ 内单调减少

(D) 对任意的 $x\in(-\delta,0)$ 有 $f(x)>f(0)$

(3) 设函数 $f(x)$ 满足关系式 $f''(x)+[f'(x)]^2=-\mathrm{e}^x$，且 $f'(0)=0$，则 (　　).

(A) $f(0)$ 是 $f(x)$ 的极大值

(B) $f(0)$ 是 $f(x)$ 的极小值

(C) 点 $(0,f(0))$ 是曲线 $y=f(x)$ 的拐点

(D) $f(0)$ 不是 $f(x)$ 的极值，点 $(0,f(0))$ 也不是曲线 $y=f(x)$ 的拐点

(4) 设函数 $f(x)$ 在 $(-\infty,+\infty)$ 内有定义，$x_0\neq 0$ 是函数 $f(x)$ 的极大值点，则 (　　).

(A) x_0 必是 $f(x)$ 的驻点

(B) $-x_0$ 必是 $-f(-x)$ 的极小值点

(C) $-x_0$ 必是 $-f(x)$ 的极小值点

(D) 对一切 x 都有 $f(x)\leqslant f(x_0)$

(5) 设 $f(x)=ax+b\arccos x$，且 $f(0)=\pi$，则 (　　).

(A) $a=b=2$，$f(0)$ 是 $f(x)$ 的极大值

(B) $a=10,b=2$，$(0,\pi)$ 是曲线 $f(x)$ 的拐点坐标

(C) $a=b=2$，$f(0)$ 是 $f(x)$ 的极小值

(D) $a=3,b=1$，$(0,\pi)$ 是曲线 $f(x)$ 的拐点坐标

(6) 设函数在 $[a,b]$ 上连续，在 (a,b) 内可导，$a<x_1<x_2<b$, 则结论不一定成立的是 (　　).

(A) $f(b)-f(a)=f'(\xi)(b-a)$, $\xi\in(a,b)$

(B) $f(x_2)-f(x_1)=f'(\xi)(x_2-x_1), \xi\in(a,b)$

(C) $f(b)-f(a)=f'(\xi)(b-a), \xi\in(x_1,x_2)$

(D) $f(x_2)-f(x_1)=f'(\xi)(x_2-x_1), \xi\in(x_1,x_2)$

(7) 设 $f(x)$ 在 $[0,1]$ 上连续，在 $(0,1)$ 内可导，且 $f(0)=1, f(1)=0$, 则在 $(0,1)$ 内至少存在一个 ξ, 使得 $f'(\xi)=($　　$)$.

(A) $f'(\xi)=-\dfrac{f(\xi)}{\xi}$　　(B) $f'(\xi)=-\xi f(\xi)$

(C) $f'(\xi)=\xi f(\xi)$　　(D) $f'(\xi)=\dfrac{f(\xi)}{\xi}$

3. 用 L'Hospital 法则求下列极限：

(1) $\lim\limits_{x\to+\infty}\dfrac{x^2+\ln x}{x\ln x}$;

(2) $\lim\limits_{x\to0^+}\left(\cos\sqrt{x}\right)^{\frac{1}{x}}$;

(3) $\lim\limits_{x\to0}\left[\dfrac{x^2\sin\dfrac{1}{x^2}}{\sin x}+\left(\dfrac{3-\mathrm{e}^x}{2+x}\right)^{\csc x}\right]$;

(4) $\lim\limits_{n\to\infty}\left(\dfrac{a^{\frac{1}{n}}+b^{\frac{1}{n}}}{2}\right)^n\quad(a,b>0)$.

4. 将关系式 $f(x)=x^3-2x^2+3x-4$ 按 $x+2$ 的幂展开.

5. 写出函数 $f(x)=\ln(1-x)$ 在点 $x_0=\dfrac{1}{2}$ 处的 n 阶带有 Lagrange 余项的 Taylor 展开式.

6. 可微函数 $f(x)$ 满足 $f'(0)<0, f'(1)>0$. 求证：至少存在一点 $\xi\in(0,1)$, 使 $f'(\xi)=0$.

7. 设 $y=\dfrac{x^3+4}{x^2}$, 求：

(1) 函数的增减区间及极值;　　(2) 函数的拐点.

8. 设函数 $f(x)$ 在闭区间 $[0,1]$ 上可微，对于 $[0,1]$ 上每一个 x, 函数 $f(x)$ 的值都在开区间 $(0,1)$ 内，且 $f'(x)\neq1$. 证明：在 $(0,1)$ 内有且仅有一个 x, 使 $f(x)=x$.

9. 证明：当 $x>0$ 时，有不等式 $\arctan x>\dfrac{\pi}{2}-\dfrac{1}{x}$.

10. 设 $x\in(0,1)$, 证明：

(1) $(1+x)\ln^2(1+x)<x^2$;　　(2) $\dfrac{1}{\ln2}-1<\dfrac{1}{\ln(1+x)}-\dfrac{1}{x}<\dfrac{1}{2}$.

11. 设某厂家打算生产一批商品投放市场，已知该商品的需求函数为 $P=P(x)=10\mathrm{e}^{-\frac{x}{2}}$, 且最大需求量为 6, 其中 x 表示需求量，P 表示价格. 求：

(1) 该商品的收益函数和边际收益函数;

(2) 使收益最大时的产量、最大收益和相应价格.

12. 设某产品的成本函数为 $C=aQ^2+bQ+c$, 需求函数为 $Q=\dfrac{1}{\mathrm{e}}(d-P)$, 其中 C 为成本, Q 为需求量 (即产量), P 为单价, a, b, c, d 都是正的常数, 且 $d>b$, 求:

(1) 利润最大时的产量及最大利润;

(2) 需求量对价格的弹性.

综合练习 4 参考答案与提示

1. (1) $(b-a)\mathrm{e}^{f(\xi)}f'(\xi)$; (2) $[-1,0],[0,+\infty)$; (3) $-\dfrac{1}{\ln 2}$; (4) $\left(-\dfrac{\sqrt{2}}{2},\dfrac{\sqrt{2}}{2}\right)$;

(5) $\sqrt{3}+\dfrac{\pi}{6}$; (6) $a=-\dfrac{2}{3},b=-\dfrac{1}{6}$; (7) $\dfrac{1}{2}$;

(8) $x-x^2+\dfrac{1}{2}x^3+\cdots+\dfrac{(-1)^{n-1}}{(n-1)!}x^n+o(x^n)$;

(9) 3; (10) $-(n+1),-\dfrac{1}{\mathrm{e}^{n+1}}$.

2. (1) (B); (2) (B); (3) (A); (4) (B); (5) (B); (6) (C); (7) (A).

3. (1) $+\infty$; (2) $\mathrm{e}^{-\frac{1}{2}}$; (3) $\dfrac{1}{\mathrm{e}}$; (4) $\sqrt{ab}$.

4. $-26+23(x+2)-8(x+2)^2+(x+2)^3$.

5.

$$-\ln 2-2\left(x-\frac{1}{2}\right)-2\left(x-\frac{1}{2}\right)^2-\frac{8}{3}\left(x-\frac{1}{2}\right)^3-\cdots$$

$$-\frac{2^n}{n}\left(x-\frac{1}{2}\right)^n-\frac{2^{n+1}\left(x-\frac{1}{2}\right)^{n+1}}{(n+1)\left[\frac{1}{2}+\theta\left(x-\frac{1}{2}\right)\right]^{n+1}}\quad(0<\theta<1).$$

6. 略.

7. (1) 增区间为 $(-\infty,0),(2,+\infty)$, 减区间为 $(0,2)$, 极小值 $y=3$.(2) 无拐点.

8. 利用零点定理及 Lagrange 中值定理.

9. 利用单调性.

10. 利用单调性.

11. (1) $R(x)=10x\mathrm{e}^{-\frac{x}{2}}$, $0\leqslant x\leqslant 6$. $\dfrac{\mathrm{d}R}{\mathrm{d}x}=5(2-x)\mathrm{e}^{-\frac{x}{2}}$;

(2) 产量为 2 时, 收益取最大值 $20\mathrm{e}^{-1}$, 相应价格 $10\mathrm{e}^{-1}$.

12. (1) $Q=\dfrac{d-b}{2(\mathrm{e}+a)}$ 时，利润最大，最大值 $\dfrac{(d-b)^2}{4(\mathrm{e}+a)}-c$;

(2) $\dfrac{EQ}{EP}=\dfrac{d}{2\mathrm{e}}$.

第 4 章自测题

第 5 章　不定积分

一、主要内容

原函数，原函数存在定理，不定积分，不定积分的基本积分公式，不定积分的性质，不定积分的换元积分法、分部积分法，简单有理函数的积分.

二、教学要求

1. 理解原函数、不定积分的概念及性质.
2. 熟练运用不定积分的基本积分公式.
3. 掌握不定积分的换元积分法和分部积分法并能熟练应用.
4. 掌握较简单的有理函数的积分.
5. 会求简单的三角函数有理式积分和简单的无理函数的积分.

三、例题选讲

例 5.1　已知一条曲线在任意点 (x,y) 处的切线斜率为 $(x+1)^2$, 且曲线过点 $(3,24)$, 求此曲线的方程.

解　设所求曲线的方程为 $y=y(x)$, 则由

$$y'=(x+1)^2,$$

即

$$\frac{\mathrm{d}y}{\mathrm{d}x}=(1+x)^2 \quad 或 \quad \mathrm{d}y=(1+x)^2\mathrm{d}x,$$

两端积分得

$$y=\int(1+x)^2\mathrm{d}x=x+x^2+\frac{1}{3}x^3+C.$$

又由曲线过 $(3,24)$, 即 $y(3)=24$, 代入上式得 $C=3$. 于是，所求曲线方程为 $y=x+x^2+\dfrac{1}{3}x^3+3$.

例 5.2　计算下列不定积分:

(1) $\displaystyle\int\left(\frac{2}{\sqrt[3]{x^2}}-3\sqrt{x}\right)\mathrm{d}x$;　　(2) $\displaystyle\int(x-\frac{1}{x})^2\mathrm{d}x$;

(3) $\displaystyle\int\frac{x^4+1}{x^2+1}\mathrm{d}x$;　　(4) $\displaystyle\int\frac{1}{\sqrt{9-9x^2}}\mathrm{d}x$.

解　(1) $\displaystyle\int\left(\frac{2}{\sqrt[3]{x^2}}-3\sqrt{x}\right)\mathrm{d}x=\int\frac{2}{\sqrt[3]{x^2}}\mathrm{d}x-\int 3\sqrt{x}\mathrm{d}x$

$$=6\sqrt[3]{x}-2x\sqrt{x}+C.$$

(2) $\displaystyle\int\left(x-\frac{1}{x}\right)^2\mathrm{d}x=\int\left(x^2-2+\frac{1}{x^2}\right)\mathrm{d}x=\int x^2\mathrm{d}x-\int 2\mathrm{d}x+\int x^{-2}\mathrm{d}x$

$$=\frac{x^3}{3}-2x-\frac{1}{x}+C.$$

(3) $\displaystyle\int\frac{x^4+1}{x^2+1}\mathrm{d}x=\int\frac{x^4-1+2}{x^2+1}\mathrm{d}x=\int\left(x^2-1+\frac{2}{x^2+1}\right)\mathrm{d}x$

$$=\frac{1}{3}x^3-x+2\arctan x+C.$$

(4) $\displaystyle\int\frac{1}{\sqrt{9-9x^2}}\mathrm{d}x=\frac{1}{3}\int\frac{1}{\sqrt{1-x^2}}\mathrm{d}x$

$$=\frac{1}{3}\arcsin x+C.$$

例 5.3　计算下列不定积分：

(1) $\displaystyle\int\sin^2\frac{x}{2}\mathrm{d}x$;　　(2) $\displaystyle\int\frac{\cos 2x}{\sin^2 x\cos^2 x}\mathrm{d}x$;　　(3) $\displaystyle\int\frac{\mathrm{d}x}{\sin^2\frac{x}{2}\cos^2\frac{x}{2}}$.

解　(1) $\displaystyle\int\sin^2\frac{x}{2}\mathrm{d}x=\frac{1}{2}\int(1-\cos x)\mathrm{d}x=\frac{1}{2}(x-\sin x)+C.$

(2) $\displaystyle\int\frac{\cos 2x}{\sin^2 x\cos^2 x}\mathrm{d}x=\int\frac{\cos^2 x-\sin^2 x}{\sin^2 x\cos^2 x}\mathrm{d}x$

$$=\int(\csc^2 x-\sec^2 x)\mathrm{d}x$$

$$=-(\tan x+\cot x)+C.$$

(3) $\displaystyle\int\frac{\mathrm{d}x}{\sin^2\frac{x}{2}\cos^2\frac{x}{2}}=\int\frac{1}{\left(\frac{1}{2}\sin x\right)^2}\mathrm{d}x=4\int\csc^2 x\mathrm{d}x$

$$=-4\cot x+C.$$

例 5.4　计算不定积分：

(1) $\displaystyle\int\left(\sqrt[3]{x\sqrt{x}}+2^{x+1}+\frac{3}{x}+2\cos x+5\right)\mathrm{d}x$;

(2) $\displaystyle\int\mathrm{e}^x\left(2+\frac{\mathrm{e}^{-x}}{\sin^2 x}\right)\mathrm{d}x$;

(3) $\displaystyle\int\frac{\sqrt{1+x^2}+\sqrt{1-x^2}}{\sqrt{1-x^4}}\mathrm{d}x$.

解　(1) $\displaystyle\int\left(\sqrt[3]{x\sqrt{x}}+2^{x+1}+\frac{3}{x}+2\cos x+5\right)\mathrm{d}x$

$$=\int x^{\frac{1}{2}}\mathrm{d}x+2\int 2^x\mathrm{d}x+3\int\frac{1}{x}\mathrm{d}x+2\int\cos x\mathrm{d}x+\int 5\mathrm{d}x$$

$$=\frac{2}{3}x^{\frac{3}{2}}+\frac{2}{\ln 2}2^x+3\ln|x|+2\sin x+5x+C.$$

(2) $\displaystyle\int \mathrm{e}^x\left(2+\frac{\mathrm{e}^{-x}}{\sin^2 x}\right)\mathrm{d}x=\int 2\mathrm{e}^x\mathrm{d}x+\int\frac{1}{\sin^2 x}\mathrm{d}x=2\mathrm{e}^x-\cot x+C.$

(3)
$$\begin{aligned}\int\frac{\sqrt{1+x^2}+\sqrt{1-x^2}}{\sqrt{1-x^4}}\mathrm{d}x&=\int\frac{\sqrt{1+x^2}+\sqrt{1-x^2}}{\sqrt{1+x^2}\sqrt{1-x^2}}\mathrm{d}x\\&=\int\frac{\mathrm{d}x}{\sqrt{1-x^2}}+\int\frac{\mathrm{d}x}{\sqrt{1+x^2}}\\&=\arcsin x+\ln(x+\sqrt{1+x^2})+C.\end{aligned}$$

例 5.5 用凑微分法 (第一换元积分法) 求下列不定积分：

(1) $\displaystyle\int\frac{\mathrm{e}^x+\mathrm{e}^{-x}}{\mathrm{e}^x-\mathrm{e}^{-x}}\mathrm{d}x$;　　(2) $\displaystyle\int\frac{1}{\sqrt{x-x^2}}\mathrm{d}x$.

解 (1) 方法 1

$$\begin{aligned}\text{原式}&=\int\frac{\mathrm{e}^x}{\mathrm{e}^x-\mathrm{e}^{-x}}\mathrm{d}x+\int\frac{\mathrm{e}^{-x}}{\mathrm{e}^x-\mathrm{e}^{-x}}\mathrm{d}x\\&=\int\frac{\mathrm{e}^{2x}}{\mathrm{e}^{2x}-1}\mathrm{d}x+\int\frac{\mathrm{e}^{-2x}}{1-\mathrm{e}^{-2x}}\mathrm{d}x\\&=\frac{1}{2}\left[\int\frac{\mathrm{d}(\mathrm{e}^{2x}-1)}{\mathrm{e}^{2x}-1}+\int\frac{\mathrm{d}(\mathrm{e}^{-2x}-1)}{\mathrm{e}^{-2x}-1}\right]\\&=\frac{1}{2}\left[\ln|\mathrm{e}^{2x}-1|+\ln|\mathrm{e}^{-2x}-1|\right]+C\\&=\frac{1}{2}\ln|(\mathrm{e}^{2x}-1)(\mathrm{e}^{-2x}-1)|+C\\&=\frac{1}{2}\ln|(\mathrm{e}^x-\mathrm{e}^{-x})^2|+C\\&=\ln|\mathrm{e}^x-\mathrm{e}^{-x}|+C.\end{aligned}$$

方法 2

$$\begin{aligned}\text{原式}&=\int\frac{1+\mathrm{e}^{-2x}}{1-\mathrm{e}^{-2x}}\mathrm{d}x=\int\left(1+\frac{2\mathrm{e}^{-2x}}{1-\mathrm{e}^{-2x}}\right)\mathrm{d}x\\&=\int\mathrm{d}x+\int\frac{2\mathrm{e}^{-2x}}{1-\mathrm{e}^{-2x}}\mathrm{d}x=\int\mathrm{d}x+\int\frac{\mathrm{d}(1-\mathrm{e}^{-2x})}{1-\mathrm{e}^{-2x}}\\&=x+\ln|1-\mathrm{e}^{-2x}|+C\\&=\ln\mathrm{e}^x+\ln|1-\mathrm{e}^{-2x}|+C\\&=\ln|\mathrm{e}^x-\mathrm{e}^{-x}|+C.\end{aligned}$$

方法 3　因为

$$(\mathrm{e}^x-\mathrm{e}^{-x})'=\mathrm{e}^x+\mathrm{e}^{-x},$$

所以

$$(\mathrm{e}^x+\mathrm{e}^{-x})\mathrm{d}x=\mathrm{d}(\mathrm{e}^x-\mathrm{e}^{-x}),$$

于是有

$$原式=\int\frac{1}{\mathrm{e}^x-\mathrm{e}^{-x}}\mathrm{d}(\mathrm{e}^x-\mathrm{e}^{-x})=\ln|\mathrm{e}^x-\mathrm{e}^{-x}|+C.$$

注 比较上述 3 种方法，方法 3 是最简便的.

(2) 方法 1　由于 $\dfrac{1}{\sqrt{x}}\mathrm{d}x=2\mathrm{d}\sqrt{x}$, 因此有

$$\begin{aligned}原式&=\int\frac{1}{\sqrt{x}\sqrt{1-x}}\mathrm{d}x=2\int\frac{1}{\sqrt{1-(\sqrt{x})^2}}\mathrm{d}\sqrt{x}\\&=2\arcsin\sqrt{x}+C.\end{aligned}$$

方法 2

$$\begin{aligned}原式&=\int\frac{1}{\sqrt{\frac{1}{4}-\left(\frac{1}{4}-x+x^2\right)}}\mathrm{d}x\\&=\int\frac{1}{\sqrt{\left(\frac{1}{2}\right)^2-\left(x-\frac{1}{2}\right)^2}}\mathrm{d}\left(x-\frac{1}{2}\right)\\&=\arcsin\frac{x-\frac{1}{2}}{\frac{1}{2}}+C\\&=\arcsin(2x-1)+C.\end{aligned}$$

注 两种方法结果看似不同，但实际上 $\arcsin(2x-1)$ 与 $\arcsin\sqrt{x}$ 只差一个常数，因此这两个结果实际上是相同的，这也是在计算不定积分时常遇见的情形.

例 5.6 用第二换元法求下列不定积分:

(1) $\displaystyle\int\frac{\sqrt{x+1}-1}{\sqrt{x+1}+1}\mathrm{d}x$;　　(2) $\displaystyle\int\frac{\sqrt[3]{x}}{x(\sqrt{x}+\sqrt[3]{x})}\mathrm{d}x$;

(3) $\displaystyle\int\frac{1}{\sqrt{1+\mathrm{e}^x}}\mathrm{d}x$;　　(4) $\displaystyle\int\frac{1}{x^2\sqrt{x^2-9}}\mathrm{d}x$.

解 (1) 令 $\sqrt{x+1}=t$, 得 $x+1=t^2\ (t>0)$, $\mathrm{d}x=2t\mathrm{d}t$.

$$\begin{aligned}原式&=\int\frac{t-1}{t+1}2t\mathrm{d}t=2\int\left(t-2+\frac{2}{t+1}\right)\mathrm{d}t\\&=2\left(\frac{t^2}{2}-2t+2\ln|t+1|\right)+C_1\end{aligned}$$

$$= x - 4\sqrt{x+1} + 4\ln(\sqrt{x+1}+1) + C \quad (\text{其中 } C = 1 + C_1).$$

(2) 令 $\sqrt[6]{x} = t$, 得 $x = t^6$ $(t > 0)$, 则 $\mathrm{d}x = 6t^5\mathrm{d}t$, 于是有

$$\begin{aligned}
\text{原式} &= \int \frac{t^2}{t^6(t^3+t^2)} 6t^5 \mathrm{d}t = 6\int \frac{1}{t(t+1)}\mathrm{d}t \\
&= 6\int \left(\frac{1}{t} - \frac{1}{t+1}\right)\mathrm{d}t = 6\left(\ln|t| - \ln|t+1|\right) + C \\
&= \ln\frac{t^6}{(t+1)^6} + C = \ln\frac{x}{(\sqrt[6]{x}+1)^6} + C.
\end{aligned}$$

(3) 令 $\sqrt{1+\mathrm{e}^x} = t$, $\mathrm{e}^x = t^2 - 1$, 则 $x = \ln(t^2-1)$, $\mathrm{d}x = \dfrac{2t}{t^2-1}\mathrm{d}t$,

$$\begin{aligned}
\text{原式} &= \int \frac{2t}{t(t^2-1)}\mathrm{d}t = 2\int \frac{1}{t^2-1}\mathrm{d}t \\
&= \int \left(\frac{1}{t-1} - \frac{1}{t+1}\right)\mathrm{d}t \\
&= \ln\frac{t-1}{t+1} + C \\
&= \ln\frac{\sqrt{1+\mathrm{e}^x}-1}{\sqrt{1+\mathrm{e}^x}+1} + C.
\end{aligned}$$

(4) 方法 1　令 $x = 3\sec t$(见图 5.1), 则

$$\mathrm{d}x = 3\sec t\tan t\mathrm{d}t,$$

于是

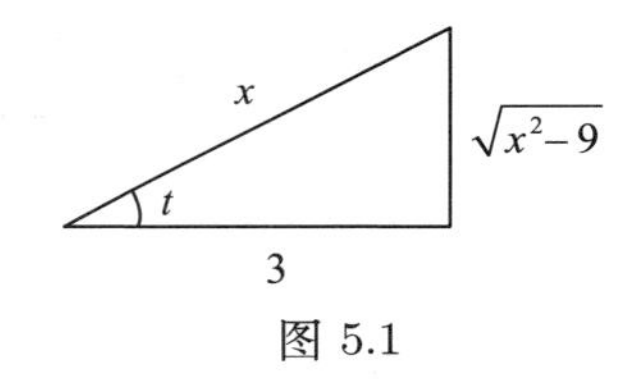

图 5.1

$$\begin{aligned}
\text{原式} &= \int \frac{3\sec t\tan t}{9\sec^2 t \times 3\tan t}\mathrm{d}t = \frac{1}{9}\int \frac{1}{\sec t}\mathrm{d}t \\
&= \frac{1}{9}\int \cos t\mathrm{d}t = \frac{1}{9}\sin t + C \\
&= \frac{\sqrt{x^2-9}}{9x} + C.
\end{aligned}$$

方法 2　令 $x = \dfrac{1}{t}$, 则 $\mathrm{d}x = -\dfrac{1}{t^2}\mathrm{d}t$, 于是

$$\begin{aligned}
\text{原式} &= \int \frac{-\dfrac{1}{t^2}}{\dfrac{1}{t^2}\sqrt{\dfrac{1}{t^2}-9}}\mathrm{d}t = -\int \frac{|t|}{\sqrt{1-9t^2}}\mathrm{d}t \\
&= \frac{1}{9}\int \frac{1}{2\sqrt{1-9t^2}}\mathrm{d}(1-9t^2) = \frac{1}{9}\sqrt{1-9t^2} + C
\end{aligned}$$

$$= \frac{\sqrt{x^2-9}}{9x} + C.$$

注　此种方法称为倒代换法，常用在分母中变量的幂指数比分子中变量的幂指数大的题目.

例 5.7　用分部积分法求下列不定积分：

(1) $\int x\mathrm{e}^{2x}\mathrm{d}x$;　　(2) $\int \ln(1+x^2)\mathrm{d}x$;

(3) $\int \frac{\sqrt{x^2-4}}{x}\mathrm{d}x$;　　(4) $\int \cos(\ln x)\mathrm{d}x$.

解　(1) 原式 $= \frac{1}{2}\int x\mathrm{d}\mathrm{e}^{2x} = \frac{1}{2}x\mathrm{e}^{2x} - \frac{1}{2}\int \mathrm{e}^{2x}\mathrm{d}x$

$$= \frac{1}{2}x\mathrm{e}^{2x} - \frac{1}{4}\int \mathrm{e}^{2x}\mathrm{d}(2x)$$

$$= \frac{1}{2}x\mathrm{e}^{2x} - \frac{1}{4}\mathrm{e}^{2x} + C.$$

(2) 原式 $= x\ln(1+x^2) - 2\int \frac{x^2}{1+x^2}\mathrm{d}x$

$$= x\ln(1+x^2) - 2\int \left(1 - \frac{1}{1+x^2}\right)\mathrm{d}x$$

$$= x\ln(1+x^2) - 2x + 2\arctan x + C.$$

(3) 方法 1　若 $x>2$, 则由分部积分公式，有

$$\text{原式} = x\cdot\frac{\sqrt{x^2-4}}{x} - \int x\mathrm{d}\frac{\sqrt{x^2-4}}{x}$$

$$= \sqrt{x^2-4} - 4\int \frac{1}{x^2\sqrt{1-\left(\frac{2}{x}\right)^2}}\mathrm{d}x$$

$$= \sqrt{x^2-4} - \left(-\frac{1}{2}\right)\times 4\int \frac{1}{\sqrt{1-\left(\frac{2}{x}\right)^2}}\mathrm{d}\left(\frac{2}{x}\right)$$

$$= \sqrt{x^2-4} + 2\arcsin\frac{2}{x} + C.$$

若 $x<2$, 也有相同的结果.

方法 2　也可用三角代换，令 $x = 2\sec t$, $\mathrm{d}x = 2\sec t\tan t\mathrm{d}t$, 于是

$$\text{原式} = \int \frac{2\tan t}{2\sec t}\times 2\sec t\tan t\mathrm{d}t = 2\int \tan^2 t\mathrm{d}t$$

$$= 2\int(\sec^2 t - 1)\mathrm{d}t = 2(\tan t - t) + C$$

$$= \sqrt{x^2-4} - 2\arccos\frac{2}{x} + C.$$

注 虽然两种解法得到的结果形式上不同，但实际上是相同的.

(4) 原式 $= x\cos(\ln x) - \int x\mathrm{d}[\cos(\ln x)]$

$$= x\cos(\ln x) - \int x[-\sin(\ln x)]\cdot\frac{1}{x}\mathrm{d}x$$

$$= x\cos(\ln x) + \int \sin(\ln x)\mathrm{d}x$$

$$= x\cos(\ln x) + \left\{x\sin(\ln x) - \int x\mathrm{d}[\sin(\ln x)]\right\}$$

$$= x\cos(\ln x) + x\sin(\ln x) - \int x\cos(\ln x)\cdot\frac{1}{x}\mathrm{d}x$$

$$= x\cos(\ln x) + x\sin(\ln x) - \int \cos(\ln x)\mathrm{d}x,$$

移项整理得

$$\int\cos(\ln x)\mathrm{d}x = \frac{x\cos(\ln x) + x\sin(\ln x)}{2} + C.$$

例 5.8 求 $\int\frac{\arctan \mathrm{e}^x}{\mathrm{e}^x}\mathrm{d}x$.

解 方法 1

$$原式 = -\int\arctan \mathrm{e}^x\mathrm{d}\mathrm{e}^{-x}$$

$$= -\mathrm{e}^{-x}\arctan \mathrm{e}^x + \int \mathrm{e}^{-x}\mathrm{d}\arctan \mathrm{e}^x$$

$$= -\mathrm{e}^{-x}\arctan \mathrm{e}^x + \int \mathrm{e}^{-x}\frac{\mathrm{e}^x}{1+\mathrm{e}^{2x}}\mathrm{d}x$$

$$= -\mathrm{e}^{-x}\arctan \mathrm{e}^x + \int \frac{1+\mathrm{e}^{2x}-\mathrm{e}^{2x}}{1+\mathrm{e}^{2x}}\mathrm{d}x$$

$$= -\mathrm{e}^{-x}\arctan \mathrm{e}^x + \int \left(1 - \frac{\mathrm{e}^{2x}}{1+\mathrm{e}^{2x}}\right)\mathrm{d}x$$

$$= -\mathrm{e}^{-x}\arctan \mathrm{e}^x + x - \frac{1}{2}\int \frac{1}{1+\mathrm{e}^{2x}}\mathrm{d}(1+\mathrm{e}^{2x})$$

$$= x - \mathrm{e}^{-x}\arctan \mathrm{e}^x - \frac{1}{2}\ln(1+\mathrm{e}^{2x}) + C.$$

方法 2 令 $\mathrm{e}^x = t$, $x = \ln t$ $(t > 0)$, $\mathrm{d}x = \frac{1}{t}\mathrm{d}t$,

$$原式 = \int\frac{\arctan t}{t}\cdot\frac{1}{t}\mathrm{d}t = -\int\arctan t\mathrm{d}\left(\frac{1}{t}\right)$$

$$
\begin{aligned}
&= -\frac{1}{t}\arctan t + \int \frac{1}{t}\cdot\frac{1}{1+t^2}\mathrm{d}t \\
&= -\frac{1}{t}\arctan t + \int \frac{1+t^2-t^2}{t(1+t^2)}\mathrm{d}t \\
&= -\frac{1}{t}\arctan t + \ln t - \frac{1}{2}\ln(1+t^2) + C \\
&= x - \mathrm{e}^{-x}\arctan \mathrm{e}^x - \frac{1}{2}\ln(1+\mathrm{e}^{2x}) + C.
\end{aligned}
$$

方法 3　令 $\arctan \mathrm{e}^x = t$, 则 $\mathrm{e}^x = \tan t$, $x = \ln(\tan t)$, $\mathrm{d}x = \dfrac{1}{\tan t}\sec^2 t\mathrm{d}t$, 于是

$$
\begin{aligned}
\text{原式} &= \int \frac{t}{\tan t}\cdot\frac{1}{\tan t}\cdot\sec^2 t\mathrm{d}t \\
&= \int \frac{t}{(\tan t)^2}\mathrm{d}(\tan t) = -\int t\mathrm{d}\left(\frac{1}{\tan t}\right) \\
&= -\frac{t}{\tan t} + \int \frac{1}{\tan t}\mathrm{d}t = -\frac{t}{\tan t} + \ln|\sin t| + C \\
&= -\mathrm{e}^{-x}\arctan \mathrm{e}^x + \ln\left|\frac{\mathrm{e}^x}{\sqrt{1+\mathrm{e}^{2x}}}\right| + C \\
&= x - \mathrm{e}^{-x}\arctan \mathrm{e}^x - \frac{1}{2}\ln(1+\mathrm{e}^{2x}) + C.
\end{aligned}
$$

注　本题用到凑微分法、第二类换元法和分部积分法, 应注意各种积分法的综合运用.

例 5.9　求不定积分 $\displaystyle\int \arctan(1+\sqrt{x})\mathrm{d}x$.

解　方法 1

$$
\begin{aligned}
\text{原式} &= x\arctan(1+\sqrt{x}) - \int \frac{x}{1+(1+\sqrt{x})^2}\cdot\frac{\mathrm{d}x}{2\sqrt{x}} \\
&= x\arctan(1+\sqrt{x}) - \frac{1}{2}\int \frac{\sqrt{x}}{x+2\sqrt{x}+2}\mathrm{d}x.
\end{aligned}
$$

令 $\sqrt{x} = t$, 则 $x = t^2$, $\mathrm{d}x = 2t\mathrm{d}t$,

$$
\begin{aligned}
\int \frac{\sqrt{x}}{x^2+2\sqrt{x}+2}\mathrm{d}x &= \int \frac{2t^2}{t^2+2t+2}\mathrm{d}t \\
&= 2t - 2\ln(t^2+2t+2) + C,
\end{aligned}
$$

$$
\text{原式} = x\arctan(1+\sqrt{x}) - \sqrt{x} + \ln(x+2\sqrt{x}+2) + C.
$$

方法 2　令 $\arctan(1+\sqrt{x}) = t$, 则 $x = (\tan t - 1)^2$.

$$
\text{原式} = \int t\mathrm{d}(\tan t - 1)^2
$$

$$
\begin{aligned}
&= t(\tan t-1)^2-\int(\tan t-1)^2\mathrm{d}t\\
&= t(\tan t-1)^2-\tan t-2\ln|\cos t|+C\\
&= x\arctan(1+\sqrt{x})-(1+\sqrt{x})+\ln(x+2\sqrt{x}+2)+C.
\end{aligned}
$$

例 5.10 求不定积分 $\int\ln(x+\sqrt{1+x^2})\mathrm{d}x$.

解 利用分部积分法,

$$
\begin{aligned}
\text{原式} &= x\ln(x+\sqrt{1+x^2})-\int\frac{x}{\sqrt{1+x^2}}\mathrm{d}x\\
&= x\ln(x+\sqrt{1+x^2})-\sqrt{1+x^2}+C.
\end{aligned}
$$

例 5.11 求不定积分 $\int\frac{x\ln x\mathrm{d}x}{(1+x^2)^{\frac{3}{2}}}$.

解 方法 1

$$
\begin{aligned}
\text{原式} &= -\int\ln x\mathrm{d}\left(\frac{1}{\sqrt{1+x^2}}\right)\\
&= -\frac{\ln x}{\sqrt{1+x^2}}+\int\frac{\mathrm{d}x}{x\sqrt{1+x^2}}\\
&= -\frac{\ln x}{\sqrt{1+x^2}}-\ln\left(\frac{1}{x}+\sqrt{1+\frac{1}{x^2}}\right)+C.
\end{aligned}
$$

方法 2 令 $x=\tan t$, 则 $\mathrm{d}x=\sec^2 t\mathrm{d}t$.

$$
\begin{aligned}
\text{原式} &= \int\ln(\tan t)\cdot\sin t\mathrm{d}t\\
&= -\int\ln(\tan t)\mathrm{d}\cos t\\
&= -\cos t\ln(\tan t)+\int\csc t\mathrm{d}t\\
&= -\cos t\ln(\tan t)-\ln|\csc t+\cot t|+C\\
&= -\frac{\ln x}{\sqrt{1+x^2}}-\ln\left(\frac{1}{x}+\sqrt{1+\frac{1}{x^2}}\right)+C.
\end{aligned}
$$

例 5.12 求不定积分 $\int\mathrm{e}^{\sin x}\sin 2x\mathrm{d}x$.

解 由三角函数公式及分部积分法有

$$
\text{原式}=2\int\mathrm{e}^{\sin x}\sin x\cos x\mathrm{d}x
$$

$$
\begin{aligned}
&= 2\int \mathrm{e}^{\sin x}\sin x\mathrm{d}\sin x \\
&= 2\int \sin x\mathrm{d}\mathrm{e}^{\sin x} \\
&= 2\sin x\mathrm{e}^{\sin x} - 2\int \mathrm{e}^{\sin x}\mathrm{d}\sin x \\
&= 2\sin x\mathrm{e}^{\sin x} - 2\mathrm{e}^{\sin x} + C.
\end{aligned}
$$

例 5.13　求不定积分 $\displaystyle\int \frac{\ln x - 1}{(\ln x)^2}\mathrm{d}x$.

解　方法 1

$$
\begin{aligned}
\text{原式} &= \int \frac{1}{\ln x}\mathrm{d}x - \int \frac{\mathrm{d}x}{(\ln x)^2} \\
&= \frac{x}{\ln x} + \int x\cdot\frac{1}{(\ln x)^2}\frac{1}{x}\mathrm{d}x - \int \frac{\mathrm{d}x}{(\ln x)^2} \\
&= \frac{x}{\ln x} + C.
\end{aligned}
$$

方法 2　令 $\ln x = u$, 则 $x = \mathrm{e}^u$, $\mathrm{d}x = \mathrm{e}^u\mathrm{d}u$.

$$
\begin{aligned}
\text{原式} &= \int \frac{u-1}{u^2}\mathrm{e}^u\mathrm{d}u \\
&= \int \frac{1}{u}\mathrm{d}\mathrm{e}^u - \int \frac{\mathrm{e}^u}{u^2}\mathrm{d}u \\
&= \frac{\mathrm{e}^u}{u} + \int \frac{\mathrm{e}^u}{u^2}\mathrm{d}u - \int \frac{\mathrm{e}^u}{u^2}\mathrm{d}u \\
&= \frac{\mathrm{e}^u}{u} + C \\
&= \frac{x}{\ln x} + C.
\end{aligned}
$$

例 5.14　求不定积分 $\displaystyle\int \frac{x+\sin x}{1+\cos x}\mathrm{d}x$.

解　方法 1

$$
\begin{aligned}
\text{原式} &= \int \frac{x}{1+\cos x}\mathrm{d}x + \int \frac{\sin x}{1+\cos x}\mathrm{d}x \\
&= \int \frac{x}{2\cos^2\dfrac{x}{2}}\mathrm{d}x - \int \frac{\mathrm{d}(1+\cos x)}{1+\cos x} \\
&= \int x\mathrm{d}\tan\frac{x}{2} - \ln(1+\cos x) \\
&= x\tan\frac{x}{2} - \int \tan\frac{x}{2}\mathrm{d}x - \ln(1+\cos x) \\
&= x\tan\frac{x}{2} + 2\ln\left|\cos\frac{x}{2}\right| - \ln\left(2\cos^2\frac{x}{2}\right) + C_1
\end{aligned}
$$

$$
\begin{aligned}
&= x\tan\frac{x}{2} - \ln 2 + C_1 \\
&= x\tan\frac{x}{2} + C \quad (C = C_1 - \ln 2).
\end{aligned}
$$

方法 2

$$
\begin{aligned}
\text{原式} &= \int \left(\frac{x}{2\cos^2\dfrac{x}{2}} + \tan\frac{x}{2} \right) \mathrm{d}x \\
&= \int \left(x\mathrm{d}\tan\frac{x}{2} + \tan\frac{x}{2}\mathrm{d}x \right) \\
&= \int \mathrm{d}\left(x\tan\frac{x}{2} \right) \\
&= x\tan\frac{x}{2} + C.
\end{aligned}
$$

方法 3

$$
\begin{aligned}
\text{原式} &= \int \left(\frac{x}{2\cos^2\dfrac{x}{2}}\mathrm{d}x + \tan\frac{x}{2} \right) \mathrm{d}x \\
&= \int \left(x\mathrm{d}\tan\frac{x}{2} + \tan\frac{x}{2}\mathrm{d}x \right) \\
&= x\tan\frac{x}{2} - \int \tan\frac{x}{2}\mathrm{d}x + \int \tan\frac{x}{2}\mathrm{d}x \\
&= x\tan\frac{x}{2} + C.
\end{aligned}
$$

例 5.15 求不定积分 $\displaystyle\int \frac{x\mathrm{e}^x}{\sqrt{\mathrm{e}^x - 2}}\mathrm{d}x$.

解 方法 1

$$
\begin{aligned}
\text{原式} &= \int \frac{x\mathrm{d}(\mathrm{e}^x - 2)}{\sqrt{\mathrm{e}^x - 2}} = 2\int x\mathrm{d}\sqrt{\mathrm{e}^x - 2} \\
&= 2x\sqrt{\mathrm{e}^x - 2} - 2\int \sqrt{\mathrm{e}^x - 2}\mathrm{d}x,
\end{aligned}
$$

令 $\sqrt{\mathrm{e}^x - 2} = u$, 则 $x = \ln(u^2 + 2)$,

$$
\int \sqrt{\mathrm{e}^x - 2}\mathrm{d}x = \int \frac{2u^2}{u^2 + 2}\mathrm{d}u = 2u + 2\sqrt{2}\arctan\frac{u}{\sqrt{2}} + C,
$$

故

$$
\text{原式} = 2x\sqrt{\mathrm{e}^x - 2} - 4\sqrt{\mathrm{e}^x - 2} + 4\sqrt{2}\arctan\sqrt{\frac{\mathrm{e}^x}{2} - 1} + C.
$$

方法 2　令 $\sqrt{\mathrm{e}^x-2}=u$, 则 $x=\ln(u^2+2)$, $\mathrm{d}x=\dfrac{2u}{u^2+2}\mathrm{d}u$.

$$\begin{aligned}原式&=\int\frac{\ln(u^2+2)(u^2+2)\times 2u}{u(u^2+2)}\mathrm{d}u\\&=2\int\ln(u^2+2)\mathrm{d}u\\&=2u\ln(u^2+2)-2\int\frac{2u^2}{u^2+2}\mathrm{d}u\\&=2u\ln(u^2+2)-4u+4\sqrt{2}\arctan\frac{u}{\sqrt{2}}+C\\&=2x\sqrt{\mathrm{e}^x-2}-4\sqrt{\mathrm{e}^x-2}+4\sqrt{2}\arctan\sqrt{\frac{\mathrm{e}^x}{2}-1}+C.\end{aligned}$$

注　方法 1 是先用分部积分法后用换元积分法，方法 2 是先用换元积分法后用分部积分法.

例 5.16　求不定积分 $\displaystyle\int\frac{x\mathrm{e}^{\arctan x}}{(1+x^2)^2}\mathrm{d}x$.

解　令 $x=\tan u$, $\mathrm{d}x=\sec^2u\mathrm{d}u$,

$$\begin{aligned}原式&=\int\frac{\tan u\cdot\mathrm{e}^u\cdot\sec^2u}{\sec^4u}\mathrm{d}u\\&=\int\mathrm{e}^u\sin u\cos u\mathrm{d}u\\&=\frac{1}{2}\int\mathrm{e}^u\sin 2u\mathrm{d}u\\&=\frac{1}{10}\mathrm{e}^u(\sin 2u-2\cos 2u)+C\\&=\frac{\mathrm{e}^{\arctan x}(x^2+x-1)}{5(1+x^2)}+C.\end{aligned}$$

例 5.17　已知 $f(x)$ 的一个原函数是 e^{-x^2}，求 $\displaystyle\int xf'(x)\mathrm{d}x$.

5-1 不定积分的基本性质

解　原式 $=\displaystyle\int x\mathrm{d}f(x)=xf(x)-\int f(x)\mathrm{d}x$, 又 e^{-x^2} 是 $f(x)$ 的一个原函数，则

$$\int f(x)\mathrm{d}x=\mathrm{e}^{-x^2}+C,$$

且

$$f(x)=\left(\mathrm{e}^{-x^2}\right)'=-2x\mathrm{e}^{-x^2},$$

即

$$\int xf'(x)\mathrm{d}x = -2x^2\mathrm{e}^{-x^2} - \mathrm{e}^{-x^2} + C.$$

例 5.18 设 $f(x)$ 在 $[1,+\infty)$ 上可导， $f(1)=0$, $f'(\mathrm{e}^x+1)=\mathrm{e}^{3x}+2$, 试求 $f(x)$.

解 令 $\mathrm{e}^x+1=t$, 则 $\mathrm{e}^x=t-1$,

$$f'(t)=(t-1)^3+2,$$

$$f(t)=\frac{1}{4}(t-1)^4+2t+C.$$

又 $f(1)=0$, 则 $C=-2$, 故

$$f(x)=\frac{1}{4}(x-1)^4+2x-2.$$

例 5.19 设 $f'(\ln x)=\begin{cases}1, & 0<x\leqslant 1,\\ x, & 1<x<+\infty,\end{cases}$ 求 $f(t)$ 和 $f(\ln x)$.

解 令 $\ln x=t$, 则

$$f'(t)=\begin{cases}1, & -\infty<t\leqslant 0,\\ \mathrm{e}^t, & 0<t<+\infty,\end{cases}$$

$$f(t)=\begin{cases}t+c, & -\infty<t\leqslant 0,\\ \mathrm{e}^t+d, & 0<t<+\infty.\end{cases}\quad (\text{其中}c,d\text{为任意常数})$$

由 $f(t)$ 的连续性得 $c=1+d$, 所以

$$f(t)=\begin{cases}t+1+d, & -\infty<t\leqslant 0,\\ \mathrm{e}^t+d, & 0<t<+\infty.\end{cases}$$

$$f(\ln x)=\begin{cases}\ln x+1+d, & 0<x\leqslant 1,\\ x+d, & 1<x<+\infty.\end{cases}$$

例 5.20 设 $F(x)$ 是 $f(x)$ 的一个原函数， $F(1)=\frac{\sqrt{2}}{4}\pi$, 当 $x>0$ 时，有 $f(x)F(x)=\frac{\arctan\sqrt{x}}{\sqrt{x}(1+x)}$, 试求 $f(x)$.

解　由于 $F(x)$ 是 $f(x)$ 的原函数，所以

5-2 不定积分换元积分法

$$F'(x)=f(x),$$

即

$$F'(x)F(x)=\frac{\arctan\sqrt{x}}{\sqrt{x}(1+x)},$$

两端同时积分，有

$$\int F(x)\mathrm{d}F(x)=\int\frac{\arctan\sqrt{x}}{\sqrt{x}(1+x)}\mathrm{d}x,$$

$$\frac{1}{2}F^2(x)=(\arctan\sqrt{x})^2+C.$$

又 $F(1)=\dfrac{\sqrt{2}}{4}\pi$, 则 $C=0$, 即

$$F(x)=\sqrt{2}\arctan\sqrt{x},\quad f(x)=\frac{1}{\sqrt{2x}(1+x)}.$$

例 5.21　已知 $f'(\ln x)=\ln x+x+1$, 求 $f(x)$.

解　方法 1　令 $\ln x=t$, 则 $x=\mathrm{e}^t$, 于是

$$f'(t)=t+\mathrm{e}^t+1,\quad 即\quad f'(x)=x+\mathrm{e}^x+1,$$

两边积分，得

$$f(x)=\int(x+\mathrm{e}^x+1)\mathrm{d}x=\frac{1}{2}x^2+\mathrm{e}^x+x+C.$$

方法 2

$$\begin{aligned}f(\ln x)&=\int f'(\ln x)\mathrm{d}\ln x\\&=\int(\ln x+x+1)\mathrm{d}\ln x\\&=\int\ln x\mathrm{d}\ln x+\int(x+1)\frac{1}{x}\mathrm{d}x\\&=\frac{1}{2}(\ln x)^2+x+\ln x+C.\end{aligned}$$

令 $\ln x=t$, 则 $x=\mathrm{e}^t$, 于是 $f(t)=\dfrac{1}{2}t^2+\mathrm{e}^t+t+C$, 即

$$f(x)=\frac{1}{2}x^2+\mathrm{e}^x+x+C.$$

注　方法 1 为先求出 $f'(x)$, 再积分求出 $f(x)$; 方法 2 为先求出 $f(\ln x)$, 再求 $f(x)$.

例 5.22 求积分 $\int \max\{1,x^2\}\mathrm{d}x$.

5-3 分段函数的不定积分

解

$$\max\{1,x^2\}=\begin{cases} x^2, & x<-1,\\ 1, & -1\leqslant x\leqslant 1,\\ x^2, & x>1,\end{cases}$$

于是

$$\int \max\{1,x^2\}\mathrm{d}x=\begin{cases} \dfrac{1}{3}x^3+C_1, & x<-1,\\ x+C_2, & -1\leqslant x\leqslant 1,\\ \dfrac{1}{3}x^3+C_3, & x>1.\end{cases}$$

由于原函数在 $x=-1$ 处连续，于是

$$\lim_{x\to -1^-}\left(\frac{1}{3}x^3+C_1\right)=\lim_{x\to -1^+}(x+C_2),$$

得

$$-\frac{1}{3}+C_1=-1+C_2,$$

即

$$C_1=-\frac{2}{3}+C_2.$$

由于原函数在 $x=1$ 点连续，于是

$$\lim_{x\to 1^-}(x+C_2)=\lim_{x\to 1^+}\left(\frac{1}{3}x^3+C_3\right),$$

得 $1+C_2=\dfrac{1}{3}+C_3$, 即 $C_3=\dfrac{2}{3}+C_2$.

记 $C_2=C$, 则 $C_1=-\dfrac{2}{3}+C$, $C_3=\dfrac{2}{3}+C$, 于是

$$\int \max\{1,x^2\}\mathrm{d}x=\begin{cases} \dfrac{1}{3}x^3-\dfrac{2}{3}+C, & x<-1,\\ x+C, & -1\leqslant x\leqslant 1,\\ \dfrac{1}{3}x^3+\dfrac{2}{3}+C, & x>1.\end{cases}$$

例 5.23 求下列有理函数的积分：

(1) $\displaystyle\int \frac{2x+2}{(x-1)(x^2+1)^2}\mathrm{d}x$;　　(2) $\displaystyle\int \frac{2x^5+6x^3+1}{x^4+3x^2}\mathrm{d}x$;

(3) $\displaystyle\int \frac{\mathrm{d}x}{x^4(x^2+1)}$.

解　(1) 设 $\dfrac{2x+2}{(x-1)(x^2+1)^2}=\dfrac{A}{x-1}+\dfrac{Bx+C}{x^2+1}+\dfrac{Dx+E}{(x^2+1)^2}$, 两端乘 $(x-1)(x^2+1)^2$, 得

$$2x+2=A(x^2+1)^2+(Bx+C)(x-1)(x^2+1)+(Dx+E)(x-1).$$

令 $x=1$, 得 $4=4A$, 即 $A=1$, 代入上式得

$$\begin{cases}1+B=0,\\C-B=0,\\2+D+B-C=0,\\E+C-D-B=0,\\1-E-C=2,\end{cases}$$

解得 $B=-1$, $C=-1$, $D=-2$, $E=0$, 所以

$$\begin{aligned}&\int\frac{2x+2}{(x-1)(x^2+1)}\mathrm{d}x\\=&\int\frac{\mathrm{d}x}{x-1}-\int\frac{x+1}{x^2+1}\mathrm{d}x-\int\frac{2x}{(x^2+1)^2}\mathrm{d}x\\=&\ln|x-1|-\frac{1}{2}\int\frac{\mathrm{d}(x^2+1)}{x^2+1}-\int\frac{\mathrm{d}x}{x^2+1}-\int\frac{\mathrm{d}(x^2+1)}{(x^2+1)^2}\\=&\ln|x-1|-\frac{1}{2}\ln(x^2+1)-\arctan x+\frac{1}{x^2+1}+C.\end{aligned}$$

(2)　$$\begin{aligned}原式=&\int\frac{2x(x^4+3x^2)+1}{x^4+3x^2}\mathrm{d}x\\=&\int2x\mathrm{d}x+\int\frac{\mathrm{d}x}{x^4+3x^2}\\=&x^2+\int\frac{\frac{1}{3}(x^2+3-x^2)}{x^2(x^2+3)}\mathrm{d}x\\=&x^2+\frac{1}{3}\left(\int\frac{1}{x^2}\mathrm{d}x-\int\frac{1}{x^2+3}\mathrm{d}x\right)\\=&x^2-\frac{1}{3x}-\frac{1}{3\sqrt{3}}\arctan\frac{x}{\sqrt{3}}+C.\end{aligned}$$

(3) 方法 1　设 $\dfrac{1}{x^4(x^2+1)}=\dfrac{A}{x}+\dfrac{B}{x^2}+\dfrac{C}{x^3}+\dfrac{D}{x^4}+\dfrac{Ex+F}{x^2+1}$, 去分母并比较两端同次幂的系数，得

$$A=C=E=0,\quad B=-1,\quad D=F=1.$$

于是

$$\int\frac{\mathrm{d}x}{x^4(x^2+1)}=\int-\frac{1}{x^2}\mathrm{d}x+\int\frac{1}{x^4}\mathrm{d}x+\int\frac{1}{x^2+1}\mathrm{d}x$$

$$=\frac{1}{x}-\frac{1}{3x^3}+\arctan x+C.$$

方法 2 因分母的次数比分子的次数高, 因此也可用倒代换计算, 设 $x=\dfrac{1}{t}$, 则 $\mathrm{d}x=-\dfrac{1}{t^2}\mathrm{d}t$. 于是

$$\begin{aligned}\int\frac{\mathrm{d}x}{x^4(x^2+1)}&=-\int\frac{t^4}{t^2+1}\mathrm{d}t\\&=-\int\left(t^2-1+\frac{1}{t^2+1}\right)\mathrm{d}t\\&=-\left(\frac{t^3}{3}-t+\arctan t\right)+C\\&=-\frac{1}{3x^3}+\frac{1}{x}-\arctan\frac{1}{x}+C.\end{aligned}$$

方法 3 设 $x=\tan t$, 则 $\mathrm{d}x=\sec^2 t\mathrm{d}t$, 于是

$$\begin{aligned}\int\frac{\mathrm{d}x}{x^4(x^2+1)}=\int\frac{\mathrm{d}t}{\tan^4 t}&=\int\cot^2 t(\csc^2 t-1)\mathrm{d}t\\&=-\frac{1}{3}\cot^3 t-\int\cot^2 t\mathrm{d}t\\&=-\frac{1}{3}\cot^3 t+\cot t+t+C\\&=-\frac{1}{3x^3}+\frac{1}{x}+\arctan x+C.\end{aligned}$$

方法 4

$$\begin{aligned}\int\frac{\mathrm{d}x}{x^4(x^2+1)}&=\int\frac{1-x^4+x^4}{x^4(x^2+1)}\mathrm{d}x\\&=\int\frac{1-x^4}{x^4(x^2+1)}\mathrm{d}x+\int\frac{x^4}{x^4(x^2+1)}\mathrm{d}x\\&=-\int\frac{(x^2-1)(x^2+1)}{x^4(x^2+1)}\mathrm{d}x+\int\frac{1}{x^2+1}\mathrm{d}x\\&=-\int\frac{x^2-1}{x^4}\mathrm{d}x+\int\frac{1}{x^2+1}\mathrm{d}x\\&=\int\frac{1}{x^4}\mathrm{d}x-\int\frac{1}{x^2}\mathrm{d}x+\int\frac{1}{x^2+1}\mathrm{d}x\\&=-\frac{1}{3x^3}+\frac{1}{x}+\arctan x+C.\end{aligned}$$

例 5.24　求下面三角函数有理式的积分:

$$I=\int\frac{\sin x}{\sin x+\cos x}\mathrm{d}x.$$

解　方法 1

$$\begin{aligned}I&=\int\frac{\sin x}{\sin x+\cos x}\mathrm{d}x=\int\frac{(\sin x-\cos x)+\cos x}{\sin x+\cos x}\mathrm{d}x\\&=\int\frac{-\mathrm{d}(\sin x+\cos x)}{\sin x+\cos x}+\int\frac{(\cos x+\sin x)-\sin x}{\sin x+\cos x}\mathrm{d}x\\&=-\ln|\sin x+\cos x|+x-I,\end{aligned}$$

则

$$2I=-\ln|\sin x+\cos x|+x,$$

$$I=\frac{1}{2}\left(-\ln|\sin x+\cos x|+x\right)+C.$$

方法 2　令 $\tan\dfrac{x}{2}=t$ (万能代换法), 得

$$\begin{aligned}I&=\int\frac{\dfrac{2t}{1+t^2}}{\dfrac{2t}{1+t^2}+\dfrac{1-t^2}{1+t^2}}\cdot\frac{2}{1+t^2}\mathrm{d}t\\&=\int\left(\frac{1+t}{1+t^2}-\frac{1-t}{1+2t-t^2}\right)\mathrm{d}t,\end{aligned}$$

可积分求出.

方法 3　令 $\tan x=t$, 得

$$\begin{aligned}I&=\int\frac{\tan x}{\tan x+1}\mathrm{d}x=\int\frac{t}{(t+1)(t^2+1)}\mathrm{d}t\\&=\frac{1}{2}\int\left(\frac{t+1}{t^2+1}-\frac{1}{t+1}\right)\mathrm{d}t,\end{aligned}$$

可积分求出.

方法 4　令 $\cot x=t$, 得

$$\begin{aligned}I&=\int\frac{\mathrm{d}x}{1+\cot x}=-\int\frac{\mathrm{d}t}{(1+t)(1+t^2)}\\&=\frac{1}{2}\int\left(\frac{t-1}{1+t^2}-\frac{1}{1+t}\right)\mathrm{d}t,\end{aligned}$$

可积分求出.

方法 5

$$
\begin{aligned}
I&=\int \frac{\sin x(\cos x-\sin x)}{\cos^2 x-\sin^2 x}\mathrm{d}x=\int\left(\frac{\sin x\cos x}{\cos 2x}-\frac{\sin^2 x}{\cos 2x}\right)\mathrm{d}x\\
&=\int\left(\frac{\sin 2x}{2\cos 2x}-\frac{1-\cos 2x}{2\cos 2x}\right)\mathrm{d}x\\
&=\frac{1}{2}\int\left(1+\frac{\sin 2x}{\cos 2x}-\frac{1}{\cos 2x}\right)\mathrm{d}x,
\end{aligned}
$$

可积分求出.

方法 6

$$
\begin{aligned}
I&=\int \frac{\sin x(\cos x-\sin x)}{\cos^2 x-\sin^2 x}\mathrm{d}x\\
&=\int\left(\frac{\sin x\cos x}{2\cos^2 x-1}-\frac{1-\cos 2x}{2\cos 2x}\right)\mathrm{d}x\\
&=\frac{1}{4}\int\frac{\mathrm{d}(2\cos^2 x-1)}{2\cos^2 x-1}-\frac{1}{2}\int\frac{1}{\cos 2x}\mathrm{d}x+\frac{1}{2}\int\mathrm{d}x,
\end{aligned}
$$

可积分求出.

方法 7

$$
\begin{aligned}
I&=\frac{1}{\sqrt{2}}\int\frac{\sin x}{\cos\left(x-\frac{\pi}{4}\right)}\mathrm{d}x \xlongequal{x-\frac{\pi}{4}=t} \frac{1}{\sqrt{2}}\int\frac{\sin\left(t+\frac{\pi}{4}\right)}{\cos t}\mathrm{d}t\\
&=\frac{1}{2}\int\frac{\sin t+\cos t}{\cos t}\mathrm{d}t,
\end{aligned}
$$

可积分求出.

注 比较以上各种解法, 可以看到, 万能代换法虽然适用于三角函数有理式积分的各种情况, 但可能不是最好的方法, 通常先是根据被积函数的特点选择其他代换方法, 计算起来可能简便一些. 一般地, 求解 $\int\frac{a_1\sin x+b_1\cos x}{a\sin x+b\cos x}\mathrm{d}x$ 时, 可将分子化成 $a_1\sin x+b_1\cos x=A(a\sin x+b\cos x)+B(a\cos x-b\sin x)$, 其中 a_1,b_1,a,b 为已知常数, 由上式定出 A,B, 则

$$
\text{原式}=Ax+B\ln|a\sin x+b\cos x|+C.
$$

例 5.25 设 $f(x)$ 为单调连续函数, $\varphi(x)$ 为它的反函数, 且 $F(x)$ 为 $f(x)$ 的原函数, 求 $\int\varphi(x)\mathrm{d}x$.

分析　用分部积分法. $\int\varphi(x)\mathrm{d}x = x\varphi(x) - \int x\mathrm{d}\varphi(x)$, 令 $\varphi(x) = u$, 则 $x = f(u)$, 有 $\int x\mathrm{d}\varphi(x) = \int f(u)\mathrm{d}u = F(u) + C$, 即可求出.

解

$$\begin{aligned}\int\varphi(x)\mathrm{d}x &= x\varphi(x) - \int x\mathrm{d}\varphi(x)\\ &= x\varphi(x) - \int f(\varphi(x))\mathrm{d}\varphi(x),\end{aligned}$$

因为 $F'(x) = f(x)$, 则

$$\int\varphi(x)\mathrm{d}x = x\varphi(x) - F(\varphi(x)) + C.$$

小结

1. 不定积分的概念

不定积分是原函数的一般表达式，若 $F'(x) = f(x)$, 则 $\int f(x)\mathrm{d}x = F(x)+C$, 其中 C 为任意常数，计算时不要漏写. 求不定积分的积分运算与求导数的微分运算互为逆运算，这是学习这一章要把握的关键.

2. 不定积分的积分方法

(1) 基本积分公式

基本积分公式是计算不定积分的基础. 通过适当的恒等变换后利用不定积分的运算性质和基本积分公式求出不定积分的方法，也称为直接积分法，牢记基本积分公式是关键.

(2) 换元积分法

第一换元积分法也称凑积分法，关键在一个“凑”字，它是复合函数微分法的逆运算，但比复合函数求导要难，如何将所求的积分化为 $\int f(\varphi(x))\varphi'(x)\mathrm{d}x$ 且使 $f(u)$ 具有原函数，没有一般规律，只有在熟记微分、积分公式，并熟悉一些常用的类型及其变化的基础上，多做练习，摸索规律. 凑微分法可不做形式上的变量替换，若做了变量替换，一定记住要回代.

第二换元积分法是通过适当的变量替换，使函数 $f(x)$ 变成为 $f(\psi(t))\psi'(t)$, 并且此函数的原函数容易求得，在计算过程中一要注意变量替换的条件，二要注意回代过程. 主要方法有三角代换、倒代换和无理函数的代换等.

(3) 分部积分法

分部积分法关键是如何把被积函数表示成两个函数的乘积，一个看做 u, 另一个看做 v', 因此正确选择 u 是至关重要的, 选取原则是 v' 的积分要容易，$\int v\mathrm{d}u$ 的计算要比 $\int u\mathrm{d}v$ 更简单.

3. 一些特殊函数的积分

(1) 有理函数的积分 (主要是部分分式的分解和积分).

(2) 三角函数有理式的积分.

(3) 简单无理函数积分 (基本思想是去掉根式).

四、疑难问题解答

1. "若 $F'(x)=f(x)$, 则称 $F(x)$ 是 $f(x)$ 的原函数, 称 $F(x)+C$ (C 为任意常数) 是 $f(x)$ 的不定积分" 这种说法是否正确？

答 这种说法不正确. 主要问题是没有提到区间, 应当说：如果在区间 I 上 $F'(x)=f(x)$ 恒成立, 那么 $F(x)$ 就称为 $f(x)$ 在区间 I 上的原函数. 而 $\int f(x)\mathrm{d}x=F(x)+C$ 称为 $f(x)$ 在区间 I 上的不定积分.

2. 在微分学中, 只给出 $(\ln x)'=\dfrac{1}{x}$ 的公式, 而在积分学中, 多数书上给出公式 $\int\dfrac{\mathrm{d}x}{x}=\ln|x|+C$, 有的书也只给出 $\int\dfrac{\mathrm{d}x}{x}=\ln x+C$. 对此应怎样解释？

答 在微分学中, 若已知 $\ln x$, 求它的导数, 这个函数的定义域是 $x>0$, 导数公式 $(\ln x)'=\dfrac{1}{x}$ 自然只在区间 $(0,+\infty)$ 内成立. 而不定积分则是对已知函数 $\dfrac{1}{x}$ 求原函数, 这个函数的定义域是 $(-\infty,0)\cup(0,+\infty)$, 因此, 一般应理解为在以上的两个区间内分别求其原函数, 即

$$\int\frac{1}{x}\mathrm{d}x=\begin{cases}\ln x+C_1, & x>0,\\ \ln(-x)+C_2, & x<0,\end{cases}$$

C_1 和 C_2 是两个彼此独立的常数, 为了方便才记为

$$\int\frac{1}{x}\mathrm{d}x=\ln|x|+C,$$

但按所指出的两个区间内应有各自的原函数来理解. 而有些书上只讲公式 $\int\dfrac{1}{x}\mathrm{d}x=\ln x+C$, 这里仅给出了 $\dfrac{1}{x}$ 在 $(0,+\infty)$ 这个区间上的原函数, 另一部分省略了.

3. 设 $f(x)$ 在区间 I 内有原函数, 问 $f(x)$ 在 I 内一定连续吗？

答 $f(x)$ 在 I 内不一定连续, 例如

$$F(x)=\begin{cases}x^2\sin\dfrac{1}{x}, & x\neq 0,\\ 0, & x=0,\end{cases}$$

在 $(-\infty,+\infty)$ 内处处有

$$F'(x)=f(x)=\begin{cases}2x\sin\dfrac{1}{x}-\cos\dfrac{1}{x}, & x\neq 0,\\ 0, & x=0.\end{cases}$$

故 $f(x)$ 在 $(-\infty,+\infty)$ 内有原函数，但 $x=0$ 是其间断点，并且是第二类间断点. 事实上，可用反证法证明：设 $f(x)$ 在区间 I 上有原函数，即 $F'(x)=f(x), x\in I$，如果 $x_0\in I$ 为 $f(x)$ 的间断点，那么 x_0 必为第二类间断点.

4. 初等函数的原函数仍是初等函数吗？

答　初等函数的原函数不一定是初等函数，如 $\dfrac{\sin x}{x}, \sin x^2, \dfrac{\mathrm{e}^x}{x}$ 等，它们的原函数不是初等函数.

五、常见错误类型分析

1. 求 $\int f'(ax+b)\mathrm{d}x$，其中 $a\neq 0$.

错误解法　因为 $\int f'(x)\mathrm{d}x=f(x)+C$，所以 $\int f'(ax+b)\mathrm{d}x=f(ax+b)+C$.

错因分析　不定积分的性质 $\int f'(x)\mathrm{d}x=f(x)+C$ 表明对 $f(x)$ 先关于 x 微分，再对 x 积分，则作用抵消后加一个任意常数. 但需注意，对 $f(x)$ 进行这两种运算所针对的对象要一致，均为 x.

正确解法

$$\begin{aligned}\int f'(ax+b)\mathrm{d}x&=\frac{1}{a}\int f'(ax+b)\mathrm{d}(ax+b)\\&=\frac{1}{a}f(ax+b)+C.\end{aligned}$$

2. 求积分 $\int \mathrm{e}^{|x|}\mathrm{d}x$.

错误解法　当 $x<0$ 时，$\int \mathrm{e}^{|x|}\mathrm{d}x=\int \mathrm{e}^{-x}\mathrm{d}x=-\mathrm{e}^{-x}+C$. 当 $x\geqslant 0$ 时，$\int \mathrm{e}^{|x|}\mathrm{d}x=\int \mathrm{e}^{x}\mathrm{d}x=\mathrm{e}^{x}+C$，故 $\int \mathrm{e}^{|x|}\mathrm{d}x=\begin{cases}-\mathrm{e}^{-x}+C, & x<0,\\ \mathrm{e}^{x}+C, & x\geqslant 0.\end{cases}$

错因分析　因为原函数 $F(x)$ 是可导的，所以 $F(x)$ 为连续函数，从而 $F(x)$ 在 $x=0$ 点连续，而该解法中

$$\lim_{x\to 0^-}F(x)=\lim_{x\to 0^-}(-\mathrm{e}^{-x}+C)=-1+C,$$

$$\lim_{x\to 0^+}F(x)=\lim_{x\to 0^+}(\mathrm{e}^{x}+C)=1+C,$$

因此 $\lim\limits_{x\to 0}F(x)$ 不存在，从而 $F(x)$ 在 $x=0$ 不连续，故该解法错误.

正确解法　当 $x<0$ 时，$\int \mathrm{e}^{|x|}\mathrm{d}x=\int \mathrm{e}^{-x}\mathrm{d}x=-\mathrm{e}^{-x}+C_1$；当 $x\geqslant 0$ 时，$\int \mathrm{e}^{|x|}\mathrm{d}x=\int \mathrm{e}^{x}\mathrm{d}x=\mathrm{e}^{x}+C_2$. 由于 $F(x)$ 连续，则 $\lim\limits_{x\to 0^+}F(x)=\lim\limits_{x\to 0^-}F(x)$.

而 $\lim\limits_{x\to 0^+}F(x)=1+C_2$，$\lim\limits_{x\to 0^-}F(x)=-1+C_1$，故 $1+C_2=-1+C_1$，得

$C_1 = 2 + C_2$.

取 $C_2 = C$, 从而 $C_1 = 2 + C$, 故

$$\int \mathrm{e}^{|x|}\mathrm{d}x = \begin{cases} -\mathrm{e}^{-x} + 2 + C, & x < 0, \\ \mathrm{e}^{x} + C, & x \geqslant 0. \end{cases}$$

3. 求积分 $\int |x|\mathrm{d}x$.

错误解法 令 $x = t^2$, 则

$$\int |x|\mathrm{d}x = 2\int t^3\mathrm{d}t = \frac{t^4}{2} + C = \frac{x^2}{2} + C.$$

错因分析 函数 $|x|$ 在 $(-\infty, +\infty)$ 内连续, 而令 $x = t^2$ 等于将 x 限制在区间 $(0, +\infty)$ 内, 如果仅在这个区间内求原函数, 上面解法是正确的, 但一般应求出函数在整个定义域的原函数.

正确解法

$$\int |x|\mathrm{d}x = \begin{cases} \dfrac{1}{2}x^2 + C_1, & x > 0, \\ -\dfrac{1}{2}x^2 + C_2, & x < 0, \end{cases}$$

由 $\lim\limits_{x\to 0^+}\left(\dfrac{1}{2}x^2 + C_1\right) = \lim\limits_{x\to 0^-}\left(-\dfrac{1}{2}x^2 + C_2\right)$, 得 $C_1 = C_2 = C$.

因此

$$\int |x|\mathrm{d}x = \frac{1}{2}x|x| + C, \quad x \in (-\infty, +\infty).$$

练习 5

1. 填空题

(1) 若 $\int f(x)\mathrm{d}x = F(x) + C$, 而 $u = \varphi(x)$, 则 $\int f(u)\mathrm{d}u =$______________.

(2) 设函数 $f(x)$ 的二阶导数 $f''(x)$ 连续, 那么 $\int xf''(x)\mathrm{d}x =$______________.

(3) $\int \dfrac{x^2}{1+x^2}\mathrm{d}x =$______________.

(4) $\int \dfrac{\sin x\cos^3 x}{1+\cos^2 x}\mathrm{d}x =$______________.

(5) $\int \dfrac{\mathrm{e}^x}{\sqrt{\mathrm{e}^x - 1}}\mathrm{d}x =$______________.

(6) $\int x^3\mathrm{e}^{-x^2}\mathrm{d}x =$______________.

(7) 已知 $f(x)$ 的一个原函数为 $(1+\sin x)\ln x$, 则 $\int xf'(x)\mathrm{d}x =$______________.

(8) 设 $x\mathrm{e}^{-x}$ 为 $f(x)$ 的一个原函数，求 $\int xf(x)\mathrm{d}x =$____________.

(9) 设 $f'(\arcsin x) = 1 + x$, 则 $f(x) =$____________.

(10) 设 $\int xf(x)\mathrm{d}x = \arcsin x + C$, 求 $\int \frac{1}{f(x)}\mathrm{d}x =$____________.

2. 选择题

(1) 下列命题中不正确的为 (　　).

(A) 若 $f(x)$ 的某个原函数为零，则 $f(x)$ 的所有原函数都是常数

(B) 若 $f(x)$ 在区间 (a,b) 内的某个原函数是常数，则 $f(x)$ 在 (a,b) 内恒为零

(C) 若 $F(x)$ 为 $f(x)$ 的某个原函数，则必有 $f'(x) = F(x)$

(D) 若 $F(x)$ 为 $f(x)$ 的某个原函数，则 $F(x)$ 必为连续函数

(2) 设 $f(x)$ 具有连续的导数，则下列各式中，正确的是 (　　).

(A) $\int f'(x)\mathrm{d}x = f(x)$　　(B) $\frac{\mathrm{d}}{\mathrm{d}x}\left[\int f'(x)\mathrm{d}x\right] = f(x) + C$

(C) $\int f'(3x)\mathrm{d}x = f(3x) + C$　　(D) $\frac{\mathrm{d}}{\mathrm{d}x}\left[\int f(3x)\mathrm{d}x\right] = f(3x)$

(3) 下列函数中 (　　) 是 $f(x) = \frac{1}{1-x^2}$ 的原函数.

(A) $\arcsin x$　　(B) $\arctan x$　　(C) $\frac{1}{2}\ln\left|\frac{1+x}{1-x}\right|$　　(D) $\frac{1}{2}\ln\left|\frac{1-x}{1+x}\right|$

(4) 若 u, v 都是 x 的可微函数，则 $\int u\mathrm{d}v =$ (　　).

(A) $uv - \int v\mathrm{d}u$　　(B) $uv - \int u'v\mathrm{d}u$

(C) $uv - \int v'\mathrm{d}u$　　(D) $uv - \int uv'\mathrm{d}u$

(5) $\int \frac{\mathrm{d}x}{\sin^2 x\cos^2 x} =$ (　　).

(A) $-\cot x + \tan x + C$　　(B) $\tan x + \cot x + C$

(C) $2\cot 2x + C$　　(D) $2\tan 2x + C$

(6) $\int \frac{\ln x}{x^2}\mathrm{d}x =$ (　　).

(A) $\frac{1}{x}\ln x + \frac{1}{x} + C$　　(B) $-\frac{1}{x}\ln x + \frac{1}{x} + C$

(C) $\frac{1}{x}\ln x - \frac{1}{x} + C$　　(D) $-\frac{1}{x}\ln x - \frac{1}{x} + C$

(7) $\int \mathrm{e}^{-|x|}\mathrm{d}x =$ (　　).

(A) $\begin{cases} -\mathrm{e}^{-x}+C, & x \geqslant 0, \\ \mathrm{e}^{x}+C, & x<0 \end{cases}$ (B) $\begin{cases} -\mathrm{e}^{-x}+C, & x \geqslant 0, \\ \mathrm{e}^{x}-2+C, & x<0 \end{cases}$

(C) $\begin{cases} -\mathrm{e}^{-x}+C_1, & x \geqslant 0, \\ \mathrm{e}^{x}+C_2, & x<0 \end{cases}$ (D) $\begin{cases} \mathrm{e}^{x}+C, & x \geqslant 0, \\ -\mathrm{e}^{-x}+C, & x<0 \end{cases}$

(8) 设 $f(x)$ 是连续函数， $F(x)$ 是 $f(x)$ 的原函数，则下列结论正确的是(　　).

(A) 当 $f(x)$ 是奇函数， $F(x)$ 必是偶函数

(B) 当 $f(x)$ 是偶函数， $F(x)$ 必是奇函数

(C) 当 $f(x)$ 是周期函数， $F(x)$ 必是周期函数

(D) 当 $f(x)$ 是单调增函数， $F(x)$ 必是单调增函数

(9) 若 $\int f'(x^3)\mathrm{d}x = x^3 + C$, 则 $f(x) =$ (　　).

(A) $x+C$ (B) x^3+C (C) $\frac{9}{5}x^{\frac{5}{3}}+C$ (D) $\frac{6}{5}x^{\frac{5}{3}}+C$

3. 求下列不定积分:

(1) $\int \frac{1}{(2x-3)^2}\mathrm{d}x$; (2) $\int \sin\left(2x+\frac{\pi}{3}\right)\mathrm{d}x$;

(3) $\int \frac{1}{4x^2+4x+1}\mathrm{d}x$; (4) $\int x\sqrt{x^2+1}\mathrm{d}x$;

(5) $\int \frac{\mathrm{e}^{\arctan x}}{1+x^2}\mathrm{d}x$; (6) $\int \frac{\ln(\ln x)}{x\ln x}\mathrm{d}x$.

4. 求下列不定积分:

(1) $\int \frac{\cos x}{4+\sin^2 x}\mathrm{d}x$; (2) $\int \frac{x^2}{(x^3+1)^2}\mathrm{d}x$;

(3) $\int \frac{1}{1+\cos x}\mathrm{d}x$; (4) $\int \mathrm{e}^{2x^2+\ln x}\mathrm{d}x$;

(5) $\int \frac{x^3}{\sqrt{1+x^2}}\mathrm{d}x$; (6) $\int \sin 2x\cos^6 x\mathrm{d}x$.

5. 求下列不定积分:

(1) $\int \frac{x^2}{\sqrt{4-x^2}}\mathrm{d}x$; (2) $\int \frac{1}{\sqrt{(1+x^2)^3}}\mathrm{d}x$.

6. 求下列不定积分:

(1) $\int \frac{x}{\sqrt[3]{1-3x}}\mathrm{d}x$; (2) $\int \frac{\sqrt{x}}{1+\sqrt[4]{x^3}}\mathrm{d}x$.

7. 求下列不定积分:

(1) $\int \ln\sqrt{x}\mathrm{d}x$; (2) $\int \frac{\sin x}{\mathrm{e}^x}\mathrm{d}x$;

(3) $\int x(1-\cos 2x)\mathrm{d}x$; (4) $\int \frac{x}{\sin^2 x}\mathrm{d}x$;

(5) $\int x\sin x\cos x\mathrm{d}x$; (6) $\int \frac{\ln\sin x}{\sin^2 x}\mathrm{d}x$.

8. 求下列不定积分：

(1) $\int \frac{x^3}{x+3}\mathrm{d}x$;　(2) $\int \frac{1}{\sin^2 x\cos x}\mathrm{d}x$;

(3) $\int \frac{1}{x^3+1}\mathrm{d}x$;　(4) $\int \frac{5x-1}{x^3-x^2+x-1}\mathrm{d}x$;

(5) $\int \frac{\mathrm{d}x}{3+\cos x}\mathrm{d}x$;　(6) $\int \frac{\mathrm{d}x}{1+\sin x}$.

9. 求下列不定积分：

(1) $\int \frac{x+x^3}{1+x^4}\mathrm{d}x$;　(2) $\int \ln(1-\sqrt{x})\mathrm{d}x$;

(3) $\int \frac{1}{x^2}(x\cos x-\sin x)\mathrm{d}x$;　(4) $\int x(1+x^2)\mathrm{e}^{x^2}\mathrm{d}x$;

(5) $\int \frac{x^2}{(1-x)^{100}}\mathrm{d}x$.

练习 5 参考答案与提示

1. (1) $F(u)+C$;　(2) $xf'(x)-f(x)+C$;

(3) $x-\arctan x+C$;　(4) $\frac{1}{2}\ln(1+\cos^2 x)-\frac{1}{2}\cos^2 x+C$;

(5) $2\sqrt{\mathrm{e}^x-1}+C$;　(6) $-\frac{1}{2}(x^2+1)\mathrm{e}^{-x^2}+C$;

(7) $x\cos x\ln x+(1+\sin x)-(1+\sin x)\ln x+C$;

(8) $\mathrm{e}^{-x}(x^2+x+1)+C$;　(9) $x-\cos x+C$;

(10) $-\frac{1}{3}(1-x^2)^{\frac{3}{2}}+C$.

2. (1) (C);　(2) (D);　(3) (C);　(4) (A);　(5) (A);

(6) (D);　(7) (B);　(8) (A);　(9) (C).

3. (1) $-\frac{1}{2(2x-3)}+C$;　(2) $-\frac{1}{2}\cos(2x+\frac{\pi}{3})+C$;

(3) $-\frac{1}{2(2x+1)}+C$;　(4) $\frac{1}{3}(x^2+1)^{\frac{3}{2}}+C$;

(5) $\mathrm{e}^{\arctan x}+C$;　(6) $\frac{1}{2}[\ln(\ln x)]^2+C$.

4. (1) $\frac{1}{2}\arctan\frac{\sin x}{2}+C$;　(2) $-\frac{1}{3}\frac{1}{x^3+1}+C$;

(3) $-\cot x+\frac{1}{\sin x}+C$;　(4) $\frac{1}{4}\mathrm{e}^{2x^2}+C$;

(5) $\frac{1}{3}(1+x^2)^{\frac{3}{2}}-\sqrt{1+x^2}+C$;　(6) $-\frac{1}{4}\cos^8 x+C$.

5. (1) $2\arcsin\frac{x}{2}-\frac{x}{2}\sqrt{4-x^2}+C$;

(2) $\frac{x}{\sqrt{1+x^2}}+C$;

6. (1) $\frac{1}{15}(1-3x)^{\frac{5}{3}}-\frac{1}{6}(1-3x)^{\frac{2}{3}}+C$;

(2) $\frac{4}{3}\left[x^{\frac{3}{4}}-\ln\left(1+x^{\frac{3}{4}}\right)\right]+C$;

7. (1) $\dfrac{1}{2}x(\ln x-1)+C$;

(2) $-\dfrac{e^{-x}}{2}(\sin x+\cos x)+C$;

(3) $\dfrac{x^2}{2}-\dfrac{1}{2}x\sin 2x-\dfrac{1}{4}\cos 2x+C$;

(4) $-x\cot x+\ln(\sin x)+C$;

(5) $-\dfrac{1}{4}x\cos 2x+\dfrac{1}{8}\sin 2x+C$;

(6) $-\cot x\ln(\sin x)-\cot x-x+C$.

8. (1) $\dfrac{x^3}{3}-\dfrac{3}{2}x^2+9x-27\ln|x+3|+C$;

(2) $-\dfrac{1}{\sin x}+\dfrac{1}{2}\ln\dfrac{1+\sin x}{1-\sin x}+C$;

(3) $\dfrac{1}{3}\ln\dfrac{x+1}{\sqrt{x^2-x+1}}+\dfrac{1}{\sqrt{3}}\arctan\dfrac{2x-1}{\sqrt{3}}+C$;

(4) $\ln\dfrac{(x-1)^2}{x^2+1}+3\arctan x+C$;

(5) $\dfrac{1}{\sqrt{2}}\arctan\dfrac{\tan\frac{x}{2}}{\sqrt{2}}+C$;

(6) $\tan x-\dfrac{1}{\cos x}+C\left(\text{或}\ -\dfrac{2}{1+\tan\frac{x}{2}}+C\right)$.

9. (1) $\dfrac{1}{2}\arctan x^2+\dfrac{1}{4}\ln(1+x^4)+C$;

(2) $(x-1)\ln(1-\sqrt{x})-\dfrac{x}{2}-\sqrt{x}+C$;

(3) $\dfrac{\sin x}{x}+C$;

(4) $\dfrac{1}{2}x^2e^{x^2}+C$;

(5) $\dfrac{1}{97(1-x)^{97}}-\dfrac{1}{49(1-x)^{98}}+\dfrac{1}{99(1-x)^{99}}+C$.

综合练习 5

1. 填空题

(1) 已知曲线 $y=f(x)$ 上任意点的切线的斜率为 ax^2-3x-6, 且 $x=-1$ 时, $y=\dfrac{11}{2}$ 是极大值, 则 $f(x)=$ ______________, $f(x)$ 的极小值是 ______________.

(2) 已知一个函数的导函数为 $f(x)=\dfrac{1}{\sqrt{1-x^2}}$, 且当 $x=1$ 时, 这个函数值等于 $\dfrac{3}{2}\pi$, 则这个函数为 $F(x)=$ ______________.

(3) 设 $f'(\sin^2 x)=\cos^2 x\ (|x|<1)$, 则 $f(x)=$ ______________.

(4) $\displaystyle\int\frac{\arctan e^x}{e^{2x}}dx=$ ______________.

(5) $\int \frac{\mathrm{d}x}{\sqrt{x(4-x)}} =$ ______.

(6) 设 $\int f'(\sqrt{x})\mathrm{d}x = x(\mathrm{e}^{\sqrt{x}}+1)+C$, 则 $f(x) =$ ______.

(7) $\int \frac{x+5}{x^2-6x+13}\mathrm{d}x =$ ______.

(8) $\int \frac{\mathrm{d}x}{(2-x)\sqrt{1-x}} =$ ______.

(9) 已知 $F(x)$ 是 $f(x)$ 的一个原函数，且 $f(x) = \frac{xF(x)}{1+x^2}$, 则 $f(x) =$ ______.

(10) 设 $\sin x^2$ 为 $f(x)$ 的一个原函数，则 $\int x^2 f(x)\mathrm{d}x =$ ______.

(11) 设 $f'(\ln x) = (x+1)\ln x$, 则 $f(x) =$ ______.

2. 选择题

(1) 若 $f(x)$ 的导函数是 $\sin x$, 则 $f(x)$ 有一个原函数为 (　　).

(A) $1+\sin x$　(B) $1-\cos x$　(C) $1+\cos x$　(D) $1-\sin x$

(2) 已知 $f'(\ln x) = x$, 其中 $1 < x < +\infty$ 及 $f(0) = 0$, 则 $f(x) =$ (　　).

(A) e^x　(B) $\mathrm{e}^x - 1,\ 1 < x < +\infty$

(C) $\mathrm{e}^x - 1,\ 0 < x < +\infty$　(D) $\mathrm{e}^x,\ 1 < x < +\infty$

(3) 已知 $\int f(x)\mathrm{d}x = F(x)+C$, 则 $\int f(b-ax)\mathrm{d}x =$ (　　).

(A) $F(b-ax)+C$　(B) $-\frac{1}{a}F(b-ax)+C$

(C) $aF(b-ax)+C$　(D) $\frac{1}{a}F(b-ax)+C$

(4) 已知曲线上任一点的二阶导数 $y'' = 6x$, 且在曲线上点 $(0,-2)$ 处的切线为 $2x-3y=6$, 则这条曲线的方程为 (　　).

(A) $y = x^3-2x-2$　(B) $3x^3+2x-3y-6=0$

(C) $y = x^3$　(D) 以上都不是

(5) 已知 $f(x)$ 的一个原函数为 $\sin x$, $g(x)$ 的一个原函数为 x^2, 则下列函数中 (　　) 是复合函数 $f[g(x)]$ 的原函数.

(A) $\frac{\sin 2x}{2}$　(B) $\cos^2 x$　(C) $\cos x^2$　(D) $\cos 2x$

(6) 已知 $f'(\cos x) = \sin x$, 则 $f(\cos x) =$ (　　).

(A) $-\cos x + C$　(B) $\cos x + C$

(C) $\frac{1}{2}(\sin x\cos x - x)+C$　(D) $\frac{1}{2}(x-\sin x\cos x)+C$

(7) 函数 $a^x\mathrm{e}^x$ 是 (　　) 的原函数.

(A) $\frac{a\mathrm{e}^x}{\ln a+1}$　(B) $\frac{a^x\mathrm{e}^x}{\ln a+1}$

(C) $(\ln a+1)a^x\mathrm{e}^x$　(D) $a^x\mathrm{e}^x\ln a$

(8) 不定积分 $\int x^x(1+\ln x)\mathrm{d}x=($　　$)$.

(A) $\dfrac{1}{x+1}x^{n+1}\ln x+C$　　(B) x^x+C

(C) $x\ln x+C$　　(D) $\dfrac{1}{2}x^x\ln x+C$

3. 计算下列不定积分:

(1) $\displaystyle\int\frac{x^5}{\sqrt[3]{1+x^3}}\mathrm{d}x$;　　(2) $\displaystyle\int x^3\sqrt[3]{1+x^2}\mathrm{d}x$;

(3) $\displaystyle\int\frac{\mathrm{e}^x}{\mathrm{e}^x+2+2\mathrm{e}^{-x}}\mathrm{d}x$;　　(4) $\displaystyle\int\frac{1}{\cos^4 x}\mathrm{d}x$;

(5) $\displaystyle\int\frac{2^x3^x}{9^x-4^x}\mathrm{d}x$;　　(6) $\displaystyle\int\frac{1+\ln x}{2+(x\ln x)^2}\mathrm{d}x$;

(7) $\displaystyle\int\frac{\sin x\mathrm{d}x}{\sin x-\cos x}$;　　(8) $\displaystyle\int\frac{x\mathrm{e}^{\arctan x}}{(1+x^2)^{\frac{3}{2}}}\mathrm{d}x$;

(9) $\displaystyle\int\frac{\mathrm{d}x}{\sqrt{2+\tan^2 x}},\ x\in\left(-\frac{\pi}{2},\frac{\pi}{2}\right)$;　　(10) $\displaystyle\int\frac{\arctan x}{x^2(1+x^2)}\mathrm{d}x$;

(11) $\displaystyle\int\frac{\mathrm{d}x}{(2x^2+1)\sqrt{x^2+1}}$;　　(12) $\displaystyle\int\frac{x+\sin x}{1+\cos x}\mathrm{d}x$;

(13) $\displaystyle\int\frac{x^5}{\sqrt{1-x^2}}\mathrm{d}x$;　　(14) $\displaystyle\int\mathrm{e}^{\sin x}\sin 2x\mathrm{d}x$

(15) $\displaystyle\int\frac{x\mathrm{e}^x}{\sqrt{\mathrm{e}^x-2}}\mathrm{d}x$;　　(16) $\displaystyle\int\frac{\mathrm{e}^x(1+\sin x)}{1+\cos x}\mathrm{d}x$.

4. 设 $f(x^2-1)=\ln\dfrac{x^2}{x^2-2}$ 且 $f(\varphi(x))=\ln x$, 求 $\displaystyle\int\varphi(x)\mathrm{d}x$.

5. 设 $F(x)$ 为 $f(x)$ 的原函数, 当 $x\geqslant 0$ 时, 有 $f(x)F(x)=\sin^2 2x$, 且 $F(0)=1$, $F(x)\geqslant 0$, 试求 $f(x)$.

6. 设 $f(x)=\begin{cases}\sin x, & x\geqslant 0,\\ \mathrm{e}^x-1, & x<0,\end{cases}$ 试求 $\displaystyle\int f(x-1)\mathrm{d}x$.

7. 设 $f(x)=\ln x$, 求 $\displaystyle\int\left(\mathrm{e}^{2x}+\frac{\mathrm{e}^x}{\cos^2 x}\right)f'(\mathrm{e}^x)\mathrm{d}x$.

8. 试证 $I_n=\displaystyle\int\frac{1}{\cos^n x}\mathrm{d}x\ (n=2,3,\cdots)$ 的递推公式为

$$I_n=\frac{\sin x}{(n-1)\cos^{n-1}x}+\frac{n-2}{n-1}I_{n-2}.$$

综合练习 5 参考答案与提示

1. (1) $x^3-\dfrac{3}{2}x^2-6x+2,\ -8$;

(2) $\arcsin x + \pi$;

(3) $x - \dfrac{1}{2}x^2 + C$;

(4) $-\dfrac{1}{2}(\mathrm{e}^{-2x}\arctan \mathrm{e}^x + \mathrm{e}^{-x} + \arctan \mathrm{e}^x) + C$;

(5) $2\arcsin \dfrac{\sqrt{x}}{2} + C$ $\left(\text{或 } \arcsin \dfrac{x-2}{2} + C\right)$;

(6) $\dfrac{\mathrm{e}^x}{2}(x-1) + \mathrm{e}^x + x + C$;

(7) $\dfrac{1}{2}\ln(x^2 - 6x + 13) + 4\arctan \dfrac{x-3}{2} + C$;

(8) $-2\arctan\sqrt{1-x} + C$;

(9) $\dfrac{Cx}{\sqrt{1+x^2}}$;

(10) $x^2\sin x^2 + \cos x^2 + C$;

(11) $\mathrm{e}^x(x-1) + \dfrac{x^2}{2} + C$.

2. (1) (A);　(2) (C);　(3) (B);　(4) (B);　(5) (A);　(6) (C);　(7) (C);　(8) (B).

3. (1) $\dfrac{1}{5}(1+x^3)^{\frac{5}{3}} - \dfrac{1}{2}(1+x^3)^{\frac{2}{3}} + C$;

(2) $\dfrac{3}{14}(1+x^2)^{\frac{7}{3}} - \dfrac{3}{8}(1+x^2)^{\frac{4}{3}} + C$;

(3) $\dfrac{1}{2}\ln(\mathrm{e}^{2x} + 2\mathrm{e}^x + 2) - \arctan(\mathrm{e}^x + 1) + C$;

(4) $\tan x + \dfrac{1}{3}\tan^3 x + C$;

(5) $\dfrac{1}{2(\ln 3 - \ln 2)}\ln\left|\dfrac{3^x - 2^x}{3^{x+2^x}}\right| + C$;

(6) $\dfrac{1}{\sqrt{2}}\arctan\left(\dfrac{x\ln x}{\sqrt{2}}\right) + C$;

(7) $\dfrac{1}{2}x + \dfrac{1}{2}\ln|\sin x - \cos x|$;

(8) $\dfrac{(x-1)\mathrm{e}^{\mathrm{e}^{\arctan x}}}{2\sqrt{1+x^2}} + C$;

(9) $\arcsin\left(\dfrac{\sin x}{\sqrt{2}}\right) + C$;

(10) $-\dfrac{1}{x}\arctan x - \dfrac{1}{2}(\arctan x)^2 + \dfrac{1}{2}\ln\dfrac{x^2}{1+x^2} + C$;

(11) $\arctan\left(\dfrac{x}{\sqrt{1+x^2}}\right) + C$;

(12) $-x\cot x + \dfrac{x}{\sin x} + C$;

(13) $-\sqrt{1-x^2} + \dfrac{2}{3}(1-x^2)^{\frac{3}{2}} - \dfrac{1}{5}(1-x^2)^{\frac{5}{2}} + C$;

(14) $2\sin x\mathrm{e}^{\sin x} - 2\mathrm{e}^{\sin x} + C$;

(15) $2x\sqrt{\mathrm{e}^x - 2} - 4\sqrt{\mathrm{e}^x - 2} + 4\sqrt{2}\arctan\sqrt{\dfrac{\mathrm{e}^x}{2} - 1} + C$;

(16) $\mathrm{e}^x \tan \dfrac{x}{2} + C$.

4. $2\ln(x-1) + x + C$.

5. $\dfrac{\sin^2 2x}{\sqrt{x - \dfrac{1}{4}\sin 4x + 1}}$.

6. $\begin{cases} -\cos(x-1) + C, & x \geqslant 1, \\ \mathrm{e}^{x-1} - x - 1 + C, & x < 1. \end{cases}$

7. $\mathrm{e}^x + \tan x + C$.

8. 略.

第 5 章自测题

第 6 章　定积分及其应用

6.1　定积分

一、主要内容

定积分，定积分的基本性质，定积分中值定理，积分上限函数及其导数，Newton-Leibniz 公式，定积分的换元积分法，定积分的分部积分法.

二、教学要求

1. 理解定积分的概念.
2. 掌握定积分的性质及积分中值定理.
3. 理解积分上限函数的概念，会求它的导数.
4. 熟练掌握定积分的基本公式 ——Newton-Leibniz 公式，并会运用定积分换元法及分部积分法结合定积分的性质来解决一般积分问题.

三、例题选讲

例 6.1　判断下列命题是否正确.

(1) 若 $f(x)$ 在 $[a,b]$ 上有界，则 $f(x)$ 在 $[a,b]$ 上可积.

(2) 若 $|f(x)|$ 在 $[a,b]$ 上可积，则 $f(x)$ 在 $[a,b]$ 上可积.

(3) 若 $f(x),g(x)$ 在 $[a,b]$ 上不可积，则 $f(x)+g(x)$ 在 $[a,b]$ 上不可积.

(4) 在定积分定义 $\int_a^b f(x)\mathrm{d}x=\lim\limits_{\lambda\to 0}\sum\limits_{i=1}^{n} f(\xi_i)\Delta x_i$ 中，可将“ $\lambda\to 0$ ”换成“ $n\to\infty$ ”.

分析　(1) 错误. 例如： Dirichlet 函数

$$D(x)=\begin{cases}0, & x\text{为无理数},\\ 1, & x\text{为有理数}.\end{cases}$$

在 $[0,1]$ 上有理数与无理数是处处稠密的，因此，对区间 $[0,1]$ 任意分割的每个小区间，都既存在有理数，也存在无理数，于是积分和

$$S=\sum_{i=1}^{n} D(\xi_i)\Delta x_i=\begin{cases}0, & \text{若每个小区间上的 } \xi_i \text{ 取无理数},\\ 1, & \text{若每个小区间上的 } \xi_i \text{ 取有理数},\end{cases}$$

所以，积分和 S 不存在极限，即 $D(x)$ 在 $[0,1]$ 上不可积.

显然 $D(x)$ 在 $[0,1]$ 上有界. 因此， $f(x)$ 在 $[a,b]$ 上有界，但 $f(x)$ 在 $[a,b]$ 上未必可积.

(2) 错误. 例如：

$$f(x)=\begin{cases}-1, & x\ \text{为无理数},\\ 1, & x\ \text{为有理数},\end{cases}\qquad x\in[0,1],$$

所以 $|f(x)|=1$, 从而 $|f(x)|$ 在 [0,1] 上可积，且

$$\int_0^1 |f(x)|\mathrm{d}x=1.$$

而由上题结论可知 $f(x)$ 在 $[a,b]$ 上不可积. 因此， $|f(x)|$ 在 $[a,b]$ 上可积， $f(x)$ 在 $[a,b]$ 上未必可积.

(3) 错误. 例如：

$$f(x)=1+\frac{1}{x},\quad g(x)=-\frac{1}{x},$$

它们在 $[-1,1]$ 上都不可积，但 $f(x)+g(x)=1$ 在 $[-1,1]$ 上可积，且

$$\int_{-1}^1[f(x)+g(x)]\mathrm{d}x=2,$$

因此， $f(x),g(x)$ 在 $[a,b]$ 上不可积， $f(x)+g(x)$ 在 $[a,b]$ 上未必不可积.

(4) 错误.

在定积分定义中， $\lambda=\max\{\Delta x_1,\Delta x_2,\cdots,\Delta x_n\}$, 当 $\lambda\to 0$ 时，能够保证每个小区间的长度 $\Delta x_1,\Delta x_2,\cdots,\Delta x_n$ 都趋于零, 这时, 显然小区间的个数 $n\to\infty$, 反之，对区间 $[a,b]$ 作任意分割时，小区间的个数 $n\to\infty$, 并不能保证每个小区间的长度都趋于零. 如对一个小区间 $[x_{i-1},x_i]$ 固定，而对其余 $n-1$ 个小区间无限分割，可以使小区间的个数 $n\to\infty$, 但不能使固定的小区间 $[x_{i-1},x_i]$ 的长度 $\Delta x_i\to 0$, 由此 $\lambda\nrightarrow 0$. 所以，不能将“ $\lambda\to 0$ ”换成“ $n\to\infty$ ”.

例 6.2 用定义计算积分 $\displaystyle\int_a^b \sin x\mathrm{d}x$.

解 将 $[a,b]$ n 等分，每个小区间的长度 $\Delta x_i=\dfrac{b-a}{n}=h$, 各分点的横坐标为 $x_i=a+ih$. 取 $\xi_i=x_i$ $(i=1,2,\cdots,n)$, 则积分和式

$$I_n=\sum_{i=1}^n f(\xi_i)\Delta x_i=\sum_{i=1}^n \sin(a+ih)\cdot h$$

$$
\begin{aligned}
&= \frac{h}{2\sin\dfrac{h}{2}} \sum_{i=1}^{n} \left[2\sin(a+ih)\sin\frac{h}{2} \right] \\
&= \frac{h}{2\sin\dfrac{h}{2}} \sum_{i=1}^{n} \left[\cos\left(a+\frac{h}{2}+(i-1)h\right) - \cos\left(a+\frac{h}{2}+ih\right) \right] \\
&= \frac{h}{2\sin\dfrac{h}{2}} \left[\cos\left(a+\frac{h}{2}\right) - \cos\left(a+\frac{h}{2}+nh\right) \right],
\end{aligned}
$$

且 $a+nh=a+(b-a)=b$, 所以

$$
\begin{aligned}
\int_a^b \sin x\mathrm{d}x = \lim_{h\to 0} I_n = \lim_{h\to 0} \frac{h}{2\sin\dfrac{h}{2}} \left[\cos\left(a+\frac{h}{2}\right) - \cos\left(b+\frac{h}{2}\right) \right] \\
= \cos a - \cos b.
\end{aligned}
$$

例 6.3　利用定积分求下列和式的极限：

(1) $\lim\limits_{n\to\infty} \left(\dfrac{1}{n+1} + \dfrac{1}{n+2} + \cdots + \dfrac{1}{n+n} \right)$;

(2) $\lim\limits_{n\to\infty} \dfrac{1}{n} \left[\sin a + \sin\left(a+\dfrac{b}{n}\right) + \cdots + \sin\left(a+\dfrac{n-1}{n}b\right) \right]$.

分析　化极限问题为定积分计算常适用于无穷项和或积 (取对数后变为连加，如例 6.4) 形式的极限，化为定积分的关键是找出对应的被积函数与积分区间.

解

$$
\begin{aligned}
(1)\quad \text{原极限} &= \lim_{n\to\infty} \left[\frac{1}{1+\dfrac{1}{n}} + \frac{1}{1+\dfrac{2}{n}} + \cdots + \frac{1}{1+\dfrac{n}{n}} \right] \cdot \frac{1}{n} \\
&= \lim_{n\to\infty} \left[\sum_{i=1}^{n} \frac{1}{1+\dfrac{i}{n}} \cdot \frac{1}{n} \right] \\
&= \int_0^1 \frac{1}{1+x}\mathrm{d}x = \ln|1+x|\Big|_0^1 = \ln 2.
\end{aligned}
$$

注　此题相当于取区间为 $[0,1]$, 作 n 等分，分点为

$$
0,\ \frac{1}{n},\ \frac{2}{n}, \cdots,\ \frac{n-1}{n},\ 1,
$$

在每个小区间 $\left[\dfrac{i-1}{n}, \dfrac{i}{n}\right]$ 上取点 $\xi_i = \dfrac{i}{n}$ $(i=1,2,\cdots,n)$, 每个小区间长度均为 $\Delta x_i = \dfrac{1}{n}$, 被积函数为 $\dfrac{1}{1+x}$.

(2) $$原极限 = \lim_{n\to\infty}\frac{1}{b}\sum_{i=0}^{n-1}\frac{b}{n}\sin\left(a+\frac{i}{n}b\right)$$
$$=\frac{1}{b}\int_a^{a+b}\sin x\mathrm{d}x=\frac{1}{b}[\cos a-\cos(a+b)].$$

注 此题取积分区间为 $[a,a+b]$, 则被积函数为 $\sin x$, 也可取区间为 $[0,b]$, 则被积函数变为 $\sin(a+x)$, 即

$$原极限 = \frac{1}{b}\int_0^b \sin(a+x)\mathrm{d}x,$$

二者比较相当于使用了一次定积分换元.

从以上题目可知用定义计算定积分有时相当复杂、困难, 但反过来可以通过求定积分计算某些和式的极限.

例 6.4 设 $f(x)=\mathrm{e}^{\frac{1}{x+1}}$, 求 $\lim\limits_{n\to\infty}\sqrt[n]{f\left(\frac{1}{n}\right)f\left(\frac{2}{n}\right)\cdot\cdots\cdot f\left(\frac{n}{n}\right)}$.

解 令

$$y_n=\sqrt[n]{f\left(\frac{1}{n}\right)f\left(\frac{2}{n}\right)\cdot\cdots\cdot f\left(\frac{n}{n}\right)},$$

则

$$\ln y_n=\frac{1}{n}\sum_{i=1}^{n}\ln f\left(\frac{i}{n}\right),$$

因此,

$$\lim_{n\to\infty}\ln y_n=\lim_{n\to\infty}\frac{1}{n}\sum_{i=1}^{n}\ln f\left(\frac{i}{n}\right)$$
$$=\int_0^1 \ln f(x)\mathrm{d}x$$
$$=\int_0^1\frac{1}{x+1}\mathrm{d}x$$
$$=\ln 2.$$

所以 $\lim\limits_{n\to\infty}y_n=\lim\limits_{n\to\infty}\sqrt[n]{f\left(\frac{1}{n}\right)f\left(\frac{2}{n}\right)\cdot\cdots\cdot f\left(\frac{n}{n}\right)}=2$.

例 6.5 估计下列积分的值:

(1) $\displaystyle\int_{\frac{\pi}{4}}^{\frac{5}{4}\pi}(1+\sin^2 x)\mathrm{d}x$; (2) $\displaystyle\int_{\frac{\sqrt{3}}{3}}^{\sqrt{3}}x\arctan x\mathrm{d}x$; (3) $\displaystyle\int_0^2\mathrm{e}^{x^2-x}\mathrm{d}x$.

解 (1) 因为

$$1 \leqslant 1+\sin^2 x \leqslant 2, \quad x \in \left[\frac{\pi}{4}, \frac{5}{4}\pi\right],$$

所以

$$\pi \leqslant \int_{\frac{\pi}{4}}^{\frac{5}{4}\pi}(1+\sin^2 x)\mathrm{d}x \leqslant 2\pi.$$

(2) 因为 $x\arctan x$ 在 $\left[\frac{\sqrt{3}}{3}, \sqrt{3}\right]$ 上单调增加，所以

$$\frac{\sqrt{3}\pi}{18} \leqslant x\arctan x \leqslant \frac{\sqrt{3}\pi}{3}, \quad x \in \left[\frac{\sqrt{3}}{3}, \sqrt{3}\right],$$

所以

$$\frac{1}{9}\pi \leqslant \int_{\frac{\sqrt{3}}{3}}^{\sqrt{3}} x\arctan x\mathrm{d}x \leqslant \frac{2}{3}\pi.$$

(3) 令 $g(x)=\mathrm{e}^{x^2-x}$, 则 $g(x)$ 在 $[0,2]$ 上连续，由

$$g'(x)=\mathrm{e}^{x^2-x}(2x-1),$$

则 $g'\left(\frac{1}{2}\right)=0$, 而 $g(0)=1$, $g\left(\frac{1}{2}\right)=\mathrm{e}^{-\frac{1}{4}}$, $g(2)=\mathrm{e}^2$, 即在 $[0,2]$ 上 $g(x)$ 的最小值 $m=\mathrm{e}^{-\frac{1}{4}}$, 最大值 $M=\mathrm{e}^2$, 因此

$$\mathrm{e}^{-\frac{1}{4}}(2-0) \leqslant \int_0^2 \mathrm{e}^{x^2-x}\mathrm{d}x \leqslant \mathrm{e}^2(2-0),$$

即

$$2\mathrm{e}^{-\frac{1}{4}} \leqslant \int_0^2 \mathrm{e}^{x^2-x}\mathrm{d}x \leqslant 2\mathrm{e}^2.$$

例 6.6 设 $f(x)$ 在 $[a,b]$ 上连续， $g(x)$ 在 $[a,b]$ 上可积，且 $g(x)$ 在 $[a,b]$ 上不变号 (即 $g(x)>0$ 或 $g(x)<0$), 则在 $[a,b]$ 上至少存在一点 ξ, 使得

$$\int_a^b f(x)g(x)\mathrm{d}x = f(\xi)\int_a^b g(x)\mathrm{d}x.$$

分析 上式可写成 $f(\xi)=\dfrac{\int_a^b f(x)g(x)\mathrm{d}x}{\int_a^b g(x)\mathrm{d}x}$, 可考虑用介值定理证明.

证明 不妨设 $g(x)>0$, 则 $\int_a^b g(x)\mathrm{d}x>0$.

因为 $f(x)$ 在闭区间 $[a,b]$ 上连续，则在 $[a,b]$ 上 $f(x)$ 存在最大值 M, 最小值 m, 于是

$$m \leqslant f(x) \leqslant M, \quad x \in [a,b],$$

故 $mg(x) \leqslant f(x)g(x) \leqslant Mg(x)$, 两端在区间 $[a,b]$ 上积分，得

$$m\int_a^b g(x)\mathrm{d}x \leqslant \int_a^b f(x)g(x)\mathrm{d}x \leqslant M\int_a^b g(x)\mathrm{d}x,$$

即

$$m \leqslant \frac{\displaystyle\int_a^b f(x)g(x)\mathrm{d}x}{\displaystyle\int_a^b g(x)\mathrm{d}x} \leqslant M.$$

由介值定理，在区间 $[a,b]$ 上至少存在一点 ξ, 使

$$f(\xi) = \frac{\displaystyle\int_a^b f(x)g(x)\mathrm{d}x}{\displaystyle\int_a^b g(x)\mathrm{d}x},$$

从而

$$\int_a^b f(x)g(x)\mathrm{d}x = f(\xi)\int_a^b g(x)\mathrm{d}x, \quad \xi \in [a,b].$$

若 $g(x) < 0$ 时，同理可证. □

注　此结论也称为定积分第二中值定理，可直接使用.

例 6.7　计算下列导数：

(1) $\dfrac{\mathrm{d}}{\mathrm{d}x}\displaystyle\int_0^{x^2}\sqrt{1+t^2}\mathrm{d}t$;　　(2) $\dfrac{\mathrm{d}}{\mathrm{d}x}\displaystyle\int_{\sin x}^{\cos x}\cos(\pi t^2)\mathrm{d}t$;

(3) $\dfrac{\mathrm{d}}{\mathrm{d}x}\displaystyle\int_0^{\sin x}\mathrm{e}^{(tx)^2}\mathrm{d}t$;　　(4) $\dfrac{\mathrm{d}^2}{\mathrm{d}x^2}\displaystyle\int_0^x\left(\int_0^{y^2}\frac{\sin t}{1+t^2}\mathrm{d}t\right)\mathrm{d}y$.

解　(1) $\dfrac{\mathrm{d}}{\mathrm{d}x}\displaystyle\int_0^{x^2}\sqrt{1+t^2}\mathrm{d}t = 2x\sqrt{1+x^4}$.

(2)
$$\begin{aligned}\frac{\mathrm{d}}{\mathrm{d}x}\int_{\sin x}^{\cos x}\cos(\pi t^2)\mathrm{d}t &= \cos(\pi\cos^2 x)(-\sin x) - \cos(\pi\sin^2 x)\cos x \\ &= \cos(\pi - \pi\sin^2 x)(-\sin x) - \cos(\pi\sin^2 x)\cos x \\ &= (\sin x - \cos x)\cos(\pi\sin^2 x).\end{aligned}$$

(3) 由于被积函数中含有变量 x, 作变换令 $tx=u$, 则 $\mathrm{d}t=\dfrac{1}{x}\mathrm{d}u$. 当 $t=0$ 时, $u=0$; 当 $t=\sin x$ 时, $u=x\sin x$, 所以

$$\int_0^{\sin x}\mathrm{e}^{(tx)^2}\mathrm{d}t=\int_0^{x\sin x}\mathrm{e}^{u^2}\cdot\frac{1}{x}\mathrm{d}u=\frac{1}{x}\int_0^{x\sin x}\mathrm{e}^{u^2}\mathrm{d}u,$$

从而

$$\begin{aligned}\frac{\mathrm{d}}{\mathrm{d}x}\int_0^{\sin x}\mathrm{e}^{(tx)^2}\mathrm{d}x&=\frac{\mathrm{d}}{\mathrm{d}x}\left(\frac{1}{x}\int_0^{x\sin x}\mathrm{e}^{u^2}\mathrm{d}u\right)\\&=-\frac{1}{x^2}\int_0^{x\sin x}\mathrm{e}^{u^2}\mathrm{d}u+\frac{1}{x}\mathrm{e}^{(x\sin x)^2}(x\sin x)'\\&=-\frac{1}{x^2}\int_0^{x\sin x}\mathrm{e}^{u^2}\mathrm{d}u+\frac{\sin x+x\cos x}{x}\mathrm{e}^{(x\sin x)^2}.\end{aligned}$$

(4) $$\frac{\mathrm{d}}{\mathrm{d}x}\int_0^{x}\left(\int_0^{y^2}\frac{\sin t}{1+t^2}\mathrm{d}t\right)\mathrm{d}y=\int_0^{x^2}\frac{\sin t}{1+t^2}\mathrm{d}t,$$

$$\begin{aligned}\frac{\mathrm{d}^2}{\mathrm{d}x^2}\int_0^{x}\left(\int_0^{y^2}\frac{\sin t}{1+t^2}\mathrm{d}t\right)\mathrm{d}y&=\frac{\mathrm{d}}{\mathrm{d}x}\int_0^{x^2}\frac{\sin t}{1+t^2}\mathrm{d}t\\&=\frac{2x\sin x^2}{1+x^4}.\end{aligned}$$

例 6.8 求极限:

(1) $\displaystyle\lim_{x\to+\infty}\frac{\int_0^x(\arctan t)^2\mathrm{d}t}{\sqrt{x^2+1}}$;　　(2) $\displaystyle\lim_{x\to0}\frac{\left(\int_0^x\mathrm{e}^{t^2}\mathrm{d}t\right)^2}{\int_0^x t\mathrm{e}^{2t^2}\mathrm{d}t}$.

解 (1) 这是 $\dfrac{\infty}{\infty}$ 型的未定式，利用 L′Hospital 法则，有

$$\lim_{x\to+\infty}\frac{\int_0^x(\arctan t)^2\mathrm{d}t}{\sqrt{x^2+1}}=\lim_{x\to+\infty}\frac{(\arctan x)^2}{\dfrac{x}{\sqrt{x^2+1}}}=\frac{\pi^2}{4}.$$

(2) 这是 $\dfrac{0}{0}$ 型的未定式，利用 L′Hospital 法则，有

$$\begin{aligned}\lim_{x\to0}\frac{\left(\int_0^x\mathrm{e}^{t^2}\mathrm{d}t\right)^2}{\int_0^x t\mathrm{e}^{2t^2}\mathrm{d}t}&=\lim_{x\to0}\frac{2\mathrm{e}^{x^2}\cdot\int_0^x\mathrm{e}^{t^2}\mathrm{d}t}{x\mathrm{e}^{2x^2}}=\lim_{x\to0}\frac{2\int_0^x\mathrm{e}^{t^2}\mathrm{d}t}{x\mathrm{e}^{x^2}}\\&=\lim_{x\to0}\frac{2\mathrm{e}^{x^2}}{\mathrm{e}^{x^2}(1+2x^2)}=2.\end{aligned}$$

注　带变限积分的极限问题，常常使用 L'Hospital 法则来求解.

例 6.9　利用 Newton-Leibniz 公式计算下列积分：

(1) $\int_1^4 (1-\sqrt{x})^2 \frac{1}{\sqrt{x}} dx$;　　(2) $\int_1^2 \frac{1+x^3}{x^2+x^3} dx$;

(3) $\int_5^6 \frac{1}{2x+x^2} dx$;　　(4) $\int_0^2 (e^x - x) dx$;

(5) $\int_a^b |x| dx \quad (a<b)$;　　(6) $\int_a^b |2x-(a+b)| dx$.

解　(1) 原式 $=\int_1^4 \left(\sqrt{x}-2+\frac{1}{\sqrt{x}}\right) dx = \left(\frac{2}{3}x^{\frac{3}{2}}-2x+2\sqrt{x}\right)\Big|_1^4 = \frac{2}{3}$.

(2) 原式 $=\int_1^2 \left(1+\frac{1}{x^2}-\frac{1}{x}\right) dx = \left(x-\frac{1}{x}-\ln x\right)\Big|_1^2 = \frac{3}{2}-\ln 2$.

(3) 原式 $=\frac{1}{2}\int_5^6 \left(\frac{1}{x}-\frac{1}{x+2}\right) dx = \frac{1}{2}\ln\frac{x}{x+2}\Big|_5^6 = \frac{1}{2}\ln\frac{21}{20}$.

(4) 原式 $=\left(e^x-\frac{1}{2}x^2\right)\Big|_0^2 = e^2-3$.

(5) 若 $a<b<0$, 则 $\int_a^b |x| dx = -\int_a^b x dx = \frac{1}{2}(a^2-b^2)$;

若 $0<a<b$, 则 $\int_a^b |x| dx = \int_a^b x dx = \frac{1}{2}(b^2-a^2)$;

若 $a<0<b$, 则 $\int_a^b |x| dx = -\int_a^0 x dx + \int_0^b x dx = \frac{1}{2}(a^2+b^2)$.

(6) 由 $2x-(a+b)=0$, 得 $x_0=\frac{1}{2}(a+b)$, 由此得

$$\begin{aligned}
\text{原式} &= \int_a^{x_0} (a+b-2x) dx + \int_{x_0}^b (2x-a-b) dx \\
&= [(a+b)x-x^2]\Big|_a^{x_0} + [x^2-(a+b)x]\Big|_{x_0}^b \\
&= \frac{1}{2}(a-b)^2.
\end{aligned}$$

例 6.10　设 $f(x)=\begin{cases} 2x+\frac{3}{2}x^2, & -1\leqslant x<0, \\ \frac{xe^x}{(e^x+1)^2}, & 0\leqslant x\leqslant 1, \end{cases}$ 求函数 $F(x)=\int_{-1}^x f(t) dt$ 的表达式.

解　当 $-1\leqslant x<0$ 时,

$$F(x)=\int_{-1}^x \left(2t+\frac{3}{2}t^2\right) dt = \left(t^2+\frac{1}{2}t^3\right)\Big|_{-1}^x = \frac{1}{2}x^3+x^2-\frac{1}{2};$$

当 $0\leqslant x\leqslant 1$ 时,

$$F(x)=\int_{-1}^x f(t) dt = \int_{-1}^0 f(t) dt + \int_0^x f(t) dt$$

$$
\begin{aligned}
&= \left(t^2+\frac{1}{2}t^3\right)\Bigg|_{-1}^{0} + \int_0^x \frac{te^t}{(e^t+1)^2}dt \\
&= -\frac{1}{2} - \int_0^x t d\frac{1}{e^t+1} \\
&= -\frac{1}{2} - \frac{t}{e^t+1}\Bigg|_0^x + \int_0^x \frac{de^t}{e^t(e^t+1)} \\
&= -\frac{1}{2} - \frac{x}{e^x+1} + \ln\frac{e^t}{e^t+1}\Bigg|_0^x \\
&= -\frac{1}{2} - \frac{x}{e^x+1} + \ln\frac{e^x}{e^x+1} + \ln 2.
\end{aligned}
$$

所以

$$
F(x)=\begin{cases} \dfrac{1}{2}x^3+x^2-\dfrac{1}{2}, & -1 \leqslant x < 0, \\ \ln\dfrac{e^x}{e^x+1}-\dfrac{x}{e^x+1}+\ln 2-\dfrac{1}{2}, & 0 \leqslant x \leqslant 1. \end{cases}
$$

例 6.11　设 $f(x)$ 连续，且满足 $\int_0^x (x-t)f(t)dt = 1-\cos x$, 求 $f(x)$.

解　由

$$
1-\cos x = \int_0^x (x-t)f(t)dt = x\int_0^x f(t)dt - \int_0^x tf(t)dt,
$$

两边同时对 x 求导，有

$$
\sin x = xf(x) + \int_0^x f(t)dt - xf(x) = \int_0^x f(t)dt,
$$

再对 x 求导，得

$$
f(x) = \cos x.
$$

注　解此题关键在于清楚积分时 x 是常量，而求导时 x 是变量.

例 6.12　设 $f(x) = 3x - \sqrt{1-x^2}\int_0^1 f^2(x)dx$, 求 $f(x)$.

解　设 $\int_0^1 f^2(x)dx = a$, 则 $f(x) = 3x - a\sqrt{1-x^2}$, 于是

$$
f^2(x) = (3x - a\sqrt{1-x^2})^2,
$$

两端同时在 $[0,1]$ 上积分，得

$$
a = \int_0^1 (3x - a\sqrt{1-x^2})^2 dx = 3 - 2a + \frac{2}{3}a^2.
$$

由此解得 $a=\dfrac{2}{3}$ 或 $a=3$, 于是

$$f(x)=3x-\frac{3}{2}\sqrt{1-x^2} \quad 或 \quad f(x)=3x-3\sqrt{1-x^2}.$$

注 解此题关键要处理好 $\displaystyle\int_0^1 f^2(x)\mathrm{d}x$, 把它视为常数.

例 6.13 设 $f(x)$ 连续, $\varphi(x)=\displaystyle\int_0^1 f(xt)\mathrm{d}t$, 且 $\displaystyle\lim_{x\to0}\frac{f(x)}{x}=A$(常数), 求 $\varphi'(x)$ 并讨论 $\varphi'(x)$ 在 $x=0$ 处的连续性.

解 由题设知 $f(0)=0$, $\varphi(0)=0$, 令 $y=xt$, 由定积分换元法得

6-1 定积分换元公式

$$\varphi(x)=\frac{\displaystyle\int_0^x f(y)\mathrm{d}y}{x} \qquad (x\neq0),$$

于是

$$\varphi'(x)=\frac{xf(x)-\displaystyle\int_0^x f(y)\mathrm{d}y}{x^2} \qquad (x\neq0).$$

由导数定义有

$$\begin{aligned}\varphi'(0)&=\lim_{x\to0}\frac{\varphi(x)-\varphi(0)}{x}\\&=\lim_{x\to0}\frac{\displaystyle\int_0^x f(y)\mathrm{d}y}{x^2}\\&=\lim_{x\to0}\frac{f(x)}{2x}=\frac{A}{2}.\end{aligned}$$

于是

$$\begin{aligned}\lim_{x\to0}\varphi'(x)&=\lim_{x\to0}\frac{xf(x)-\displaystyle\int_0^x f(y)\mathrm{d}y}{x^2}\\&=\lim_{x\to0}\frac{f(x)}{x}-\lim_{x\to0}\frac{f(x)}{2x}\\&=\frac{A}{2}=\varphi'(0),\end{aligned}$$

故 $\varphi'(x)$ 在 $x=0$ 连续.

例 6.14 设 $f(x)=\displaystyle\int_1^x\frac{\ln t}{1+t}\mathrm{d}t$, $x>0$, 求 $f(x)+f\left(\dfrac{1}{x}\right)$.

解　令 $u=\dfrac{1}{t}$, 则

$$\int_1^{\frac{1}{x}}\frac{\ln t}{1+t}\mathrm{d}t=\int_1^x\frac{\ln u}{u(1+u)}\mathrm{d}u=\int_1^x\frac{\ln t}{t(1+t)}\mathrm{d}t,$$

所以

$$\begin{aligned}f(x)+f\left(\frac{1}{x}\right)&=\int_1^x\frac{\ln t}{1+t}\mathrm{d}t+\int_1^{\frac{1}{x}}\frac{\ln t}{1+t}\mathrm{d}t\\&=\int_1^x\frac{t\ln t+\ln t}{t(1+t)}\mathrm{d}t\\&=\int_1^x\frac{\ln t}{t}\mathrm{d}t\\&=\frac{1}{2}[\ln^2 t]_1^x=\frac{1}{2}\ln^2 x.\end{aligned}$$

注　此题中既无法解出 $f(x)$, 也无法解出 $f\left(\dfrac{1}{x}\right)$, 但通过换元积分法, 即可以求得二者之和.

例 6.15

(1) 证明: $\displaystyle\int_1^a f\left(x^2+\frac{a^2}{x^2}\right)\frac{\mathrm{d}x}{x}=\int_1^a f\left(x+\frac{a^2}{x}\right)\frac{\mathrm{d}x}{x}\quad(a>1)$;

(2) 设 $f(x)$ 在 $[0,\pi]$ 有二阶连续导数, $f(0)=0$. 试证:

$$\int_0^\pi[f(x)+f''(x)]\sin x\mathrm{d}x=\int_0^\pi f'(x)\mathrm{d}x.$$

证明　(1) 等式两端被积函数形式相同, 但复合函数中间变量变了, 故用换元法.

$$\begin{aligned}\int_1^a f\left(x^2+\frac{a^2}{x^2}\right)\frac{\mathrm{d}x}{x}&\xlongequal{x=\sqrt{t}}\frac{1}{2}\int_1^{a^2}f\left(t+\frac{a^2}{t}\right)\frac{\mathrm{d}t}{t}\\&=\frac{1}{2}\int_1^a f\left(t+\frac{a^2}{t}\right)\frac{\mathrm{d}t}{t}+\frac{1}{2}\int_a^{a^2}f\left(t+\frac{a^2}{t}\right)\frac{\mathrm{d}t}{t}\\&\xlongequal{\text{def}}I_1+I_2,\end{aligned}$$

其中

$$\begin{aligned}I_2&\xlongequal{t=\frac{a^2}{u}}\frac{1}{2}\int_a^1 f\left(u+\frac{a^2}{u}\right)\cdot\frac{u}{a^2}\cdot\frac{-a^2}{u^2}\mathrm{d}u\\&=\frac{1}{2}\int_1^a f\left(u+\frac{a^2}{u}\right)\frac{\mathrm{d}u}{u}=I_1.\end{aligned}$$

于是

$$左 = 2I_1 = \int_1^a f\left(t+\frac{a^2}{t}\right)\frac{\mathrm{d}t}{t} = \int_1^a f\left(x+\frac{a^2}{x}\right)\frac{\mathrm{d}x}{x}.$$

$$\begin{aligned}(2)\quad 左 &= \int_0^\pi f(x)\mathrm{d}(-\cos x) + \int_0^\pi \sin x \mathrm{d}f'(x)\\ &= -\cos x f(x)\Big|_0^\pi + \int_0^\pi f'(x)\cos x\mathrm{d}x + \sin x f'(x)\Big|_0^\pi - \int_0^\pi f'(x)\cos x\mathrm{d}x\\ &= f(\pi)+f(0) = f(\pi)-f(0)\\ &= \int_0^\pi f'(x)\mathrm{d}x = 右.\end{aligned}$$

故原命题得证. □

例 6.16 设 $f(x)$ 在 $[a,b]$ 上连续且单调增加，证明：

$$\int_a^b xf(x)\mathrm{d}x \geqslant \frac{a+b}{2}\int_a^b f(x)\mathrm{d}x.$$

分析 证明含定积分的不等式，常利用函数的单调性或定积分的不等式性质，前者需将不等式移项或适当变形后，作由变上限积分表示的辅助函数，通过其导数得到其单调性；后者利用被积函数所满足的不等式，两边积分可得证.

证明 方法 1(用单调性) 令

$$F(t) = \int_a^t xf(x)\mathrm{d}x - \frac{a+t}{2}\int_a^t f(x)\mathrm{d}x, \quad t\in[a,b],$$

则

$$\begin{aligned}F'(t) &= tf(t) - \frac{1}{2}\int_a^t f(x)\mathrm{d}x - \frac{a+t}{2}f(t)\\ &= \frac{t-a}{2}f(t) - \frac{1}{2}\int_a^t f(x)\mathrm{d}x\\ &= \frac{1}{2}\int_a^t [f(t)-f(x)]\mathrm{d}x.\end{aligned}$$

因 $f(x)$ 单调增加， $x\in[a,t]$, 故 $f(t)-f(x)\geqslant 0$. 由上式得 $F'(t)\geqslant 0$, 即 $F(t)$ 在 $[a,b]$ 上单调增加，从而 $F(b)\geqslant F(a)=0$, 不等式得证.

方法 2(用定积分的比较性质) 因 $f(x)$ 单调增加，故

$$\left(x-\frac{a+b}{2}\right)\left[f(x)-f\left(\frac{a+b}{2}\right)\right]\geqslant 0,$$

两端在 $[a,b]$ 上积分，得

$$\int_a^b \left(x-\frac{a+b}{2}\right)\left[f(x)-f\left(\frac{a+b}{2}\right)\right]\mathrm{d}x \geqslant 0.$$

由于

$$\int_a^b \left(x-\frac{a+b}{2}\right) f\left(\frac{a+b}{2}\right)\mathrm{d}x = f\left(\frac{a+b}{2}\right)\left(\frac{x^2}{2}-\frac{a+b}{2}x\right)\bigg|_a^b = 0,$$

故 $\displaystyle\int_a^b \left(x-\frac{a+b}{2}\right) f(x)\mathrm{d}x \geqslant 0$, 移项即得所证不等式. □

例 6.17　设 $f(x)$, $g(x)$ 在 $[a,b]$ 上连续，试证 Cauchy-Schwarz 不等式

$$\left(\int_a^b f(x)g(x)\mathrm{d}x\right)^2 \leqslant \left(\int_a^b f^2(x)\mathrm{d}x\right)\left(\int_a^b g^2(x)\mathrm{d}x\right).$$

证明　方法 1　设

$$F(t) = \left(\int_a^t f^2(x)\mathrm{d}x\right)\left(\int_a^t g^2(x)\mathrm{d}x\right) - \left(\int_a^t f(x)g(x)\mathrm{d}x\right)^2,$$

则

$$F'(t) = f^2(t)\int_a^t g^2(x)\mathrm{d}x + g^2(t)\int_a^t f^2(x)\mathrm{d}x - 2\left(\int_a^t f(x)g(x)\mathrm{d}x\right) f(t)g(t).$$

因为 $t \geqslant a$, $F'(t) \geqslant 0$, 所以 $F(t)$ 单调增加；又 $F(a)=0$, 因此 $F(t) \geqslant 0$, 将 $t=b$ 代入所设 $F(t)$ 中即得证.

方法 2　因为对于任意实数 λ, 总有

$$[\lambda f(x)+g(x)]^2 = \lambda^2 f^2(x) + 2\lambda f(x)g(x) + g^2(x) \geqslant 0,$$

即

$$\lambda^2\int_a^b f^2(x)\mathrm{d}x + 2\lambda\int_a^b f(x)g(x)\mathrm{d}x + \int_a^b g^2(x)\mathrm{d}x \geqslant 0.$$

上式左端即为关于 λ 的二次三项式函数，应满足 $B^2-4AC \leqslant 0$, 此处

$$B = 2\int_a^b f(x)g(x)\mathrm{d}x,\quad A = \int_a^b f^2(x)\mathrm{d}x,\quad C = \int_a^b g^2(x)\mathrm{d}x,$$

于是

$$B^2-4AC = \left(2\int_a^b f(x)g(x)\mathrm{d}x\right)^2 - 4\int_a^b f^2(x)\mathrm{d}x\int_a^b g^2(x)\mathrm{d}x \leqslant 0,$$

即不等式成立. □

例 6.18　设 $f(x)=\int_0^{x^2}\mathrm{e}^{-\frac{1}{4}t^2}\mathrm{d}t, x\in(-\infty,+\infty)$, 试判断 $f(x)$ 的奇偶性; 并求其增减区间、极值、凹凸区间.

解　$f(-x)=\int_0^{x^2}\mathrm{e}^{-\frac{1}{4}t^2}\mathrm{d}t=f(x)$, 故 $f(x)$为偶函数.

6-2 积分上限函数求导

$$f'(x)=2x\mathrm{e}^{-\frac{1}{4}x^4},$$

令 $f'(x)=0$, 得 $x=0$. 则递减区间为 $(-\infty,0]$, 递增区间为 $[0,+\infty)$, 再由

$$f''(x)=2\mathrm{e}^{-\frac{1}{4}x^4}-2x^4\mathrm{e}^{-\frac{1}{4}x^4},$$

令 $f''(x)=0$, 得 $x=1$ 或 $x=-1$. 当 $x>1$ 或 $x<-1$ 时, $f''(x)<0$, 故为上凸. 而当 $-1<x<1$ 时, $f''(x)>0$, 故为下凸.

例 6.19　设 $f(x)$ 在 [0,1] 连续, 在 (0,1) 内可导, 且满足

$$f(1)=k\int_0^{\frac{1}{k}}x\mathrm{e}^{1-x}f(x)\mathrm{d}x\quad(k>1),$$

证明: 至少存在一点 $\xi\in(0,1)$, 使得 $f'(\xi)=(1-\xi^{-1})f(\xi)$.

证明　由 $f(1)=k\int_0^{\frac{1}{k}}x\mathrm{e}^{1-x}f(x)\mathrm{d}x$ 及积分中值定理知, 至少存在一点 $\xi_1\in\left[0,\frac{1}{k}\right]\subset[0,1)$, 使得

$$f(1)=k\int_0^{\frac{1}{k}}x\mathrm{e}^{1-x}f(x)\mathrm{d}x=\xi_1\mathrm{e}^{1-\xi_1}f(\xi_1).$$

在 $[\xi_1,1]$ 上, 令 $\varphi(x)=x\mathrm{e}^{1-x}f(x)$, 则 $\varphi(x)$ 在 $[\xi_1,1]$ 上连续, 在 $(\xi_1,1)$ 内可导, 且 $\varphi(\xi_1)=f(1)=\varphi(1)$, 由 Rolle 定理知, 至少存在一点 $\xi\in(\xi_1,1)\subset(0,1)$, 使

$$\varphi'(\xi)=\mathrm{e}^{1-\xi}[f(\xi)-\xi f(\xi)+\xi f'(\xi)]=0,$$

即

$$f'(\xi)=(1-\xi^{-1})f(\xi).$$

□

例 6.20　用换元法计算下列积分:

(1) $\int_0^{\frac{\pi}{4}}\tan^3x\mathrm{d}x$;　　(2) $\int_{\sqrt{3}}^{\sqrt{8}}\frac{1}{\sqrt{1+x^2}}(x+\frac{1}{x})\mathrm{d}x$;

(3) $\int_1^{\mathrm{e}} \frac{x^2+\ln^2 x}{x}\mathrm{d}x$;　　(4) $\int_0^{\frac{\pi}{4}} \tan x \ln(\cos x)\mathrm{d}x$;

(5) $\int_4^{25} \frac{1}{1+\sqrt{x}}\mathrm{d}x$.

解　(1) 方法 1　令 $u=\sin x$, 则 $\mathrm{d}u=\cos x\mathrm{d}x$, 且当 $x=0$ 时， $u=0$; 当 $x=\frac{\pi}{4}$ 时， $u=\frac{\sqrt{2}}{2}$.

$$\begin{aligned}
原式 &= \int_0^{\frac{\sqrt{2}}{2}} \frac{u^3}{(1-u^2)^2}\mathrm{d}u \quad (令 v=1-u^2)\\
&= \frac{1}{2}\int_{\frac{1}{2}}^{1}\left(\frac{1}{v^2}-\frac{1}{v}\right)\mathrm{d}v\\
&= -\frac{1}{2}\left(\frac{1}{v}+\ln v\right)\Big|_{\frac{1}{2}}^{1}\\
&= \frac{1}{2}(1-\ln 2).
\end{aligned}$$

方法 2

$$\begin{aligned}
原式 &= \int_0^{\frac{\pi}{4}} \tan x(\sec x^2-1)\mathrm{d}x\\
&= \int_0^{\frac{\pi}{4}} \tan x\mathrm{d}\tan x-\int_0^{\frac{\pi}{4}}\tan x\mathrm{d}x\\
&= \left(\frac{1}{2}\tan^2 x+\ln\cos x\right)\Big|_0^{\frac{\pi}{4}}\\
&= \frac{1}{2}(1-\ln 2).
\end{aligned}$$

(2) 令 $u=\sqrt{1+x^2}$, 则 $\mathrm{d}u=\frac{x}{\sqrt{1+x^2}}\mathrm{d}x$, 且当 $x=\sqrt{3}$ 时， $u=2$; 当 $x=\sqrt{8}$ 时， $u=3$.

$$\begin{aligned}
原式 &= \int_2^3 \frac{u^2}{u^2-1}\mathrm{d}u\\
&= \int_2^3\left[1+\frac{1}{2}\left(\frac{1}{u-1}-\frac{1}{u+1}\right)\right]\mathrm{d}u\\
&= \left(u+\frac{1}{2}\ln\frac{u-1}{u+1}\right)\Big|_2^3\\
&= 1+\frac{1}{2}\ln\frac{3}{2}.
\end{aligned}$$

(3) 令 $u=\ln x$, 则 $x=\mathrm{e}^u$, $\mathrm{d}x=\mathrm{e}^u\mathrm{d}u$, 且当 $x=1$ 时, $u=0$; 当 $x=\mathrm{e}$ 时, $u=1$.

$$原式 =\int_0^1(u^2+\mathrm{e}^{2u})\mathrm{d}u=\left(\frac{1}{3}u^3+\frac{1}{2}\mathrm{e}^{2u}\right)\bigg|_0^1=\frac{1}{2}\left(\mathrm{e}^2-\frac{1}{6}\right).$$

(4) 令 $u=\ln\cos x$, 则 $\mathrm{d}u=-\tan x\mathrm{d}x$, 且当 $x=0$ 时, $u=0$; 当 $x=\dfrac{\pi}{4}$ 时, $u=-\dfrac{1}{2}\ln 2$.

$$原式 =-\int_0^{-\frac{1}{2}\ln 2}u\mathrm{d}u=\frac{1}{2}u^2\bigg|_{-\frac{1}{2}\ln 2}^{0}=-\frac{1}{8}(\ln 2)^2.$$

(5) 令 $u=1+\sqrt{x}$, 则 $x=(u-1)^2$, $\mathrm{d}x=2(u-1)\mathrm{d}u$, 且当 $x=4$ 时, $u=3$; 当 $x=25$ 时, $u=6$.

$$原式 =2\int_3^6\frac{u-1}{u}\mathrm{d}u=2(u-\ln u)\big|_3^6=2(3-\ln 2).$$

例 6.21 用分部积分法计算下列积分:

(1) $\displaystyle\int_0^1(x-1)3^x\mathrm{d}x$; (2) $\displaystyle\int_1^{\mathrm{e}^2}\frac{1}{\sqrt{x}}(\ln x)^2\mathrm{d}x$; (3) $\displaystyle\int_{-2}^2x^2\mathrm{e}^{-\frac{x}{2}}\mathrm{d}x$.

解

$$\begin{aligned}(1)\quad 原式&=\frac{1}{\ln 3}\int_0^1(x-1)\mathrm{d}3^x\\&=\frac{1}{\ln 3}\left[(x-1)3^x\big|_0^1-\int_0^1 3^x\mathrm{d}x\right]\\&=\frac{1}{\ln 3}\left(1-\frac{1}{\ln 3}3^x\bigg|_0^1\right)\\&=\frac{\ln 3-2}{(\ln 3)^2}.\end{aligned}$$

$$\begin{aligned}(2)\quad 原式&=2\int_1^{\mathrm{e}^2}(\ln x)^2\mathrm{d}\sqrt{x}\\&=2\left[\sqrt{x}(\ln x)^2\big|_1^{\mathrm{e}^2}\right]-\int_1^{\mathrm{e}^2}\frac{2}{\sqrt{x}}\ln x\mathrm{d}x\\&=8\mathrm{e}-8\int_1^{\mathrm{e}^2}\ln x\mathrm{d}\sqrt{x}\\&=8\mathrm{e}-8\left(\sqrt{x}\ln x\big|_1^{\mathrm{e}^2}-\int_1^{\mathrm{e}^2}\frac{1}{\sqrt{x}}\mathrm{d}x\right)\end{aligned}$$

$$= 8\mathrm{e} - 16\mathrm{e} + 16\sqrt{x}\Big|_1^{\mathrm{e}^2}$$
$$= 8(\mathrm{e} - 2).$$

(3) 令 $u = -\dfrac{x}{2}$, 则 $x = -2u, \mathrm{d}x = -2\mathrm{d}u$,

$$\begin{aligned}\text{原式} &= 8\int_{-1}^{1} u^2\mathrm{e}^u\mathrm{d}u \\ &= 8(u^2 - 2u + 2)\mathrm{e}^u\Big|_{-1}^{1} \\ &= 8(\mathrm{e} - 5\mathrm{e}^{-1}).\end{aligned}$$

例 6.22 设函数 $f(x)$ 在 $(-\infty, +\infty)$ 上连续，并满足条件 $\int_0^x f(x-u)\mathrm{e}^u\mathrm{d}u = \sin x, x \in (-\infty, +\infty)$, 求 $f(x)$.

解 令 $v = x - u$, 则有

$$\int_0^x f(x-u)\mathrm{e}^u\mathrm{d}u = -\int_x^0 f(v)\mathrm{e}^{x-v}\mathrm{d}v = \mathrm{e}^x\int_0^x f(v)\mathrm{e}^{-v}\mathrm{d}v = \sin x,$$

即有

$$\int_0^x f(v)\mathrm{e}^{-v}\mathrm{d}v = \mathrm{e}^{-x}\sin x.$$

对上式求导，得

$$f(x)\mathrm{e}^{-x} = (\mathrm{e}^{-x}\sin x)' = \mathrm{e}^{-x}(\cos x - \sin x),$$

所以

$$f(x) = \cos x - \sin x.$$

例 6.23 已知 $f(x)$ 为连续函数，且 $\int_0^{2x} xf(t)\mathrm{d}t + 2\int_x^0 tf(2t)\mathrm{d}t = 2x^3(x-1)$, 求 $f(x)$ 在 [0,2] 上的最大、最小值.

解 将等式 $\int_0^{2x} xf(t)\mathrm{d}t + 2\int_x^0 tf(2t)\mathrm{d}t = 2x^3(x-1)$ 两端对 x 求导，得到

$$\int_0^{2x} f(t)\mathrm{d}t + 2xf(2x) - 2xf(2x) = 6x^2(x-1) + 2x^3,$$

即

$$\int_0^{2x} f(t)\mathrm{d}t = 8x^3 - 6x^2.$$

两端再对 x 求导，得

$$f(2x) = 12x^2 - 6x,$$

即

$$f(x) = 3x^2 - 3x.$$

令 $f'(x) = 6x - 3 = 0$, 得驻点 $x = \frac{1}{2}$, 又因为

$$f(0) = 0, \quad f\left(\frac{1}{2}\right) = -\frac{3}{4}, \quad f(2) = 6,$$

于是 $f(x)$ 在 [0,2] 上的最大值为 $f(2) = 6$, 最小值为 $f\left(\frac{1}{2}\right) = -\frac{3}{4}$.

例 6.24 设函数 $f(x)$ 在 [0,1] 上连续，且 $f(x) < 1$, 证明：方程

$$2x - \int_0^x f(t)\mathrm{d}t = 1$$

在 $(0,1)$ 区间上只有一个实根.

证明 令 $F(x) = 2x - \int_0^x f(t)\mathrm{d}t - 1$, 则

$$F(0) = -1, \quad F(1) = 1 - \int_0^1 f(t)\mathrm{d}t,$$

根据已知条件 $f(x) < 1$, 所以有

$$\int_0^1 f(t)\mathrm{d}t < \int_0^1 \mathrm{d}t = 1, \quad 1 - \int_0^1 f(t)\mathrm{d}t > 0,$$

故有 $F(1) > 0$. 于是 $F(0)F(1) < 0$ 且 $F(x)$ 在 [0,1] 上是连续的，根据闭区间上连续函数的零点定理，至少存在一点 $\xi \in (0,1)$, 使得 $F(\xi) = 0$, 即有

$$2\xi - \int_0^\xi f(t)\mathrm{d}t = 1.$$

又因为 $F'(x) = 2 - f(x) > 0$, 所以 $F(x)$ 是 $[0,1]$ 上的单调增加函数，故其零点是唯一的. □

例 6.25 设 $f(x)$ 在 $(-\infty, +\infty)$ 上是正值连续函数，判别

$$F(x) = \int_{-a}^a |x - u| f(u)\mathrm{d}u, \quad -a \leqslant x \leqslant a \quad (a > 0)$$

的凸性.

解 当 $x \in [-a, a]$ 时,

$$F(x) = \int_{-a}^x (x - u)f(u)\mathrm{d}u + \int_x^a (u - x)f(u)\mathrm{d}u$$

$$= x\int_{-a}^{x} f(u)\mathrm{d}u - \int_{-a}^{x} uf(u)\mathrm{d}u + \int_{x}^{a} uf(u)\mathrm{d}u - x\int_{x}^{a} f(u)\mathrm{d}u,$$

$$\begin{aligned} F'(x) &= \int_{-a}^{x} f(u)\mathrm{d}u + xf(x) - xf(x) - xf(x) - \int_{x}^{a} f(u)\mathrm{d}u + xf(x) \\ &= \int_{-a}^{x} f(u)\mathrm{d}u - \int_{x}^{a} f(u)\mathrm{d}u, \end{aligned}$$

故

$$F''(x) = f(x) + f(x) = 2f(x) > 0.$$

所以， $F(x)$ 在 $[-a, a]$ 是下凸的.

例 6.26　某公路管理处在城市高速公路出口处，记录了几个时期内的平均车辆行驶速度，数据统计表明，在一个普通工作日中的下午 1:00 — 6:00, 此路口在 t 时刻的平均车辆行驶速度为 $S(t) = 2t^3 - 21t^2 + 60t + 40$(单位： km/h), 试计算下午 1:00 — 6:00 间的平均车辆行驶速度.

分析　此题目的是求函数 $S(t)$ 在区间 [1,6] 内的平均值.

解

$$\begin{aligned} \text{平均车辆行驶速度} &= \frac{1}{6-1}\int_{1}^{6} S(t)\mathrm{d}t \\ &= \frac{1}{6-1}\int_{1}^{6} (2t^3 - 21t^2 + 60t + 40)\mathrm{d}t \\ &= \frac{1}{5}\left(\frac{1}{2}t^4 - 7t^3 + 30t^2 + 40t\right)\Bigg|_{1}^{6} \\ &= 78.5. \end{aligned}$$

即此时间段的车辆平均行驶速度为 78.5(km/h).

小结

1. 定积分的定义

被积函数在有限区间上有界是定积分存在的必要条件, 定积分的值与积分区间 $[a, b]$ 的分法无关, 与 ξ_i 的取法无关, 定积分的值与被积函数和积分区间有关, 与积分变量的记号无关, 可以用定积分定义求极限.

2. 定积分的性质

利用定积分的比较定理、估值定理及 Cauchy-Schwarz 不等式可以证明一些积分不等式.

3. 积分上限函数

可讨论其导数、单调性及极值、凸性与拐点等问题.

4. 定积分的计算

定积分的计算方法及其类型与不定积分类似. 只需注意以下几点不同:

(1) 在利用定积分的换元积分法时, 由于定积分的目的是求积分值, 而不是求原函数, 因此, 对新的定积分求原函数后, 直接代入新的上、下限求值, 不必还原, 即换元必换限.

(2) 用分部积分法时, 公式中的每一项都要有上、下限.

(3) 在计算过程中注意定积分的奇偶对称性的运用.

四、疑难问题解答

1. 下列两个命题是否正确?

(1) 如果 $f(x)$ 在 $[a,b]$ 上有原函数, 那么 $f(x)$ 在 $[a,b]$ 上可积.

(2) 如果 $f(x)$ 在 $[a,b]$ 上可积, 那么 $f(x)$ 在 $[a,b]$ 上一定有原函数.

答 这两个命题均不正确.

(1) 在 $[a,b]$ 上有原函数的函数 $f(x)$ 未必是可积的. 例如:

$$F(x)=\begin{cases} x^2\sin\dfrac{1}{x^2}, & x\neq 0,\\ 0, & x=0.\end{cases}$$

在 $[-1,1]$ 上 $F(x)$ 处处有导数,

$$F'(x)=f(x)=\begin{cases} 2x\sin\dfrac{1}{x^2}-\dfrac{2}{x}\cos\dfrac{1}{x^2}, & x\neq 0,\\ 0, & x=0.\end{cases}$$

因此, $f(x)$ 在 $[-1,1]$ 上有原函数 $F(x)$, 但 $f(x)$ 在 $[-1,1]$ 上无界, 故 $f(x)$ 在 $[-1,1]$ 上不可积.

(2) 在 $[a,b]$ 上可积的函数不一定有原函数. 例如, 符号函数

$$\operatorname{sgn}x=\begin{cases} 1, & x>0,\\ 0, & x=0,\\ -1, & x<0.\end{cases}$$

$\operatorname{sgn}x$ 在 $[-1,1]$ 上可积, 但在区间 $[-1,1]$ 上不存在原函数.

2. Newton-Leibniz 公式适用的条件是什么?

答 $f(x)$ 在 $[a,b]$ 上连续, 且 $F^{'}(x)=f(x)$, 则

$$\int_a^b f(x)\mathrm{d}x=F(b)-F(a)=F(x)|_a^b,$$

上式称为 Newton-Leibniz 公式.

此公式是微积分学中的一个重要公式，它建立了连续函数的定积分与其原函数或不定积分之间的关系，架起了微分与积分之间的桥梁，它将连续函数定积分定义的复杂计算转化为求原函数的增量的简单计算.

(1) $f(x)$ 在 $[a,b]$ 上连续，可用 Newton-Leibniz 公式.

(2) $f(x)$ 在 $[a,b]$ 上除有限个第一类间断点外连续，且存在原函数， Newton-Leibniz 公式仍适用，但需以这些间断点为界，分积分区间为 n 个子区间，在每个小区间上采用该公式.

例 1 (1) $f(x)$ 在 $[a,c)$ 和 $(c,b]$ 上连续，$x=c$ 为第一类间断点，且 $F_1(x), F_2(x)$ 分别为 $f(x)$ 在 $[a,c)$ 和 $(c,b]$ 上的原函数，则

$$\int_a^b f(x)\mathrm{d}x = \int_a^c f(x)\mathrm{d}x + \int_c^b f(x)\mathrm{d}x.$$

而

$$\int_a^c f(x)\mathrm{d}x = F_1(c) - F_1(a), \quad \int_c^b f(x)\mathrm{d}x = F_2(b) - F_2(c),$$

其中 $F_1(c) = \lim\limits_{x\to c^-} F_1(x), F_2(c) = \lim\limits_{x\to c^+} F_2(x)$.

(2) $f(x)$ 在 $[a,b]$ 上连续， $x=b$ 为第一类间断点，又 $F(x)$ 为 $f(x)$ 在 $[a,b)$ 上的原函数，则

$$\int_a^b f(x)\mathrm{d}x = F(b) - F(a),$$

其中 $F(b) = \lim\limits_{x\to b^-} F(x)$.

(3) $f(x)$ 在 $(a,b]$ 上连续， $x=a$ 为第一类间断点，又 $F(x)$ 为 $f(x)$ 在 $(a,b]$ 上的原函数，则

$$\int_a^b f(x)\mathrm{d}x = F(b) - F(a),$$

其中 $F(a) = \lim\limits_{x\to a^+} F(x)$.

3. 定积分的换元法与不定积分的换元法有何共同点与差别？

答 共同点是明显的，一般来说，它们都是建立在寻找被积函数的原函数基础之上的积分方法. 不同点是，不定积分的换元法的主要目的是通过换元求出被积函数的原函数的一般表达式，而定积分的换元法的目的在于求出积分值，在换元的同时，要相应地变换积分上、下限，将原积分变换成一个积分值相等的新积分，所以积分经过变换后，不必再关心原被积函数的原函数是什么，也没有必要再关心变换函数是否存在反函数等问题. 此外，还有其他一些差别，比如，通过换元积分法知，如果 $f(x)$ 是在 $[-l,l]$ 上连续的奇函数，那么 $\int_{-l}^{l} f(x)\mathrm{d}x = 0$, 无需

寻找 $f(x)$ 的原函数，就能断定其积分值为零，了解这些有助于我们总结一些更巧妙的换元技巧.

例 2 计算 $I=\int_0^{\frac{\pi}{2}}\frac{\cos x\mathrm{d}x}{\sin x+\cos x}$.

解 令 $x=\frac{\pi}{2}-t$, 得

$$I=\int_0^{\frac{\pi}{2}}\frac{\sin t\mathrm{d}t}{\sin t+\cos t}=\int_0^{\frac{\pi}{2}}\frac{\sin x\mathrm{d}x}{\sin x+\cos x},$$

故

$$2I=\int_0^{\frac{\pi}{2}}\frac{\cos x\mathrm{d}x}{\sin x+\cos x}+\int_0^{\frac{\pi}{2}}\frac{\sin x\mathrm{d}x}{\sin x+\cos x}=\int_0^{\frac{\pi}{2}}\mathrm{d}x=\frac{\pi}{2}.$$

所以 $I=\frac{\pi}{4}$.

4. 连续奇函数的原函数一定是偶函数吗？偶函数的原函数一定是奇函数吗？

答 连续的奇函数的原函数一定都是偶函数.

证明如下：设 $f(x)$ 是连续的奇函数，则其原函数的一般表达式为

$$F(x)=\int_0^x f(t)\mathrm{d}t+C,$$

而

$$F(-x)=\int_0^{-x} f(t)\mathrm{d}t+C=\int_0^x -f(-u)\mathrm{d}u+C=\int_0^x f(u)\mathrm{d}u+C=F(x),$$

即 $f(x)$ 的原函数都是偶函数.

但连续的偶函数的原函数中，仅有一个是奇函数.

证明如下：设 $f(x)$ 是连续的偶函数，则其原函数的一般表达式为

$$F(x)=\int_0^x f(t)\mathrm{d}t+C,$$

故

$$F(-x)=\int_0^{-x} f(t)\mathrm{d}t+C=-\int_0^x f(u)\mathrm{d}u+C.$$

要使 $F(-x)=-F(x)$, 必须 $C=0$, 即在 $f(x)$ 的原函数中仅有原函数 $F(x)=\int_0^x f(t)\mathrm{d}t$ 是奇函数.

五、常见错误类型分析

1. 设 $f(x)$ 为连续函数，$\varphi(x)$ 具有连续导数，

$$\phi(x)=\int_a^{\varphi(x)} f(t)\mathrm{d}t,\quad \psi(x)=\int_a^x xf(t)\mathrm{d}t,\quad G(x)=\int_a^x f(x+t)\mathrm{d}t,$$

求：(1) $\phi'(x)$; (2) $\psi'(x)$; (3) $G'(x)$.

错误解法

(1) $\phi'(x)=\left(\int_a^{\varphi(x)} f(t)\mathrm{d}t\right)'=f(\varphi(x))$;

(2) $\psi'(x)=\left(\int_a^x xf(t)\mathrm{d}t\right)'=xf(x)$;

(3) $G'(x)=\left(\int_a^x f(x+t)\mathrm{d}t\right)'=f(2x)$.

错因分析

(1) 误将 $\phi(x)=\int_a^{\varphi(x)} f(t)\mathrm{d}t$ 中的 $\varphi(x)$ 视为自变量，$\varphi(x)$ 应为自变量的函数，$\phi(x)$ 应视为由 $\phi=\int_a^u f(t)\mathrm{d}t$, $u=\varphi(x)$ 复合而成的复合函数，应按复合函数求导法则对其求导.

(2) 误将被积函数 $xf(t)$ 中 x 视为常数，x 应为 $\psi(x)$ 中的自变量.

(3) 误将被积函数 $f(x+t)$ 中 x 视为常数，x 实际为 $G(x)$ 中的自变量，应将其从积分中分离出来.

正确解法

$$\begin{aligned}(1)\quad \phi'(x)&=\left(\int_a^{\varphi(x)} f(t)\mathrm{d}t\right)'=\left(\int_a^u f(t)\mathrm{d}t\right)'_{u=\varphi(x)}\cdot\varphi'(x)\\&=f(\varphi(x))\varphi'(x).\end{aligned}$$

$$\begin{aligned}(2)\quad \psi'(x)&=\left(\int_a^x xf(t)\mathrm{d}t\right)'=\left(x\int_a^x f(t)\mathrm{d}t\right)'\\&=\int_a^x f(t)\mathrm{d}t+xf(x).\end{aligned}$$

(3) 令 $x+t=u$, 则 $t=u-x$, $\mathrm{d}t=\mathrm{d}u$; 当 $t=a$ 时，$u=x+a$; 当 $t=x$ 时，$u=2x$, 于是

$$\begin{aligned}G'(x)&=\left(\int_a^x f(x+t)\mathrm{d}t\right)'=\left(\int_{x+a}^{2x} f(u)\mathrm{d}u\right)'\\&=2f(2x)-f(x+a).\end{aligned}$$

2. 证明：$\lim\limits_{n\to\infty}\int_0^1 \frac{x^n}{1+x}\mathrm{d}x=0$.

错误解法 利用积分中值定理，有

$$\int_0^1 \frac{x^n}{1+x}\mathrm{d}x=\frac{\xi^n}{1+\xi},$$

由于 $0<\xi<1$, 所以

$$\lim_{n\to\infty}\frac{\xi^n}{1+\xi}=0.$$

错因分析 利用积分中值定理，所得的 ξ 应写作 $0\leqslant\xi\leqslant 1$, 如果不能排除 $\xi=1$ 的情况，$\lim\limits_{n\to\infty}\frac{\xi^n}{1+\xi}=0$ 就不成立. 其次，积分中值定理只肯定 ξ 的存在，并未说明 ξ 在区间的何处. 一般地说，ξ 依赖于被积函数和积分区间，在本题中，当 n 不同时，被积函数也就不同，从而 ξ 在 [0,1] 的位置也随之不同. 因此应记之为 ξ_n, 即

$$\int_0^1 \frac{x^n}{1+x}\mathrm{d}x=\frac{(\xi_n)^n}{1+\xi_n}.$$

如果 $n\to\infty$ 时，$\xi_n\to 1$, 那么就不能肯定其极限为 0, 所以，上面的证明是错误的.

正确解法

证明 方法 1 由 $0<\frac{x^n}{1+x}<x^n$, 得

$$0<\int_0^1 \frac{x^n}{1+x}\mathrm{d}x<\int_0^1 x^n\mathrm{d}x=\frac{1}{n+1},$$

由夹逼定理知

$$\lim_{n\to\infty}\int_0^1 \frac{x^n}{1+x}\mathrm{d}x=0.$$

方法 2 利用推广的积分中值定理，得

$$\int_0^1 \frac{x^n}{1+x}\mathrm{d}x=\frac{1}{1+\xi_n}\int_0^1 x^n\mathrm{d}x=\frac{1}{(1+\xi_n)(n+1)}\quad(0\leqslant\xi_n\leqslant 1),$$

故

$$\lim_{n\to\infty}\int_0^1 \frac{x^n}{1+x}\mathrm{d}x=\lim_{n\to\infty}\frac{1}{(1+\xi_n)(1+n)}=0.$$

3. 求积分 $I=\int_0^1 \frac{\mathrm{d}x}{2x-\sqrt{1-x^2}}$.

错误解法 令 $x=\sin t$, 得

$$I=\int_0^{\frac{\pi}{2}} \frac{\cos t}{2\sin t-\cos t}\mathrm{d}t$$

$$=\frac{1}{5}\left[-\int_{0}^{\frac{\pi}{2}}\mathrm{d}t+2\int_{0}^{\frac{\pi}{2}}\frac{\mathrm{d}(2\sin t-\cos t)}{2\sin t-\cos t}\right]$$
$$=\frac{1}{5}\left(2\ln 2-\frac{\pi}{2}\right).$$

错因分析　若令被积函数的分母为零，可解得 $x=\frac{1}{\sqrt{5}}$，而 $0<\frac{1}{\sqrt{5}}<1$，$x=\frac{1}{\sqrt{5}}$ 是被积函数的无穷间断点，所以此题是广义积分，后续课程将给出正确解法.

4. 求积分 $\int_{0}^{\pi}\sqrt{1+\cos 2x}\mathrm{d}x$.

错误解法

$$\int_{0}^{\pi}\sqrt{1+\cos 2x}\mathrm{d}x=\int_{0}^{\pi}\sqrt{2\cos^2 x}\mathrm{d}x=\sqrt{2}\int_{0}^{\pi}\cos x\mathrm{d}x=\sqrt{2}\sin x\Big|_{0}^{\pi}=0.$$

错因分析　应有 $\sqrt{\cos^2 x}=|\cos x|=\begin{cases}\cos x, & 0\leqslant x<\frac{\pi}{2},\\ -\cos x, & \frac{\pi}{2}\leqslant x\leqslant\pi.\end{cases}$

正确解法

$$\begin{aligned}\int_{0}^{\pi}\sqrt{1+\cos 2x}\mathrm{d}x&=\int_{0}^{\pi}\sqrt{2\cos^2 x}\mathrm{d}x\\&=\sqrt{2}\int_{0}^{\frac{\pi}{2}}\cos x\mathrm{d}x-\sqrt{2}\int_{\frac{\pi}{2}}^{\pi}\cos x\mathrm{d}x\\&=\sqrt{2}\sin x\Big|_{0}^{\frac{\pi}{2}}-\sqrt{2}\sin x\Big|_{\frac{\pi}{2}}^{\pi}=2\sqrt{2}.\end{aligned}$$

5. 求积分 $\int_{0}^{3}x\sqrt{1+x}\mathrm{d}x$.

错误解法　令 $x=t^2-1$，则 $\mathrm{d}x=2t\mathrm{d}t$. 当 $x=0$ 时，$t=-1$；当 $x=3$ 时，$t=2$. 于是

$$\begin{aligned}\int_{0}^{3}x\sqrt{1+x}\mathrm{d}x&=2\int_{-1}^{2}(t^2-1)t^2\mathrm{d}t=2\int_{-1}^{2}(t^4-t^2)\mathrm{d}t\\&=2\left(\frac{1}{5}t^5-\frac{1}{3}t^3\right)\Big|_{-1}^{2}=\frac{36}{5}.\end{aligned}$$

错因分析　令 $x=t^2-1$，则 t 取值不是单值，从而不能用 Newton-Leibniz 公式.

正确解法　方法 1

$$\int_{0}^{3}x\sqrt{1+x}\mathrm{d}x=\int_{0}^{3}(x+1-1)\sqrt{x+1}\mathrm{d}x$$

$$= \int_0^3 \left[(x+1)^{\frac{3}{2}} - (x+1)^{\frac{1}{2}}\right] dx$$

$$= \left[\frac{2}{5}(x+1)^{\frac{5}{2}} - \frac{2}{3}(x+1)^{\frac{3}{2}}\right]\Bigg|_0^3 = \frac{116}{15}.$$

方法 2 令 $\sqrt{x+1} = t$, 则 $x = t^2 - 1, dx = 2tdt$; 当 $x = 0$ 时, $t = 1$; 当 $x = 3$ 时, $t = 2$, 于是

$$\int_0^3 x\sqrt{1+x}dx = 2\int_1^2 (t^2-1)t^2 dt = 2\left(\frac{1}{5}t^5 - \frac{1}{3}t^4\right)\Bigg|_1^2 = \frac{116}{15}.$$

练习 6.1

1. 填空题

(1) 设 $f(x) = \int_0^{1-\cos x} \sin t^2 dt, g(x) = \frac{x^5}{5} + \frac{x^6}{6}$, 则当 $x \to 0$ 时, $f(x)$ 是 $g(x)$ 的 ______________阶无穷小.

(2) 设 $f(x)$在$(-\infty, +\infty)$ 上有一阶导数, $F(x) = \int_0^{\frac{1}{x}} xf(t)dt \quad (x \neq 0)$, 则 $F''(x) =$ ______________.

(3) $\int_1^2 \frac{e^{\frac{1}{x}}}{x^2} dx =$ ______________.

(4) $\int_e^3 f(x)dx + \int_3^e f(x)dx =$ ______________.

(5) 设 $f(x) = \begin{cases} 2^x + 1, & -1 \leqslant x < 0, \\ \sqrt{1-x}, & 0 \leqslant x \leqslant 1, \end{cases}$ 则 $\int_{-1}^1 f(x)dx =$ ______________.

(6) $\int_{-1}^2 x\sqrt{|x|}dx =$______________.

(7) $\int_{-\frac{\pi}{2}}^{\frac{\pi}{2}} (\sin x + \cos x)dx =$______________.

(8) 设 $f(x)$ 连续, $\int_0^1 f(x)dx = 2$, 且 $f(x) + \int_0^1 f(x)dx = 1 + kx$, 则 $k =$ ______________.

(9) $\int_0^{\frac{\pi}{2}} |\sin x - \cos x|dx =$ ______________.

(10) 设 $f(x)$ 连续, 则 $\frac{d}{dx}\int_1^2 f(x+t)dt =$ ______________.

(11) 若 $f(x) = \frac{1}{1+x^2} + \sqrt{1-x^2}\int_0^1 f(x)dx$, 则 $\int_0^1 f(x)dx =$ ___________.

(12) 设 $f(x)$ 有一个原函数为 $\frac{\sin x}{x}$, 则 $\int_{\frac{\pi}{2}}^{\pi} xf'(x)dx =$ ______________.

2. 选择题

(1) 设 $f(x)$ 为连续函数，且 $F(x)=\int_{\frac{1}{x}}^{\ln x} f(x)\mathrm{d}x$, 则 $F'(x)$ 等于 (　　).

(A) $\frac{1}{x}f(\ln x)+\frac{1}{x^2}f\left(\frac{1}{x}\right)$　　(B) $f(\ln x)+f\left(\frac{1}{x}\right)$

(C) $\frac{1}{x}f(\ln x)-\frac{1}{x^2}f\left(\frac{1}{x}\right)$　　(D) $f(\ln x)-f\left(\frac{1}{x}\right)$

(2) 设 $f(x)$ 连续，则 $\frac{\mathrm{d}}{\mathrm{d}x}\int_0^x tf(x^2-t^2)\mathrm{d}t=$ (　　).

(A) $\frac{1}{2}f(x^2)$　(B) $xf(x^2)$　(C) $2xf(x^2)$　(D) $-2xf(x^2)$

(3) 设 $f(x)$ 有连续的一阶导数，$f(0)=0, f'(0)=1, F(x)=\int_0^x (x^2-t^2)f(t)\mathrm{d}t$, 且当 $x\to 0$ 时，$F'(x)$ 与 x^k 为同阶无穷小，则 k 等于 (　　).

(A) 1　(B) 2　(C) 3　(D) 4

(4) 设 $F(x)=\int_0^x \frac{\mathrm{d}u}{1+u^2}+\int_0^{\frac{1}{x}} \frac{\mathrm{d}u}{1+u^2}\quad (x>0)$, 则 (　　).

(A) $F(x)\equiv 0$　　(B) $F(x)\equiv \frac{\pi}{2}$

(C) $F(x)=\arctan x$　　(D) $F(x)=2\arctan x$

(5) 设 $g(x)=\int_0^x f(u)\mathrm{d}u$, 其中 $f(x)=\begin{cases}\frac{1}{2}(x^2+1), & 0\leqslant x<1,\\ \frac{1}{3}(x-1), & 1\leqslant x\leqslant 2,\end{cases}$ 则 $g(x)$ 在区间 (0,2) 内 (　　).

(A) 无界　(B) 递减　(C) 不连续　(D) 连续

(6) 设 $F(x)=\frac{x^2}{x-a}\int_a^x f(t)\mathrm{d}t$, 其中 $f(x)$ 为连续函数，则 $\lim\limits_{x\to a}F(x)$ 等于 (　　).

(A) a^2　(B) $a^2f(a)$　(C) 0　(D) 不存在

3. 计算下列极限：

(1) $\lim\limits_{x\to 0}\frac{x^2-\int_0^{x^2}\cos t^2\mathrm{d}t}{\sin^{10}x}$;

(2) $\lim\limits_{x\to\infty}\frac{\mathrm{e}^{-x^2}}{x}\int_0^x t^2\mathrm{e}^{t^2}\mathrm{d}t$;

(3) $\lim\limits_{n\to\infty}\left(\frac{1}{\sqrt{n^2}}+\frac{1}{\sqrt{n(n+1)}}+\cdots+\frac{1}{\sqrt{n(2n-1)}}\right)$;

(4) $\lim\limits_{n\to\infty}\frac{\sin\frac{\pi}{n}}{n+1}+\frac{\sin\frac{2\pi}{n}}{n+\frac{1}{2}}+\cdots+\frac{\sin\pi}{n+\frac{1}{n}}$.

4. 试证明 $\frac{\pi}{2}\mathrm{e}^{-1}\leqslant\int_0^{\frac{\pi}{2}}\mathrm{e}^{-\sin x}\mathrm{d}x\leqslant\frac{\pi}{2}$.

5. a, b, c 取何实数值才能使

$$\lim_{x\to 0}\frac{1}{\sin x-ax}\int_b^x\frac{t^2}{\sqrt{1+t^2}}\mathrm{d}t=c$$

成立.

6. 求函数 $f(x)=\int_{\mathrm{e}}^x t\ln t\mathrm{d}t$ 在区间 $[\mathrm{e},\mathrm{e}^2]$ 上的最大值.

7. 求由方程 $\int_0^y\frac{\sin t}{t}\mathrm{d}t+\int_x^0\mathrm{e}^{-t^2}\mathrm{d}t=0$ 所确定的隐函数 y 对 x 的导数 $\frac{\mathrm{d}y}{\mathrm{d}x}$.

8. 求 $g(x)=\int_0^x f(t)\mathrm{d}t$ 的表达式，其中 $f(x)=\begin{cases}t, & 0\leqslant t\leqslant 1,\\ t^2, & 1<t\leqslant 2.\end{cases}$

9. 求 $f(x)=\int_0^x \mathrm{e}^t(t^2-1)\mathrm{d}t$ 的增减区间和极值点.

10. 设 $f(x)$ 连续且 $f(0)=0$,$F(x)=\begin{cases}\frac{1}{x^2}\int_0^x tf(t)\mathrm{d}t, & x\neq 0,\\ a, & x=0.\end{cases}$ 试确定常数 a, 使 $F(x)$ 在 $x=0$ 处连续.

11. 设 $f(x)$ 连续，并且 $\int_0^{x^2}f(t)\mathrm{d}t=x^2(1+x)$, 求 $f(2)$.

12. 若 $f(x)=\int_1^{x^2}\frac{\sin t}{t}\mathrm{d}t$, 求 $\int_0^1 xf(x)\mathrm{d}x$.

13. 求下列定积分：

(1) $\int_{-\frac{\sqrt{2}}{2}}^{\frac{\sqrt{2}}{2}}\frac{\arcsin^2 x}{\sqrt{1-x^2}}\mathrm{d}x$;　　(2) $\int_{\frac{\pi}{4}}^{\frac{5}{4}\pi}|\sin x|\mathrm{d}x$;

(3) $\int_0^2\max\{x,x^3\}\mathrm{d}x$;　　(4) $\int_0^\pi\sqrt{\frac{1+\cos 2x}{2}}\mathrm{d}x$.

14. 求下列定积分：

(1) $\int_0^{\ln 2}\sqrt{\mathrm{e}^x-1}\mathrm{d}x$;　　(2) $\int_0^{2\pi}x\frac{1+\cos 2x}{2}\mathrm{d}x$.

15. 已知 $f(x)=\int_1^{\sqrt{x}}\mathrm{e}^{-t^2}\mathrm{d}t$, 求定积分 $\int_0^1\frac{f(x)}{\sqrt{x}}\mathrm{d}x$.

16. 设 $f(x)$ 连续，证明：$\int_a^b f(x)\mathrm{d}x=\int_a^b f(a+b-x)\mathrm{d}x$.

17. 证明：$\int_0^a x^3f(x^2)\mathrm{d}x=\frac{1}{2}\int_0^{a^2}xf(x)\mathrm{d}x$.

18. 求下列定积分：

(1) $\int_1^2\mathrm{e}^{\sqrt{x-1}}\mathrm{d}x$;　　(2) $\int_1^{\mathrm{e}}\ln^3 x\mathrm{d}x$;

(3) $\int_{-1}^1\frac{\mathrm{e}^x-\mathrm{e}^{-x}}{1+x^2}\mathrm{d}x$;　　(4) $\int_{\frac{1}{\mathrm{e}}}^{\mathrm{e}}|\ln x|\mathrm{d}x$.

19. 设 $f(x)=\begin{cases}\sqrt{1+x}, & -1\leqslant x\leqslant 0,\\ \mathrm{e}^{\sqrt{x}}, & 0<x<+\infty,\end{cases}$ 求 $F(x)=\int_{-1}^{x}f(x)\mathrm{d}x\ (-1\leqslant x<+\infty)$.

20. 设 $f(x)$ 连续函数，且满足 $f(x)=x^2-x\int_0^2 f(x)\mathrm{d}x+2\int_0^1 f(x)\mathrm{d}x$, 求 $f(x)$.

练习 6.1 参考答案与提示

1. (1) 高阶；　(2) $\frac{1}{x^3}f'\left(\frac{1}{x}\right)$;　(3) $-\mathrm{e}^{\frac{1}{2}}+\mathrm{e}$;　(4) 0;

(5) $\frac{1}{2\ln 2}+\frac{5}{3}$;　(6) $\frac{2}{5}(4\sqrt{2}-1)$;　(7) 2;　(8) 6;　(9) $2(\sqrt{2}-1)$;

(10) $f(2+x)-f(1+x)$;　(11) $\frac{\pi}{4-\pi}$;　(12) $\frac{4}{\pi}-1$.

2. (1) (A);　(2) (B);　(3) (C);　(4) (B);　(5) (D);　(6) (B).

3. (1) $\frac{1}{10}$;　(2) $\frac{1}{2}$;　(3) $2(\sqrt{2}-1)$;

(4) 提示：

$$\frac{1}{n+1}\sum_{i=1}^{n}\sin\frac{i}{n}\pi<\text{原式}<\frac{1}{n}\sum_{i=1}^{n}\sin\frac{i}{n}\pi,$$

而 $\lim\limits_{n\to\infty}\frac{1}{n+1}\sum\limits_{i=1}^{n}\sin\frac{i}{n}\pi=\lim\limits_{n\to\infty}\frac{n}{n+1}\cdot\lim\limits_{n\to\infty}\frac{1}{n}\sum\limits_{i=1}^{n}\sin\frac{i}{n}\pi=\frac{2}{\pi}$.

4. 略.

5. $a=1,b=0,c=-2$ 或 $a\neq 1,\ b=0,c=0$.

6. 最大值 $f(\mathrm{e}^2)=\frac{1}{4}(3\mathrm{e}^4-\mathrm{e}^2)$.

7. $\frac{\mathrm{d}y}{\mathrm{d}x}=\frac{y}{\mathrm{e}^2\sin y}$.

8. $g(x)=\begin{cases}\frac{x^2}{2}, & x\in[0,1],\\ \frac{1}{6}+\frac{x^3}{3}, & x\in(1,2].\end{cases}$

9. 单调增加区间为 $(-\infty,-1)$ 及 $(1,+\infty)$，单调减少区间为 $(-1,1)$, $x=-1$ 为极大值点， $x=1$ 为极小值点.

10. $a=0$ (提示 $\lim\limits_{x\to 0}F(x)=0$).

11. $f(2)=1+\frac{3\sqrt{2}}{2}$ $\left(\text{提示：两边对 } x \text{ 求导，得 } f(x^2)=1+\frac{3x}{2}\right)$.

12. $\int_0^1 xf(x)\mathrm{d}x=\frac{1}{2}(\cos 1-1)$.

13. (1) $\frac{\pi^3}{96}$;　(2) 2;　(3) $\frac{17}{4}$;　(4) 2.

14. (1) $2-\dfrac{\pi}{2}$;　　(2) π^2.

15. $e^{-1}-1$.

16.～17. 略.

18. (1) 2;　　(2) $6-2e$;　　(3) 0;　　(4) $2\left(1-\dfrac{1}{e}\right)$.

19. $F(x)=\begin{cases}\dfrac{2}{3}(1+x)^{\frac{3}{2}}, & -1\leqslant x\leqslant 0,\\ \dfrac{8}{3}+2(\sqrt{x}-1)e^{\sqrt{x}}, & 0<x<+\infty.\end{cases}$

20. $f(x)=x^2-\dfrac{4}{3}x+\dfrac{2}{3}$ $\Big($提示：设 $\int_0^2 f(x)dx=a, \int_0^1 f(x)dx=b$，则 $f(x)=x^2-ax+2b$, 两边分别在 $[0,1],[0,2]$ 上积分，得出关于 a,b 的方程组，求出 $a,b\Big)$.

6.2　广义积分及定积分应用

就定积分的概念形成而言，它的“无限细分 ”与“无限积累 ”的过程表示了微分分析过程，所以在定积分应用中讨论的 “微元法 ” 思路是解决应用问题相当重要的一个步骤. 所求量的微元来自不变情形下的乘积公式. 在变化情况下，在区间 $[a,b]$ 上任取小区间 $[x,x+\Delta x]$, 求出 $\Delta F=F(x+\Delta x)-F(x)$ 的近似值 $\Delta F\approx f(x)\Delta x$, 这就是以 “不变代变 ” 的乘积公式，其中 $f(x)$ 是在 $[a,b]$ 上的非均匀量. 再令 $\Delta x\to 0$, 则得到所求量的微元 $dF=f(x)dx$; 对 dF 在 $[a,b]$ 进行无限积累，即得

$$F(b)-F(a)=\int_a^b dF(x)=\int_a^b f(x)dx.$$

在处理几何应用问题时应首先选择适当的坐标系，并作出几何图形，以增加对实际问题的直观想象力，从而有助于对问题的分析. 对经济应用问题应注意边际函数的确定，从而正确求出总函数. 广义积分是在积分区间和被积函数连续性两方面推广后得到的积分.

一、主要内容

无穷积分及无界函数的积分，微元法，平面图形的面积，体积，平面曲线的弧长，定积分在经济学中的应用.

二、教学要求

1. 理解两类广义积分的概念，能用广义积分收敛的定义讨论某些广义积分的敛散性及计算一些简单的广义积分.

2. 深刻理解微元法，能用微元法计算面积、体积、弧长，并能解决经济学中常见的问题.

三、例题选讲

例 6.27　判断下列广义积分的敛散性，若收敛则求其值.

(1) $\int_1^{+\infty}\frac{\arctan x}{x^2}\mathrm{d}x$;　(2) $\int_2^{+\infty}\frac{1}{x(\ln x)^k}\mathrm{d}x$;

(3) $\int_0^{+\infty}\mathrm{e}^{ax}\mathrm{d}x$;　(4) $\int_0^{+\infty}(1+x)^{\alpha}\mathrm{d}x$.

解

(1)
$$\begin{aligned}\int_1^{+\infty}\frac{\arctan x}{x^2}\mathrm{d}x&=-\int_1^{+\infty}\arctan x\mathrm{d}\frac{1}{x}\\&=-\lim_{b\to+\infty}\left[\frac{1}{x}\arctan x\Big|_1^b-\int_1^b\frac{1}{x}\cdot\frac{1}{1+x^2}\mathrm{d}x\right]\\&=\frac{\pi}{4}+\lim_{b\to+\infty}\int_1^b\frac{1+x^2-x^2}{x(1+x^2)}\mathrm{d}x\\&=\frac{\pi}{4}+\frac{1}{2}\ln 2.\end{aligned}$$

因此该广义积分收敛，且收敛于 $\frac{\pi}{4}+\frac{1}{2}\ln 2$.

(2) $\int_2^{+\infty}\frac{1}{x(\ln x)^k}\mathrm{d}x=\int_2^{+\infty}\frac{1}{(\ln x)^k}\mathrm{d}\ln x$.

当 $k=1$ 时，原积分 $=\lim\limits_{b\to+\infty}\ln(\ln x)|_2^b=+\infty$, 即原积分发散.

当 $k\neq 1$ 时,

$$\begin{aligned}\text{原积分}&=\lim_{b\to+\infty}\frac{(\ln x)^{1-k}}{1-k}\Big|_2^b\\&=\begin{cases}+\infty, & k<1,\\ \dfrac{(\ln 2)^{1-k}}{k-1}, & k>1.\end{cases}\end{aligned}$$

因此当 $k\leqslant 1$ 时，原积分发散；当 $k>1$ 时，原积分收敛于 $\frac{(\ln 2)^{1-k}}{k-1}$.

(3)
$$\begin{aligned}\int_0^{+\infty}\mathrm{e}^{ax}\mathrm{d}x&=\lim_{b\to+\infty}\int_0^b\mathrm{e}^{ax}\mathrm{d}x\\&=\lim_{b\to+\infty}\begin{cases}\dfrac{1}{a}(\mathrm{e}^{ab}-1), & a\neq 0\\ b, & a=0\end{cases}\end{aligned}$$

$$= \begin{cases} -\dfrac{1}{a}, & a < 0, \\ +\infty, & a \geqslant 0. \end{cases}$$

因此当 $a \geqslant 0$ 时，该广义积分发散；当 $a < 0$ 时，该广义积分收敛，且收敛于 $-\dfrac{1}{a}$.

(4) $\displaystyle\int_0^{+\infty}(1+x)^\alpha \mathrm{d}x = \lim_{b\to+\infty}\int_0^b (1+x)^\alpha \mathrm{d}x = \begin{cases} -\dfrac{1}{\alpha+1}, & \alpha < -1, \\ +\infty, & \alpha \geqslant -1. \end{cases}$

因此当 $\alpha \geqslant -1$ 时，该广义积分发散；当 $\alpha < -1$ 时，该广义积分收敛，收敛于

$-\dfrac{1}{\alpha+1}(\alpha < -1)$.

例 6.28 判断下列广义积分的敛散性，若收敛求其值.

(1) $\displaystyle\int_0^2 \frac{1}{x^2-4x+3}\mathrm{d}x$; (2) $\displaystyle\int_1^{\mathrm{e}} \frac{1}{x\sqrt{1-\ln^2 x}}\mathrm{d}x$;

(3) $\displaystyle\int_1^2 \frac{x}{\sqrt{x-1}}\mathrm{d}x$; (4) $\displaystyle\int_0^1 \ln x \mathrm{d}x$.

解 (1) 由 $x^2-4x+3=(x-1)(x-3)$ 可知，$x=1$ 为瑕点，依定义，仅当 $\displaystyle\int_0^1 \frac{1}{x^2-4x+3}\mathrm{d}x$ 与 $\displaystyle\int_1^2 \frac{1}{x^2-4x+3}\mathrm{d}x$ 均收敛时，原积分才收敛，而

$$\begin{aligned}\int_0^1 \frac{1}{x^2-4x+3}\mathrm{d}x &= \lim_{\varepsilon\to0^+}\int_0^{1-\varepsilon}\frac{1}{x^2-4x+3}\mathrm{d}x \\ &= \frac{1}{2}\lim_{\varepsilon\to0^+}\int_0^{1-\varepsilon}\left(\frac{1}{x-3}-\frac{1}{x-1}\right)\mathrm{d}x \\ &= \frac{1}{2}\lim_{\varepsilon\to0^+}\ln\frac{3-x}{1-x}\Big|_0^{1-\varepsilon} \\ &= \frac{1}{2}\lim_{\varepsilon\to0^+}\ln\frac{2+\varepsilon}{2\varepsilon} = +\infty.\end{aligned}$$

故 $\displaystyle\int_0^1 \frac{1}{x^2-4x+3}\mathrm{d}x$ 发散，从而 $\displaystyle\int_0^2 \frac{1}{x^2-4x+3}\mathrm{d}x$ 发散.

(2) 瑕点为 $x=\mathrm{e}$, 令 $u=\ln x$, 则 $\mathrm{d}u=\dfrac{1}{x}\mathrm{d}x$, 于是有

$$\begin{aligned}\int_1^{\mathrm{e}} \frac{1}{x\sqrt{1-\ln^2 x}}\mathrm{d}x &= \int_0^1 \frac{1}{\sqrt{1-u^2}}\mathrm{d}u \\ &= \lim_{\varepsilon\to0^+}\int_0^{1-\varepsilon}\frac{1}{\sqrt{1-u^2}}\mathrm{d}u \\ &= \lim_{\varepsilon\to0^+}\arcsin(1-\varepsilon) = \frac{\pi}{2}.\end{aligned}$$

因此该广义积分收敛，且收敛于 $\dfrac{\pi}{2}$.

(3) $x=1$ 为瑕点. 令 $u=x-1$, 则 $\mathrm{d}u=\mathrm{d}x$, 于是有

$$\begin{aligned}\int_1^2 \frac{x}{\sqrt{x-1}}\mathrm{d}x &= \int_0^1 (\sqrt{u}+\frac{1}{\sqrt{u}})\mathrm{d}u \\ &= \int_0^1 \sqrt{u}\mathrm{d}u + \int_0^1 \frac{1}{\sqrt{u}}\mathrm{d}u \\ &= \frac{2}{3} + \lim_{\varepsilon\to 0^+}\int_\varepsilon^1 \frac{1}{\sqrt{u}}\mathrm{d}u \\ &= \frac{2}{3} + 2\lim_{\varepsilon\to 0^+}(1-\sqrt{\varepsilon}) = \frac{8}{3}.\end{aligned}$$

因此该广义积分收敛，且收敛于 $\dfrac{8}{3}$.

(4) $x=0$ 为瑕点，故有

$$\begin{aligned}\int_0^1 \ln x\mathrm{d}x &= \lim_{\varepsilon\to 0^+}\int_\varepsilon^1 \ln x\mathrm{d}x = \lim_{\varepsilon\to 0^+} x(\ln x-1)\Big|_\varepsilon^1 \\ &= \lim_{\varepsilon\to 0^+}(-1-\varepsilon\ln\varepsilon+\varepsilon) = -1.\end{aligned}$$

因此该广义积分收敛，且收敛于 -1.

例 6.29　已知 $\displaystyle\int_0^{+\infty}\frac{\sin x}{x}\mathrm{d}x=\frac{\pi}{2}$, 试证：

(1) $\displaystyle\int_0^{+\infty}\frac{\sin x\cos x}{x}\mathrm{d}x=\frac{\pi}{4}$;　　(2) $\displaystyle\int_0^{+\infty}\frac{\sin^2 x}{x^2}\mathrm{d}x=\frac{\pi}{2}$.

证明　(1) 令 $u=2x$, 则 $\mathrm{d}x=\dfrac{1}{2}\mathrm{d}u$, 于是有

$$\int_0^{+\infty}\frac{1}{x}\sin x\cos x\mathrm{d}x = \frac{1}{2}\int_0^{+\infty}\frac{1}{x}\sin 2x\mathrm{d}x = \frac{1}{2}\int_0^{+\infty}\frac{1}{u}\sin u\mathrm{d}u = \frac{\pi}{4}.$$

(2)
$$\begin{aligned}\int_0^{+\infty}\frac{1}{x^2}\sin^2 x\mathrm{d}x &= \lim_{b\to+\infty}\int_0^b \frac{1}{x^2}\sin^2 x\mathrm{d}x \\ &= \lim_{b\to+\infty}\left(-\frac{1}{x}\sin^2 x\Big|_0^b + 2\int_0^b \frac{1}{x}\sin x\cos x\mathrm{d}x\right) \\ &= 2\int_0^{\infty}\frac{1}{x}\sin x\cos x\mathrm{d}x = 2\cdot\frac{\pi}{4} = \frac{\pi}{2}.\end{aligned}$$
□

注　这里 $-\dfrac{1}{x}\sin^2 x$ 在 $x=0$ 处的值就是 $\displaystyle\lim_{x\to 0^+}\left(-\frac{1}{x}\sin^2 x\right)=0$.

例 6.30　计算下列极限：

(1) $\displaystyle\lim_{x\to+\infty}\frac{1}{\sqrt{1+x^2}}\int_0^x(\arctan x)^2\mathrm{d}x$;　　(2) $\displaystyle\lim_{x\to+\infty}\left(\int_0^x \mathrm{e}^{t^2}\mathrm{d}t\right)^{\frac{1}{x^2}}$.

解　(1) 原式为 $\dfrac{\infty}{\infty}$ 型未定式，由 L'Hospital 法则，有

$$原式 = \lim_{x\to+\infty}\frac{\sqrt{1+x^2}}{x}(\arctan x)^2 = \frac{1}{4}\pi^2.$$

(2) 这是 ∞^0 型未定式，令 $y=\left(\int_0^x \mathrm{e}^{t^2}\mathrm{d}t\right)^{\frac{1}{x^2}}$, 则 $\ln y = \dfrac{1}{x^2}\ln\left(\int_0^x \mathrm{e}^{t^2}\mathrm{d}t\right)$,
而

$$\begin{aligned}\lim_{x\to+\infty}\frac{1}{x^2}\ln\left(\int_0^x \mathrm{e}^{t^2}\mathrm{d}t\right) &= \frac{1}{2}\lim_{x\to+\infty}\frac{\mathrm{e}^{x^2}}{x\int_0^x \mathrm{e}^{t^2}\mathrm{d}t}\\ &= \frac{1}{2}\lim_{x\to+\infty}\frac{2x\mathrm{e}^{x^2}}{x\mathrm{e}^{x^2}+\int_0^x \mathrm{e}^{t^2}\mathrm{d}t}\\ &= \frac{1}{2}\lim_{x\to+\infty}\frac{1+2x^2}{1+x^2}=1,\end{aligned}$$

所以

$$\lim_{x\to+\infty}\left(\int_0^x \mathrm{e}^{t^2}\mathrm{d}t\right)^{\frac{1}{x^2}} = \mathrm{e}^{\lim\limits_{x\to+\infty}\ln y} = \mathrm{e}.$$

例 6.31　利用 Γ 函数计算下列各题：

(1) $\dfrac{5\Gamma(10)\Gamma(4)}{\Gamma(8)\Gamma(6)\Gamma(2)}$;　　　(2) $\dfrac{\Gamma(1.5)\Gamma(2.5)}{\Gamma(3.5)}$;

(3) $\int_0^{+\infty}\mathrm{e}^{-x^n}\mathrm{d}x\ \ (n>0)$;　　　(4) $\int_0^{+\infty}x^{2n}\mathrm{e}^{-x^2}\mathrm{d}x\ \ \left(n>-\dfrac{1}{2}\right)$;

(5) $\int_0^1\left(\ln\dfrac{1}{x}\right)^\alpha\mathrm{d}x\ \ (\alpha>-1)$.

解　(1) 原式 $=\dfrac{5\times 9!\times 3!}{7!\times 5!\times 1}=\dfrac{5\times 9\times 8}{5\times 4}=18$.

(2) 原式 $=\dfrac{0.5\Gamma(0.5)\Gamma(2.5)}{2.5\Gamma(2.5)}=\dfrac{1}{5}\Gamma(0.5)=\dfrac{\sqrt{\pi}}{5}$　$(\Gamma(0.5)=\sqrt{\pi})$.

(3) 令 $u=x^n$, 则 $x=u^{\frac{1}{n}}, \mathrm{d}x=\dfrac{1}{n}u^{\frac{1}{n}-1}\mathrm{d}u$, 于是,

$$原式 = \frac{1}{n}\int_0^{+\infty}u^{\frac{1}{n}-1}\mathrm{e}^{-u}\mathrm{d}u = \frac{1}{n}\Gamma\left(\frac{1}{n}\right) = \Gamma\left(\frac{n+1}{n}\right).$$

(4) 令 $u=x^2$, 则 $x=u^{\frac{1}{2}}, \mathrm{d}x=\dfrac{1}{2}u^{-\frac{1}{2}}\mathrm{d}u$, 于是,

$$原式 = \frac{1}{2}\int_0^{+\infty}u^{n-\frac{1}{2}}\mathrm{e}^{-u}\mathrm{d}u = \frac{1}{2}\int_0^{+\infty}u^{n+\frac{1}{2}-1}\mathrm{e}^{-u}\mathrm{d}u = \frac{1}{2}\Gamma\left(n+\frac{1}{2}\right).$$

(5) 令 $u=\ln\dfrac{1}{x}$, 则 $x=\mathrm{e}^{-u},\mathrm{d}x=-\mathrm{e}^{-u}\mathrm{d}u$, 于是,

$$\begin{aligned}原式&=-\int_{+\infty}^{0}u^{\alpha}\mathrm{e}^{-u}\mathrm{d}u\\&=\int_{0}^{+\infty}u^{(\alpha+1)-1}\mathrm{e}^{-u}\mathrm{d}u\\&=\Gamma(\alpha+1).\end{aligned}$$

例 6.32 试证 $\displaystyle\int_1^{+\infty}\frac{\mathrm{d}x}{1+x^4}=\int_1^{+\infty}\frac{x^2}{1+x^4}\mathrm{d}x$, 并求 $\displaystyle\int_1^{+\infty}\frac{\mathrm{d}x}{1+x^4}$ 的值.

解 令 $x=\dfrac{1}{t}$, 则

$$\int_1^{+\infty}\frac{\mathrm{d}x}{1+x^4}=\int_{+\infty}^{1}\frac{-t^2}{1+t^4}\mathrm{d}t=\int_1^{+\infty}\frac{x^2}{1+x^4}\mathrm{d}x.$$

所以

$$\begin{aligned}\int_1^{+\infty}\frac{\mathrm{d}x}{1+x^4}&=\frac{1}{2}\int_1^{+\infty}\frac{1+x^2}{1+x^4}\mathrm{d}x\\&=\frac{1}{2}\int_1^{+\infty}\frac{1+\frac{1}{x^2}}{\frac{1}{x^2}+x^2}\mathrm{d}x\\&=\frac{1}{2}\int_1^{+\infty}\frac{\mathrm{d}\left(x-\frac{1}{x}\right)}{\left(x-\frac{1}{x}\right)^2+2}\\&=\frac{1}{2\sqrt{2}}\arctan\frac{x-\frac{1}{x}}{\sqrt{2}}\Bigg|_1^{+\infty}\\&=\frac{\pi}{4\sqrt{2}}.\end{aligned}$$

例 6.33 设 $f(x)$ 在 $[a,+\infty)$ 上非负、连续且单调减少, $\displaystyle\int_a^{+\infty}f(x)\mathrm{d}x$ 收敛, 试证 $\lim\limits_{x\to+\infty}f(x)=0$.

证明 反证法. 由 $f(x)$ 非负及单调减少可知, $\lim\limits_{x\to+\infty}f(x)$ 存在, 不妨设为 A, 若 $A\neq 0$, 则必有 $A>0$, 此时存在 $b>a$, 使得 $x>b$ 时, $f(x)>\dfrac{A}{2}$, 则当 $x>b$ 时,

$$\int_a^x f(x)\mathrm{d}x\geqslant\int_a^b f(x)\mathrm{d}x+\int_b^x\frac{A}{2}\mathrm{d}x$$

$$= \int_a^b f(x)\mathrm{d}x + \frac{A}{2}(x-b),$$

从而 $\lim\limits_{x\to+\infty}\int_a^x f(x)\mathrm{d}x = +\infty$, 与题设矛盾，故原题得证. □

例 6.34　计算下列曲线围成的平面图形的面积:

(1) $y=2x^2+3x-5, y=1-x^2$;　　(2) $y=3x^2-1, y=5-3x$;

(3) $xy=6, x+y=7$;　　(4) $y=\ln x, y=0, x=\mathrm{e}$;

(5) $y=\mathrm{e}^x, y=\mathrm{e}, x=0$;　　(6) $x=2y^2+3y-5, x=1-y^2$.

解　(1) 两曲线交点为 $(-2,-3)$ 和 $(1,0)$, 如图 6.1 所示,

$$A = \int_{-2}^1 [(1-x^2)-(2x^2+3x-5)]\mathrm{d}x$$
$$= \int_{-2}^1 (6-3x-3x^2)\mathrm{d}x$$
$$= \left(6x-\frac{3}{2}x^2-x^3\right)\Big|_{-2}^1 = 13.5.$$

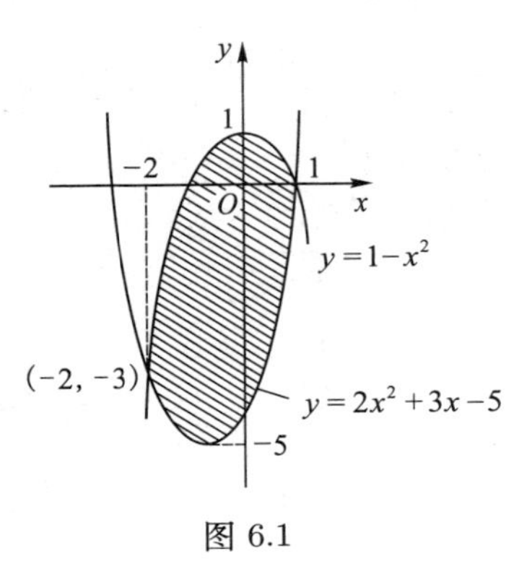

图 6.1

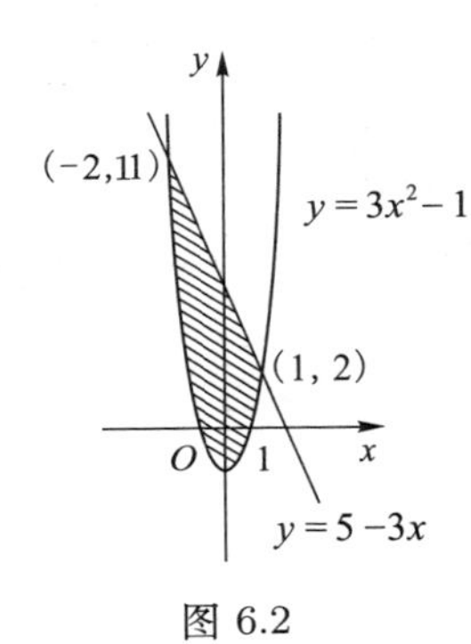

图 6.2

(2) 两曲线交点为 $(-2,11)$ 和 $(1,2)$, 如图 6.2 所示,

$$A = \int_{-2}^1 [(5-3x)-(3x^2-1)]\mathrm{d}x$$
$$= \int_{-2}^1 (6-3x-3x^2)\mathrm{d}x$$
$$= \left(6x-\frac{3}{2}x^2-x^3\right)\Big|_{-2}^1 = 13.5.$$

(3) 两曲线交点为 $(1,6)$ 和 $(6,1)$, 如图 6.3 所示,

$$A = \int_1^6 \left[(7-x)-\frac{6}{x}\right]\mathrm{d}x$$

$$= \left(7x - \frac{1}{2}x^2 - 6\ln x\right)\Big|_1^6$$

$$= 17.5 - 6\ln 6.$$

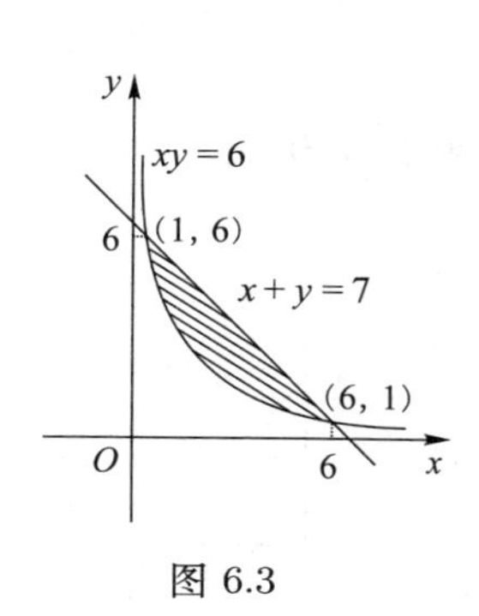

图 6.3

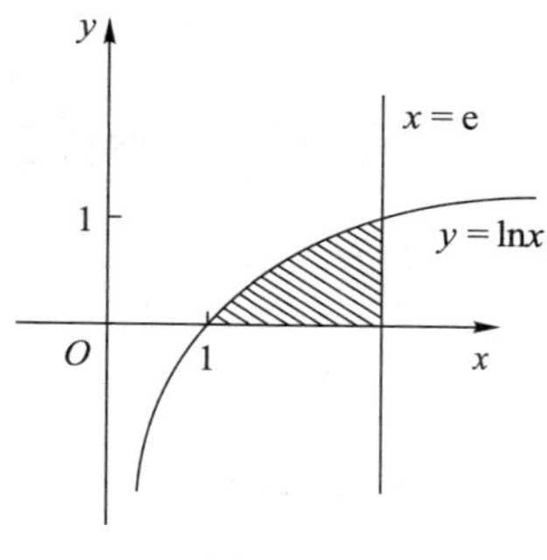

图 6.4

(4) 如图 6.4 所示,

$$A = \int_1^{\mathrm{e}} \ln x \mathrm{d}x = x(\ln x - 1)\Big|_1^{\mathrm{e}} = 1.$$

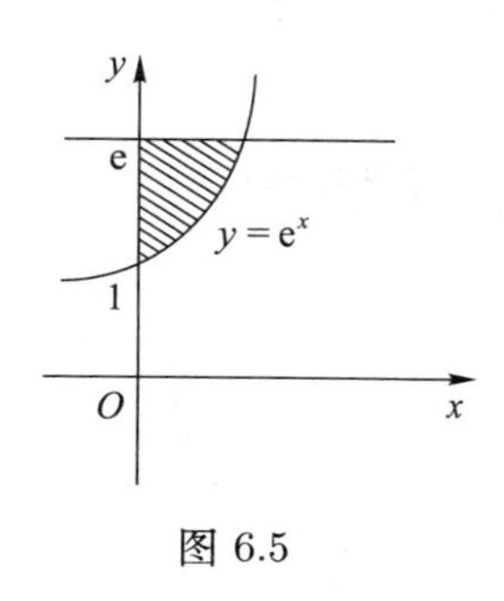

图 6.5

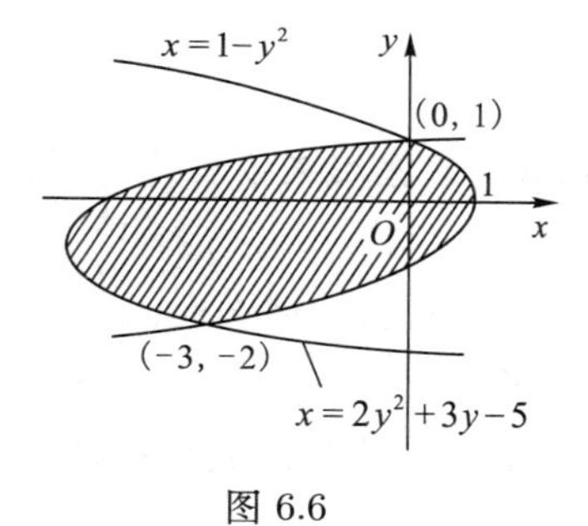

图 6.6

(5) 如图 6.5 所示,

$$A = \int_0^1 (\mathrm{e} - \mathrm{e}^x)\mathrm{d}x = (\mathrm{e}x - \mathrm{e}^x)\Big|_0^1 = 1.$$

(6) 两曲线交点为 $(-3, -2)$ 和 $(0, 1)$, 如图 6.6 所示,

$$A = \int_{-2}^1 [(1 - y^2) - (2y^2 + 3y - 5)]\mathrm{d}y$$

$$= \left(6y - \frac{3}{2}y^2 - y^3\right)\Big|_{-2}^1$$

$$= 13.5.$$

注 (2) 题与 (6) 题实际上是相同的，要根据图形的特点选择适当的积分变量.

例 6.35 求曲线 $y=\sin x$ 和曲线 $y=\sin 2x$ 在 $[0,\pi]$ 间所围成的平面图形的面积.

解 由 $\begin{cases} y=\sin x, \\ y=\sin 2x, \end{cases}$ 解得在 $[0,\pi]$ 内两曲线交点为 $(0,0)$, $\left(\dfrac{\pi}{3},\dfrac{\sqrt{3}}{2}\right)$, $(\pi,0)$, 如图 6.7 所示，则

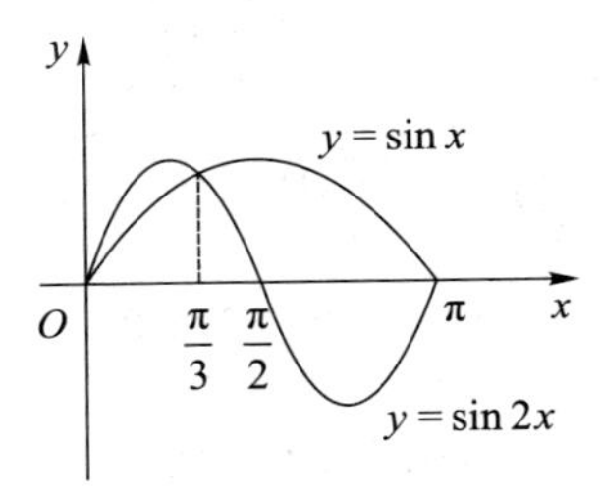

图 6.7

$$
\begin{aligned}
A &= \int_0^{\pi} |\sin x-\sin 2x|\mathrm{d}x \\
&= \int_0^{\frac{\pi}{3}} (\sin 2x-\sin x)\mathrm{d}x + \int_{\frac{\pi}{3}}^{\pi} (\sin x-\sin 2x)\mathrm{d}x \\
&= \frac{1}{4} + 2\frac{1}{4} \\
&= 2\frac{1}{2}.
\end{aligned}
$$

例 6.36 设星形线方程为 $\begin{cases} x=a\cos^3 t, \\ y=a\sin^3 t, \end{cases}$ $0\leqslant t\leqslant 2\pi$, 求:

(1) 它所围成区域的面积;
(2) 它的弧长;
(3) 它绕 x 轴旋转而成的旋转体体积.

解 如图 6.8 所示.

(1) 面积

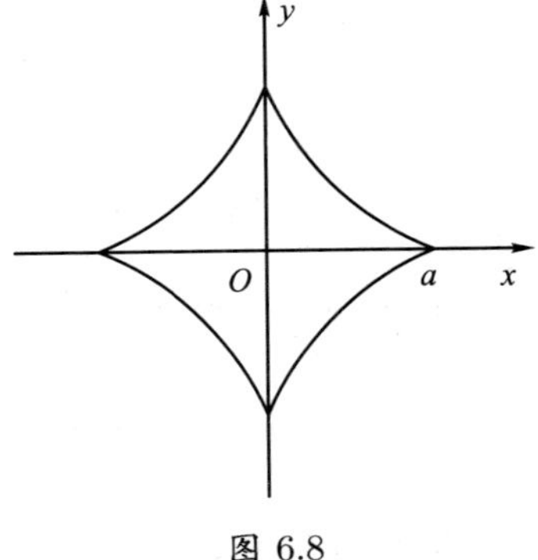

图 6.8

$$
\begin{aligned}
A &= 4\int_0^{a} y\mathrm{d}x \\
&= -4\int_{\frac{\pi}{2}}^{0} a\sin^4 t\cdot 3a\cos^2 t\mathrm{d}t \\
&= 12\int_0^{\frac{\pi}{2}} a^2(\sin^4 t-\sin^6 t)\mathrm{d}t \\
&= \frac{3}{8}\pi a^2.
\end{aligned}
$$

(2) 弧长

$$L = 4\int_0^{\frac{\pi}{2}} \sqrt{[x'(t)]^2 + [y'(t)]^2}\mathrm{d}t = 4\int_0^{\frac{\pi}{2}} 3a\sin t\cos t\mathrm{d}t = 6a.$$

(3) 旋转体体积

$$\begin{aligned} V &= 2\int_0^a \pi y^2\mathrm{d}x = 6\pi a^3\int_0^{\frac{\pi}{2}} \sin^7 t(1-\sin^2 t)\mathrm{d}t \\ &= \frac{32}{105}\pi a^3. \end{aligned}$$

例 6.37　求由抛物线 $y^2 = 2px\ (p>0)$ 及它在点 $\left(\frac{p}{2}, p\right)$ 处的法线所围成图形的面积.

解　抛物线 $y^2 = 2px(p>0)$ 在点 $\left(\frac{p}{2}, p\right)$ 处的法线方程为 $y = -x + \frac{3}{2}p$, 法线与抛物线的交点分别为 $A\left(\frac{9}{2}p, -3p\right), B\left(\frac{p}{2}, p\right)$, 如图 6.9 所示，所围图形的面积

$$\begin{aligned} A &= \int_{-3p}^{p} \left[-y + \frac{3}{2}p - \frac{1}{2p}y^2\right]\mathrm{d}y \\ &= \left(-\frac{1}{2}y^2 + \frac{3}{2}py - \frac{1}{6p}y^3\right)\Bigg|_{-3p}^{p} \\ &= \frac{16}{3}p^2. \end{aligned}$$

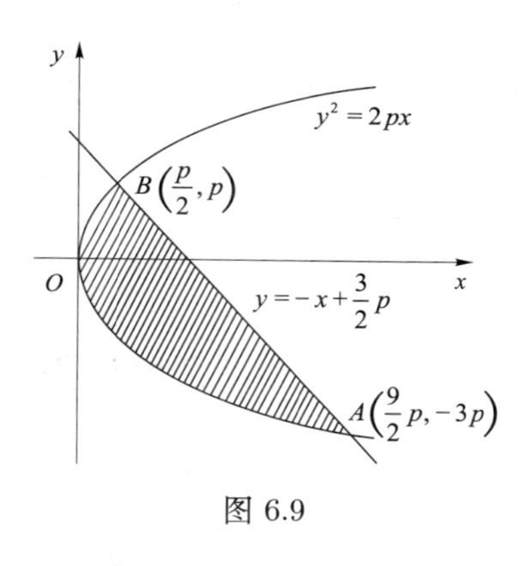

图 6.9

注　如果以 x 为积分变量，会得到较繁琐的积分：

$$A = \int_0^{\frac{p}{2}} \left(\sqrt{2px} - \sqrt{-2px}\right)\mathrm{d}x + \int_{\frac{p}{2}}^{\frac{9}{2}p} \left[-x + \frac{3}{2}p - (-\sqrt{2px})\right]\mathrm{d}x.$$

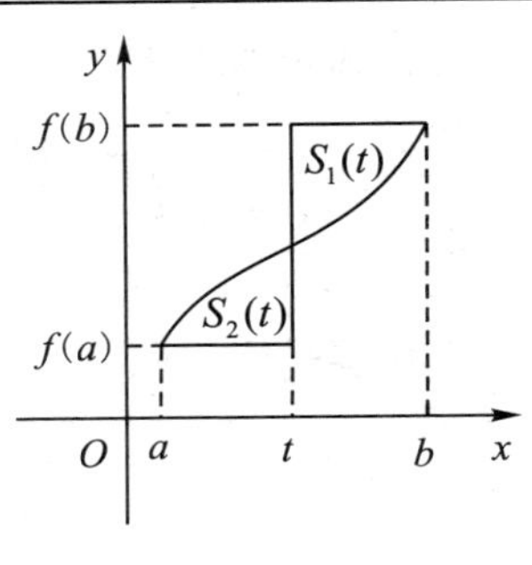

图 6.10

例 6.38 设 $f(x)$ 为 $[a,b]$ 上的单调增加函数，且 $f(x)>0$, 取 $t\in[a,b]$, 设由曲线 $y=f(x)$ 与直线 $y=f(b)$, $x=t$ 所围成的图形的面积为 $S_1(t)$, 由曲线 $y=f(x)$ 与直线 $y=f(a)$, $x=t$ 所围成的图形面积为 $S_2(t)$, 如图 6.10 所示.

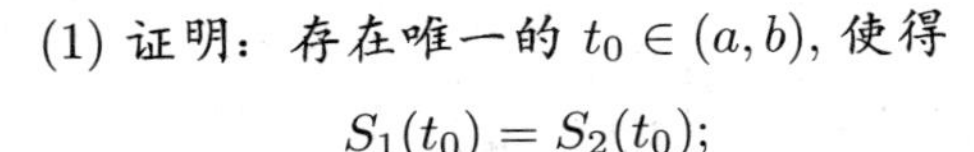
(1) 证明：存在唯一的 $t_0\in(a,b)$, 使得

$$S_1(t_0)=S_2(t_0);$$

(2) t 取何值时？两部分面积之和

$$S(t)=S_1(t)+S_2(t)$$

取最小值.

解 如图 6.10 所示，

$$S_1(t)=\int_t^b[f(b)-f(x)]\mathrm{d}x,$$

$$S_2(t)=\int_a^t[f(x)-f(a)]\mathrm{d}x.$$

(1) 由

$$S_1(a)-S_2(a)=\int_a^b[f(b)-f(x)]\mathrm{d}x>0,$$

$$S_1(b)-S_2(b)=-\int_a^b[f(x)-f(a)]\mathrm{d}x<0,$$

而 $S_1(t),S_2(t)$ 均为 t 的连续函数，根据连续函数的介值定理知，存在 $t_0\in(a,b)$, 使 $S_1(t_0)-S_2(t_0)=0$, 即 $S_1(t_0)=S_2(t_0)$.

同时，由于 $(S_1(t)-S_2(t))'=-[f(b)-f(t)]-[f(t)-f(a)]=f(a)-f(b)<0$, 即 $S_1(t)-S_2(t)$ 是 t 的单调减少函数，所以 t_0 是唯一的.

(2) $S(t)=S_1(t)+S_2(t)$ 是 t 的连续、可导函数，由

$$S'(t)=S_1'(t)+S_2'(t)=2f(t)-[f(a)+f(b)],$$

所以 $S'(t)$ 是 t 的连续单调增加函数. 由于

$$S'(a)=f(a)-f(b)<0,\qquad S'(b)=f(b)-f(a)>0,$$

所以存在唯一的 $\xi\in(a,b)$, 使得 $S'(\xi)=0$, 且当 $a<t<\xi$ 时，$S'(t)<0$; 当 $\xi<t<b$ 时，$S'(t)>0$, 因此 $S(t)$ 在 $t=\xi$ 处取得最小值，ξ 应满足条件

$$f(\xi)=\frac{1}{2}[f(a)+f(b)].$$

例 6.39　在曲线 $y=x^2(x\geqslant 0)$ 上某点 B 处所作一切线，使之与曲线及 x 轴所围平面图形的面积为 $\dfrac{1}{12}$(单位面积), 试求：

(1) 切点 B 的坐标；

(2) 过切点 B 的切线方程；

(3) 由上述所围图形绕 x 轴旋转一周所得到的旋转体体积 V.

6-3 定积分几何应用

解　(1) 设切点 B 的坐标为 (a,a^2), 则过点 B 的切线斜率为 $y'\big|_{x=a}=2a$, 于是切线 T 的方程为

$$y-a^2=2a(x-a),$$

即

$$y=2ax-a^2,$$

因而切线与 x 轴的交点为 $\left(\dfrac{a}{2},0\right)$, 如图 6.11 所示. 由

$$A=\int_0^a x^2\mathrm{d}x-\frac{\dfrac{a}{2}\cdot a^2}{2}=\frac{a^3}{12}=\frac{1}{12},$$

解得 $a=1$, 因此切点坐标为 $(1,1)$.

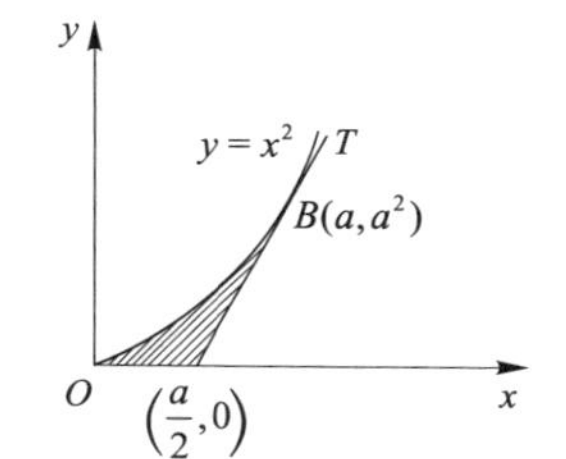

图 6.11

(2) 过点 B 的切线方程为 $y=2x-1$.

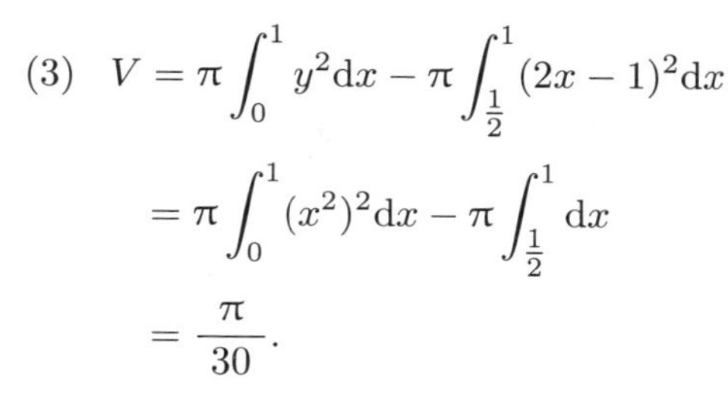

(3)
$$\begin{aligned}V&=\pi\int_0^1 y^2\mathrm{d}x-\pi\int_{\frac{1}{2}}^1(2x-1)^2\mathrm{d}x\\&=\pi\int_0^1(x^2)^2\mathrm{d}x-\pi\int_{\frac{1}{2}}^1\mathrm{d}x\\&=\frac{\pi}{30}.\end{aligned}$$

例 6.40　在曲线族 $y=a(1-x^2)(a>0)$ 中选取一条曲线，使此曲线在 $(-1,0),(1,0)$ 两点之间的曲线段与该两点的法线所围图形的面积最小.

解　先求面积 A 的表达式.

因图形关于 y 轴对称 (图 6.12), 点 $B(0,1)$ 处的法线方程为 $y=\dfrac{1}{2a}(x-1)$. 于是所求面积为

$$\begin{aligned}A(a)&=2\int_0^1\left[a(1-x^2)-\frac{1}{2a}(x-1)\right]\mathrm{d}x\\&=\frac{2}{3}a+\frac{1}{4a}.\end{aligned}$$

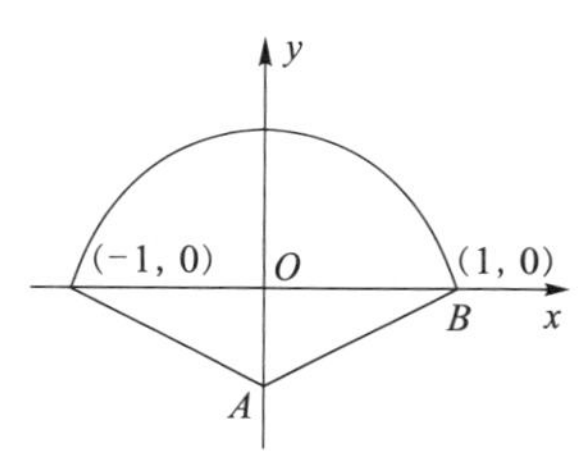

图 6.12

令 $A'(a)=\dfrac{2}{3}-\dfrac{1}{4a^2}=0$, 得驻点 $a=\dfrac{\sqrt{6}}{4}(a<0$ 舍去). 再由问题的实际意义知 $a=\dfrac{\sqrt{6}}{4}$ 为 $A(a)$ 的最小值点, 即曲线为 $y=\dfrac{\sqrt{6}}{4}(1-x^2)$ 时面积最小.

例 6.41 (1) 求抛物线 $y^2=2x(0\leqslant x\leqslant 2)$ 的长度;
(2) 求曲线 $y=x^{\frac{3}{2}}$ $(0\leqslant x\leqslant 4)$ 的长度.

解 (1) 可把 y 作为自变量, 则抛物线方程为

$$x=\frac{y^2}{2},\quad -2\leqslant y\leqslant 2,$$

于是所求弧长

$$\begin{aligned}L&=\int_{-2}^{2}\sqrt{1+(x')^2}\mathrm{d}y=\int_{-2}^{2}\sqrt{1+y^2}\mathrm{d}y=2\int_0^2\sqrt{1+y^2}\mathrm{d}y\\&=2\left[\frac{y}{2}\sqrt{1+y^2}+\frac{1}{2}\ln(y+\sqrt{1+y^2})\right]\Bigg|_0^2\\&=2\sqrt{5}+\ln(2+\sqrt{5}).\end{aligned}$$

(2) 由 $y'=\dfrac{3}{2}x^{\frac{1}{2}}$, 所求弧长

$$\begin{aligned}L&=\int_0^4\sqrt{1+y'^2}\mathrm{d}x=\int_0^4\sqrt{1+\frac{9}{4}x}\mathrm{d}x=\frac{1}{2}\int_0^4\sqrt{4+9x}\mathrm{d}x\\&=\frac{1}{27}(4+9x)^{\frac{3}{2}}\Big|_0^4=\frac{8}{27}(10\sqrt{10}-1).\end{aligned}$$

例 6.42 求由下列已知曲线围成的图形绕指定轴旋转形成的旋转体体积:
(1) $y=\dfrac{1}{x}\ln x, y=0, 1\leqslant x\leqslant \mathrm{e}$, 绕 x 轴;
(2) $y=\sin 2x, y=0, 0\leqslant x\leqslant\dfrac{\pi}{2}$, 绕 x 轴;
(3) $y=x^2, x=y^2$, 绕 y 轴;
(4) $y=x^3, y=0, x=2$, 绕 x 轴和 y 轴.

解

$$\begin{aligned}(1)\quad V_x=&\pi\int_1^{\mathrm{e}}\frac{1}{x^2}\ln^2 x\mathrm{d}x\\=&-\pi\int_1^{\mathrm{e}}\ln^2 x\mathrm{d}\frac{1}{x}\\=&-\pi\left(\frac{1}{x}\ln^2\Big|_1^{\mathrm{e}}-2\int_1^{\mathrm{e}}\frac{1}{x^2}\ln x\mathrm{d}x\right)\\=&-\pi\left(\frac{1}{\mathrm{e}}+\frac{2}{x}\ln x\Big|_1^{\mathrm{e}}-2\int_1^{\mathrm{e}}\frac{1}{x^2}\mathrm{d}x\right)\end{aligned}$$

$$
\begin{aligned}
&=-\pi\left(\frac{3}{\mathrm{e}}+\left.\frac{2}{x}\right|_1^{\mathrm{e}}\right)\\
&=(2\mathrm{e}-5)\frac{\pi}{\mathrm{e}}.
\end{aligned}
$$

(2)
$$
\begin{aligned}
V_x&=\pi\int_0^{\frac{\pi}{2}}y^2\mathrm{d}x\\
&=\pi\int_0^{\frac{\pi}{2}}\sin^2 2x\mathrm{d}x\\
&=\frac{\pi}{2}\int_0^{\frac{\pi}{2}}(1-\cos 4x)\mathrm{d}x\\
&=\frac{\pi}{2}\left.\left(x-\frac{1}{4}\sin 4x\right)\right|_0^{\frac{\pi}{2}}=\frac{1}{4}\pi^2.
\end{aligned}
$$

(3)
$$
\begin{aligned}
V_y&=\pi\int_0^1 y\mathrm{d}y-\pi\int_0^1 y^4\mathrm{d}y\\
&=\pi\left.\left(\frac{1}{2}y^2-\frac{1}{5}y^5\right)\right|_0^1=\frac{3}{10}\pi.
\end{aligned}
$$

(4)
$$
\begin{aligned}
V_x&=\pi\int_0^2 y^2\mathrm{d}x=\pi\int_0^2 x^6\mathrm{d}x=\left.\frac{\pi}{7}x^7\right|_0^2=18\frac{2}{7}\pi,\\
V_y&=\pi\int_0^8 2^2\mathrm{d}y-\pi\int_0^8 y^{\frac{2}{3}}\mathrm{d}y=\pi\left.\left(4y-\frac{3}{5}y^{\frac{5}{3}}\right)\right|_0^8=12.8\pi.
\end{aligned}
$$

例 6.43　设曲线方程为 $y=\mathrm{e}^{-x}\ (x\geqslant 0)$，把曲线 $y=\mathrm{e}^{-x}$、x 轴、y 轴和直线 $x=\xi$ 所围平面图形绕 x 轴旋转一周得到一个旋转体，求此旋转体的体积 $V(\xi)$，并求满足 $V(a)=\dfrac{1}{2}\lim\limits_{\xi\to+\infty}V(\xi)$ 的 a.

解

$$
\begin{aligned}
V(\xi)&=\int_0^{\xi}\pi y^2(x)\mathrm{d}x\\
&=\pi\int_0^{\xi}\mathrm{e}^{-2x}\mathrm{d}x\\
&=\pi\left.\left(\frac{\mathrm{e}^{-2x}}{-2}\right)\right|_0^{\xi}=\frac{\pi}{2}(1-\mathrm{e}^{-2\xi}).
\end{aligned}
$$

于是 $V(a)=\dfrac{\pi}{2}(1-\mathrm{e}^{-2a})$.

又 $\lim\limits_{\xi\to+\infty}V(\xi)=\lim\limits_{\xi\to+\infty}\dfrac{\pi}{2}(1-\mathrm{e}^{-2\xi})=\dfrac{\pi}{2}$. 于是 $\dfrac{\pi}{2}(1-\mathrm{e}^{-2a})=\dfrac{\pi}{4}$，故 $a=\dfrac{1}{2}\ln 2$.

例 6.44　求圆域 $x^2+(y-b)^2\leqslant a^2(b>a)$ 绕 x 轴旋转而成的圆环体的体积.

解 方法 1 上半圆周为 $y_2=b+\sqrt{a^2-x^2}$, 下半圆周为 $y_1=b-\sqrt{a^2-x^2}$, 则体积

$$\begin{aligned}V=&\pi\int_{-a}^{a}[(b+\sqrt{a^2-x})^2-(b-\sqrt{a^2-x^2})^2]\mathrm{d}x\\=&4\pi b\int_{-a}^{a}\sqrt{a^2-x^2}\mathrm{d}x\\=&8\pi b\int_{0}^{a}\sqrt{a^2-x^2}\mathrm{d}x\\=&8\pi b\cdot\frac{\pi a^2}{4}=2\pi^2a^2b.\end{aligned}$$

方法 2 利用微元法，有

$$\begin{aligned}V=&4\pi\int_{b-a}^{b+a}y\sqrt{a^2-(y-b)^2}\mathrm{d}y\\=&4\pi\int_{-a}^{a}(t+b)\sqrt{a^2-t^2}\mathrm{d}t\quad(\text{令}y-b=t)\\=&8\pi b\int_{0}^{a}\sqrt{a^2-t^2}\mathrm{d}t\\=&8\pi b\cdot\frac{\pi}{4}a^2=2\pi^2a^2b.\end{aligned}$$

例 6.45 证明：平面图形 $a\leqslant x\leqslant b, 0\leqslant y\leqslant f(x)$ 绕 y 轴旋转所成旋转体的体积为

$$V=2\pi\int_{0}^{b}xf(x)\mathrm{d}x.$$

证明 把平面图形分成许多平行于 y 轴的小条，任取位于区间 $[x,x+\mathrm{d}x]$ 上的一条，它的宽为 $\mathrm{d}x$, 高为 $f(x)$, 让这个小条绕 y 轴旋转就生成一个薄柱壳，这一薄柱壳的内表面积为 $2\pi xf(x)$, 它的体积近似为 $2\pi xf(x)\mathrm{d}x$, 即由微元法得 $\mathrm{d}V=2\pi xf(x)\mathrm{d}x$, 因此所求旋转体的体积为

$$V=2\pi\int_{a}^{b}xf(x)\mathrm{d}x.$$

此方法也称为柱壳法. □

例 6.46 已知某产品的年销售量为 $f(t)=1340-850\mathrm{e}^{-t}$, 求该产品前五年的总销售量.

解

$$Q(5)=\int_{0}^{5}f(t)\mathrm{d}t=\int_{0}^{5}(1340-850\mathrm{e}^{-t})\mathrm{d}t$$

$$
\begin{aligned}
&=(1340t+850\mathrm{e}^{-t})\Big|_0^5\\
&=5850+850\mathrm{e}^{-5}.
\end{aligned}
$$

例 6.47　已知某产品的边际成本和边际收益函数分别为 $C'(Q)=Q^2-4Q+6, R'(Q)=105-2Q$, 且固定成本为 100, 其中 Q 为销售量, $C(Q)$ 为总成本, $R(Q)$ 为总收益, 求最大利润.

解　总成本函数为

$$
\begin{aligned}
C=&C(Q)=C(0)+\int_0^Q(Q^2-4Q+6)\mathrm{d}Q\\
=&100+\frac{1}{3}Q^3-2Q^2+6Q,
\end{aligned}
$$

总收益函数为

$$
\begin{aligned}
R=&R(Q)=R(0)+\int_0^Q(105-2Q)\mathrm{d}Q\\
=&105Q-Q^2\quad(\text{其中}R(0)=0),
\end{aligned}
$$

于是利润函数

$$
\begin{aligned}
L=&L(Q)=R-C\\
=&-\frac{1}{3}Q^3+Q^2+99Q-100.
\end{aligned}
$$

而

$$L'(Q)=-Q^2+2Q+99=(Q+9)(11-Q),$$

令 $L'(Q)=0$, 得驻点 $Q_1=11$ $(Q_2=-9(\text{舍去}))$. 又因为 $L''(11)=2(1-Q)\big|_{Q=11}=-20<0$, 故 $Q=11$ 时, $L(Q)$ 取极大值, 最大利润为

$$L(11)=666\frac{1}{3}.$$

例 6.48　设生产某产品的固定成本为 10, 而产量为 x 时的边际成本函数为 $MC=40-20x+3x^2$, 边际收入函数为 $MR=32-10x$, 试求:

(1) 总利润函数 $\pi(x)$;

(2) 使总利润最大的产量.

解　(1) 总成本函数

$$C=10+\int_0^x MC\mathrm{d}x$$

$$
\begin{aligned}
&=10+\int_0^x(40-20x+3x^2)\mathrm{d}x\\
&=10+40x-10x^2+x^3,
\end{aligned}
$$

总收入函数

$$
\begin{aligned}
R=&0+\int_0^x MR\mathrm{d}x\\
=&\int_0^x(32-10x)\mathrm{d}x\\
=&32x-5x^2,
\end{aligned}
$$

总利润函数

$$
\begin{aligned}
L(x)=&R-C=-x^3+5x^2-8x-10,\\
L'(x)=&-3x^2+10x-8.
\end{aligned}
$$

令 $L'(x)=0$, 得驻点 $x_1=\dfrac{4}{3},x_2=2$. 又 $L''(x)=-6x+10$, $\pi''\left(\dfrac{4}{3}\right)=270$, $\pi''(2)=-2<0$, 故 $x_2=2$ 是函数的极大值点.

由实际问题知，当产量为 2 时，总利润最大.

例 6.49 已知某产品的边际成本是产量 Q 的函数 $C'(Q)=Q^2-4Q+6$ (单位：万元 /t), 边际收入也是产量 Q 的函数 $R'(Q)=30-2Q$(单位：万元 /t).

(1) 求产量由 6t 增加到 9t 时总成本与总收入各增加多少？

(2) 固定成本 $C(0)=5$(单位：万元), 分别求总成本、总收入及总利润函数.

(3) 产量为多少时，总利润最大？

(4) 求总利润最大时的总成本、总收入及总利润？

解 (1) 总成本增量

$$
\begin{aligned}
\Delta C=&C(9)-C(6)\\
=&\int_6^9 C'(Q)\mathrm{d}Q\\
=&\int_6^9(Q^2-4Q+6)\mathrm{d}Q\\
=&\left(\frac{Q^3}{3}-2Q^2+6Q\right)\Big|_6^9=99,
\end{aligned}
$$

即总成本增加 99 万元.

总收入增量

$$\begin{aligned}\Delta R =& R(9) - R(6)\\ =& \int_6^9 R'(Q)\mathrm{d}Q\\ =& \int_6^9 (30-2Q)\mathrm{d}Q\\ =& (30Q - Q^2)\Big|_6^9 = 45,\end{aligned}$$

即总收入增加 45 万元.

(2) 总成本 = 固定成本 + 可变成本，即

$$\begin{aligned}C(Q) =& C(0) + \int_0^Q C'(Q)\mathrm{d}Q\\ =& 5 + \int_0^Q (Q^2 - 4Q + 6)\mathrm{d}Q\\ =& \frac{Q^3}{3} - 2Q^2 + 6Q + 5.\end{aligned}$$

总收入

$$\begin{aligned}R(Q) =& R(0) + \int_0^Q (30-2Q)\mathrm{d}Q\\ =& 0 + 30Q - Q^2\\ =& 30Q - Q^2,\end{aligned}$$

总利润

$$\begin{aligned}L(Q) =& R(Q) - C(Q)\\ =& -\frac{Q^3}{3} + Q^2 + 24Q - 5.\end{aligned}$$

(3) 令 $L'(Q) = -Q^2 + 2Q + 24 = 0$, 得 $Q_1 = 6, Q_2 = -4$(舍去), 又

$$L''(Q) = -2Q + 2, \qquad L''(6) = -10 < 0,$$

所以 $Q = 6$ 为极大值点，也是最大值点，故当 $Q = 6$ 时，总利润最大.

(4) 总利润最大时，总成本

$$C(6) = \frac{1}{3} \times 6^3 - 2 \times 6^2 + 6^2 + 5 = 41,$$

即 41 万元.

总收入

$$R(6) = 30 \times 6 - 6^2 = 144,$$

即 144 万元.

总利润

$$L(6) = R(6) - C(6) = 103,$$

即 103 万元.

例 6.50 设某造纸厂纸产量的变化率是时间 t(年) 的函数

$$f(t) = 4t - 5 \quad (t \geqslant 0).$$

(1) 求第 1 个五年计划期间该厂纸的产量;

(2) 求第 n 个五年计划期间纸的总产量;

(3) 问该厂将在第几个五年计划期间纸的总产量达到 800?

解 (1) 第 1 个五年计划期间总产量为

$$\begin{aligned} Q(5) &= \int_0^5 Q'(t)\mathrm{d}t = \int_0^5 f(t)\mathrm{d}t \\ &= \int_0^5 (4t-5)\mathrm{d}t = (2t^2 - 5t)\Big|_0^5 = 25. \end{aligned}$$

(2) 第 n 个五年计划期间纸的产量为

$$\begin{aligned} \Delta Q =& Q(5n) - Q(5n-5) = \int_{5n-5}^{5n} (4t-5)\mathrm{d}t \\ =&(2t^2 - 5t)\Big|_{5n-5}^{5n} \\ =&100n - 75. \end{aligned}$$

(3) 由已知有 $100n - 75 = 800$, 从而解得 $n = 8.75$, 即第 9 个五年计划期间纸的总产量可达到 800.

注 设产量函数为 $Q(t)$, 则已知 $Q(t)$ 的变化率为 $f(t) = 4t - 5$, 即已知 $Q'(t) = f(t) = 4t - 5$, 因此产量 $Q(t) = \int_0^5 f(t)\mathrm{d}t$.

例 6.51 一零售商收到一船共 10000kg 大米, 这批大米以常量每月 2000kg 运走, 要用 5 个月时间, 如果贮存费是每月 0.01 元 /kg, 5 个月之后这位零售商需支付贮存费多少元?

解 令 $Q(t)$ 表示 t 个月后贮存大米的千克数, 则 $Q(t) = 10000 - 2000t\ (t > 0)$, 由定积分定义可知:

$$\begin{aligned} \text{总贮存费} &= \int_0^5 0.01Q(t)\mathrm{d}t \\ &= \int_0^5 0.01 \times (10000 - 2000t)\mathrm{d}t \end{aligned}$$

$$= 250,$$

即总贮存费为 250 元.

例 6.52　设从 $t=0$ 时开始以均匀流量方式向银行存款, 年流量为 a 元. 年利率为 r(连续计息结算), 试问 T 年后在银行有多少存款 (期末价值)? 这些存款相当于初始时的多少元现金 (贴现价值)?

解　根据连续计息结算方式可知, 向银行存入 A 元, T 年后的存款额为 $A\mathrm{e}^{rT}$, 因此 T 年后均匀货币流的总存款额为

$$F=\int_0^T a\mathrm{e}^{r(T-t)}\mathrm{d}t=\frac{a}{r}\left[-\mathrm{e}^{r(T-t)}\right]\Big|_0^T=\frac{a}{r}(\mathrm{e}^{rT}-1),$$

这就是均匀货币流的期末价值. 这 F 元现金相当于初始时的 $F\mathrm{e}^{-rT}$ 元, 故

$$P=F\mathrm{e}^{-rT}=\frac{a}{r}(\mathrm{e}^{rT}-1)\mathrm{e}^{-rT}=\frac{a}{r}(1-\mathrm{e}^{-rT}),$$

这就是均匀货币流的贴现价值.

小结

1. 在学习广义积分中要注意对瑕积分的判断, 并正确应用公式.

2. 在学习定积分应用时, 不能仅限于背诵现成的计算公式, 而是要充分学习用微元法的思想处理各种实际量的计算问题, 从而推导出计算公式.

3. 关于经济应用可与第 3 章中导数的经济应用结合掌握.

四、疑难问题解答

1. 如何理解和运用微元法来解决可化为定积分的应用问题?

答　微元法也称为元素法, 它是将实际问题化为定积分问题所采用的普遍方法. 可化为定积分来计算的待求量 A 有两个特点, 对区间的可加性这一特点是容易看出来的, 因此, 关键在于另一特点, 即找出任一部分量的表达式:

$$\Delta A=f(x)\Delta x+o(\Delta x)\quad(\Delta x\to 0). \tag{1}$$

人们往往根据问题的实际特征, 将注意力集中在去找 $f(x)\Delta x$ 这一项, 但当 $\Delta x\to 0$ 时, 这一项与 Δx 之差应是比 Δx 高阶的无穷小量, 借用微分的记号, 将这项记为

$$\mathrm{d}A=f(x)\mathrm{d}x. \tag{2}$$

这个量 $\mathrm{d}A$ 称为所求量 A 的微元或元素，用定积分来解决实际问题的关键就在于求出微元. 若 $f(x)$ 连续，我们由式 (1) 已知，式 (2) 表示的微元实际上是 A 的微分，因为在区间 $[a,x]$ 上的待求量为

$$A(x)=\int_a^x f(t)\mathrm{d}t,\quad x\in[a,b],$$

故 $\mathrm{d}A(x)=f(x)\mathrm{d}x$, 因此要求出在区间 $[a,b]$ 上的待求量 A, 先要求出 A 的微元 $\mathrm{d}A=f(x)\mathrm{d}x$, 然后把 $f(x)\mathrm{d}x$ 在 $[a,b]$ 上积分即可求得 A, 这就是所谓微元法或元素法. 按微分的定义， A 的微分是它的线性主部，但从实际应用的角度看， A 的微分就是在一定的条件 $(\Delta x\to 0)$ 下，将一些变动的量视为常量而得到的与 $\mathrm{d}x$ 成正比的 ΔA 的近似值，按此理解把微分的概念与实际应用结合一起考虑，那么 A 的微分一般说来就比较易求. 同时，将实际问题化为定积分问题的步骤也得到了简化，这也是微元法得到普遍采用的原因.

下面举几个例子.

例 1 求由联立不等式 $a\leqslant x\leqslant b, g(x)\leqslant y\leqslant f(x)$ 所确定的平面图形的面积 A (其中 $f(x),g(x)$ 在 $[a,b]$ 上连续).

解 在 $[a,b]$ 上任取两点 x 与 $x+\mathrm{d}x$, 当 $\mathrm{d}x$ 很小时，视 $f(x)$ 和 $g(x)$ 为常量，那么微元 $\mathrm{d}A=[f(x)-g(x)]\mathrm{d}x$, 于是

$$A=\int_a^b[f(x)-g(x)]\mathrm{d}x.$$

例 2 已知立体横断面的面积为 $S(x),x\in[a,b],S(x)$ 连续， $x=a$ 与 $x=b$ 分别对应于立体两端的横断面，求体积 V.

解 在 $[a,b]$ 内任取两点 x 和 $x+\mathrm{d}x$, 当 $\mathrm{d}x$ 很小时，视 $S(x)$ 不变，则 $\mathrm{d}V=S(x)\mathrm{d}x$, 故

$$V=\int_a^b S(x)\mathrm{d}x.$$

例 3 已知在闭区间 $[a,b]$ 上的线段 l 的线密度为 $f(x)$, 其中 $f(x)$ 连续，求线段的质量.

解 在 $[a,b]$ 内任取 x 与 $x+\mathrm{d}x$ 两点，当 $\mathrm{d}x$ 很小时，视小线段上的质量分布是均匀的，即 $f(x)$ 不变，得 $\mathrm{d}m=f(x)\mathrm{d}x$, 故得 l 的质量

$$m=\int_a^b f(x)\mathrm{d}x.$$

这样的例子有许多，学习定积分应用主要是掌握这个微元法，而不必硬记任何一个公式. 差 $\Delta A-\mathrm{d}A$ 应当是比 $\mathrm{d}x$ 高阶的无穷小量 $(\mathrm{d}x\to 0)$, 这一点在实际

应用中一般都不验证，因为如果对每个问题都要一一验证，那么这一方法的应用将会受到限制．但注意到这一点是必要的，当得到了微元 $\mathrm{d}A = f(x)\mathrm{d}x$ 后，便可以积分，若积分结果不符合实际，再回过头来验证这一点，应该能发现问题．

2. 求由 $0 \leqslant y \leqslant \sin x$ 和 $0 \leqslant x \leqslant \pi$ 所确定的平面图形绕 y 轴旋转所得的旋转体体积，哪种方法更简便？

答　方法 1　用公式

$$V = \pi \int_0^1 x^2 \mathrm{d}y,$$

这样必须分两次计算，得

$$\begin{aligned} V &= \pi \int_0^1 [(\pi - \arcsin y)^2 - (\arcsin y)^2] \mathrm{d}y \\ &= \pi^2 \int_0^1 (\pi - 2\arcsin y) \mathrm{d}y = 2\pi^2. \end{aligned}$$

方法 2　将旋转体分割成以 y 为中心轴的圆柱形薄壳，以薄壳的体积作为体积微元(这一方法前面已有介绍，称为柱壳法)，则有 $\mathrm{d}V = 2\pi x \sin x \mathrm{d}x, \quad x \in [0, \pi]$，故

$$V = 2\pi \int_0^{\pi} x \sin x \mathrm{d}x = 2\pi^2.$$

显然，方法 2 稍简单一些．

五、常见错误类型分析

1. 有同学在求积分 $I = \displaystyle\int_0^1 \frac{\mathrm{d}x}{2x - \sqrt{1 - x^2}}$ 时，令 $x = \sin t$，得

$$\begin{aligned} I &= \int_0^{\frac{\pi}{2}} \frac{\cos t}{2\sin t - \cos t} \mathrm{d}t \\ &= \frac{1}{5} \left[-\int_0^{\frac{\pi}{2}} \mathrm{d}t + 2\int_0^{\frac{\pi}{2}} \frac{\mathrm{d}(2\sin t - \cos t)}{2\sin t - \cos t} \right] \\ &= \frac{1}{5} \left(2\ln 2 - \frac{\pi}{2} \right). \end{aligned}$$

答　这一解法不对．

错因分析　有些人在解积分题时，往往把注意力集中于找被积函数的原函数，而忽略了考虑在积分区间上被积函数是否可积这一首要问题．在本题中，若令被积函数的分母为零，得 $x = \dfrac{1}{\sqrt{5}}$，而 $0 < \dfrac{1}{\sqrt{5}} < 1$，所以题中的积分为广义积分．

正确解法 由定义，有

$$I=\lim_{\varepsilon\to0^+}\int_0^{\frac{1}{\sqrt5}-\varepsilon}\frac{1}{2x-\sqrt{1-x^2}}\mathrm{d}x+\lim_{\varepsilon\to0^+}\int_{\frac{1}{\sqrt5}+\varepsilon}^{1}\frac{1}{2x-\sqrt{1-x^2}}\mathrm{d}x,$$

而

$$\begin{aligned}&\lim_{\varepsilon\to0^+}\int_0^{\frac{1}{\sqrt5}-\varepsilon}\frac{1}{2x-\sqrt{1-x^2}}\mathrm{d}x\\=&\lim_{\varepsilon\to0^+}\frac15\left[2\ln\left|2\left(\frac{1}{\sqrt5}-\varepsilon\right)-\sqrt{1-\left(\frac{1}{\sqrt5}-\varepsilon\right)^2}\right|-\arcsin\left(\frac{1}{\sqrt5}-\varepsilon\right)\right]\\=&\infty,\end{aligned}$$

所以原广义积分 I 是发散的.

因此我们在解积分题时应注意检查该积分是否为广义积分.

2. 计算广义积分 $I=\displaystyle\int_0^2\frac{x}{1-x^2}\mathrm{d}x$.

错误解法 1 $I=-\dfrac12\displaystyle\int_0^2\frac{1}{1-x^2}\mathrm{d}(1-x^2)=-\frac12\ln|1-x^2|\Big|_0^2=-\frac{\ln3}{2}$.

错因分析 $\displaystyle\lim_{x\to1}\frac{x}{1-x^2}=\infty, x=1$ 是瑕点，所给积分为广义积分，不能当做定积分来计算.

错误解法 2

$$\begin{aligned}I&=\int_0^1\frac{x}{1-x^2}\mathrm{d}x+\int_1^2\frac{x}{1-x^2}\mathrm{d}x\\&=-\frac12\lim_{\varepsilon\to0^+}\int_0^{1-\varepsilon}\frac{\mathrm{d}(1-x^2)}{1-x^2}-\frac12\lim_{\varepsilon\to0^+}\int_{1+\varepsilon}^2\frac{\mathrm{d}(1-x^2)}{1-x^2}\\&=-\frac12\lim_{\varepsilon\to0^+}\left[\ln|1-x^2|\Big|_0^{1-\varepsilon}+\ln|1-x^2|\Big|_{1+\varepsilon}^2\right]\\&=-\frac{\ln3}{2}+\frac12\lim_{\varepsilon\to0^+}\ln\left|\frac{2+\varepsilon}{2-\varepsilon}\right|=-\frac{\ln3}{2}.\end{aligned}$$

错因分析 若函数极限不存在，就不能应用极限运算法则.

正确解法 $I=\displaystyle\int_0^1\frac{x}{1-x^2}\mathrm{d}x+\int_1^2\frac{x}{1-x^2}\mathrm{d}x$, 其中

$$\begin{aligned}\int_0^1\frac{x}{1-x^2}\mathrm{d}x&=\lim_{\varepsilon\to0^+}-\frac12\int_0^{1-\varepsilon}\frac{\mathrm{d}(1-x^2)}{1-x^2}\\&=-\frac12\lim_{\varepsilon\to0^+}\ln|1-x^2|\Big|_0^{1-\varepsilon}\end{aligned}$$

$$= -\frac{1}{2}\lim_{\varepsilon\to 0^+}\ln[1-(1-\varepsilon)^2]$$
$$= +\infty,$$

故原广义积分 I 发散.

练习 6.2

1. 求下列广义积分:

(1) $\int_{-\infty}^{0} x\mathrm{e}^{-x^2}\mathrm{d}x$;　　(2) $\int_{0}^{+\infty} \mathrm{e}^{-x}\cos x\mathrm{d}x$;

(3) $\int_{-\infty}^{+\infty} \frac{\mathrm{d}x}{x^2+4x+5}$;　　(4) $\int_{1}^{5} \frac{x\mathrm{d}x}{\sqrt{5-x}}$;

(5) $\int_{-\infty}^{+\infty} \frac{\mathrm{d}x}{x^2+4x+5}$.

2. k 为何值时，广义积分 $\int_{-\infty}^{0} \mathrm{e}^{-kx}\mathrm{d}x$ 收敛.

3. 求 c 的值，使 $\lim\limits_{x\to+\infty}\left(\frac{x+c}{x-c}\right)^x = \int_{-\infty}^{c} t\mathrm{e}^{2t}\mathrm{d}t$.

4. 讨论广义积分 $\int_{1}^{2} \frac{\mathrm{d}x}{(x-1)^\alpha}$ $(\alpha>0)$ 的敛散性.

5. 求下列平面图形 D 的面积 A:

(1) D 由 $y=x^2-2x+3$ 与 $y=x+3$ 围成;

(2) D 由 $y^2=2x+1$ 与 $x-y-1=0$ 围成;

(3) D 由 $y=x(x-1)$ 与 $x=2$ 及 x 轴围成;

(4) D 由 $y=\sin x, y=\cos x$ 及 $x=0, x=\pi$ 围成.

6. 求由曲线 $y=x\mathrm{e}^x$ 与直线 $y=\mathrm{e}x$ 所围图形的面积.

7. 求由曲线 $xy=a$ $(a>0)$ 与直线 $x=a, x=2a$, 及 $y=0$ 所围成的平面图形分别绕 x 轴和 y 轴旋转而成的旋转体体积.

8. 证明：双曲线 $xy=a^2$ 上任意一点处的切线与两坐标轴围成的三角形面积等于常数.

9. 求由 $y=x^3, x=2, y=0$ 所围成的图形分别绕 x 轴及 y 轴旋转所得的两个旋转体体积.

10. 某商品的需求量 Q 为价格 P 的函数，该商品的最大需求量为 1000, 已知需求量的变化率 (边际需求) 为 $Q'(P)=-1000\ln 3\times\left(\frac{1}{3}\right)^P$, 求需求量 Q 与价格 P 的函数关系.

11. 生产某种产品的固定成本为 50 万元,边际成本与边际收益分别为 $C'(Q)=Q^2-16Q+100$ (单位：万元 / 单位产品), $R'(Q)=89-4Q$. 试确定该厂应将产量定为多少个单位时，才能获得最大利润，并求最大利润.

练习 6.2 参考答案与提示

1. (1) $-\dfrac{1}{2}$; (2) $\dfrac{1}{2}$; (3) π; (4) $\dfrac{44}{3}$; (5) $\dfrac{\pi^2}{8}$.

2. $k<0$ 时收敛.

3. $\dfrac{5}{2}$.

4. 当 $0<\alpha<1$ 时，收敛于 $\dfrac{1}{1-a}$; 当 $\alpha\geqslant 1$ 时发散.

5. (1) $\dfrac{9}{2}$; (2) $\dfrac{16}{3}$; (3) 1; (4) $2\sqrt{2}$.

6. $\dfrac{1}{2}\mathrm{e}-1$.

7. $\dfrac{\pi a}{2}$, $2\pi a^2$.

8. $2a^2$.

9. $\dfrac{128}{7}\pi$, $\dfrac{64}{5}\pi$.

10. $Q(P)=1000\left(\dfrac{1}{3}\right)^P$.

11. $L(11)=111\dfrac{1}{3}$(万元).

综合练习 6

1. 是非判断题

(1) $f(x),g(x)$ 均可积，且 $f(x)<g(x)$, 则 $\displaystyle\int_a^b f(x)\mathrm{d}x<\int_a^b g(x)\mathrm{d}x$. ( )

(2) $f(x)$ 在 $[a,b]$ 上连续，且 $\displaystyle\int_a^b f^2(x)\mathrm{d}x=0$, 则在 $[a,b]$ 上 $f(x)\equiv 0$. ( )

(3) 若 $[a,b]\supset[c,d]$, 则 $\displaystyle\int_a^b f(x)\mathrm{d}x>\int_c^d f(x)\mathrm{d}x$. ( )

(4) 若 $f(x)$ 在 $[a,b]$ 上可积，则存在 $\xi\in[a,b]$, 使

$$\int_a^b f(x)\mathrm{d}x=f(\xi)(b-a). \qquad (\quad)$$

(5) 若 $\displaystyle\int_{-a}^a f(x)\mathrm{d}x=0$, 则 $f(x)$ 必为奇函数. ( )

(6) ①若 $f(x)$ 在 $[a,b]$ 上有界，则 $f(x)$ 在 $[a,b]$ 上可积；②若 $f(x)$ 在 $[a,b]$ 上可积，则 $f(x)$ 在 $[a,b]$ 上有界. ( )

(7) 若 $|f(x)|$ 在 $[a,b]$ 上可积，则 $f(x)$ 在 $[a,b]$ 上可积. ( )

(8) 若 $f(x)$ 在 $[a,b]$ 上连续，则 $F(x)=\displaystyle\int_a^x f(t)\mathrm{d}t$ 在 $[a,b]$ 上连续. ( )

(9) $\dfrac{\mathrm{d}}{\mathrm{d}x}\displaystyle\int_0^x|\sin t|\mathrm{d}t=\sin x$. ( )

(10) $\int_1^3 \frac{1}{(x-2)^2}\mathrm{d}x = \left.\frac{1}{2-x}\right|_1^3 = -1-1=-2.$ (　　)

2. 填空题

(1) 比较定积分大小：$\int_3^4 \ln x\mathrm{d}x$____$\int_3^4 (\ln x)^2\mathrm{d}x$.

(2) 设 $\lim\limits_{x\to\infty}\left(1+\frac{1}{x}\right)^{ax} = \int_{-\infty}^{a} t\mathrm{e}^t\mathrm{d}t$, 则常数 $a=$____________.

(3) $\int_{-1}^{1}(|x|+x)\mathrm{e}^{-|x|}\mathrm{d}x=$____________.

(4) $\int_{-\pi}^{\pi} x^3\cos x\mathrm{d}x=$____________.

(5) 设 $f(x)=\begin{cases} x\mathrm{e}^{x^2}, & -\frac{1}{2}\leqslant x\leqslant\frac{1}{2}, \\ -1, & x>\frac{1}{2}, \end{cases}$ 则 $\int_{\frac{1}{2}}^{2} f(x-1)\mathrm{d}x=$__________.

(6) 设 $f(x)$ 连续，$\varphi(x)=\int_0^{x^2} xf(t)\mathrm{d}t$, 若 $\varphi(1)=1,\varphi'(1)=5$, 则 $f(1)=$____________.

(7) 曲线 $y=\frac{1}{\sqrt{x}}$, 直线 $x=0,x=1,y=0$ 所围成的图形的面积为____________.

(8) 曲线 $y=x^2$ 与直线 $y=x+2$ 所围成的平面图形的面积为____________.

(9) 由曲线 $y=\frac{x^2}{2}$ 和直线 $x=1,x=2,y=0$ 所围成的图形绕直线 $y=0$ 旋转所得旋转体体积的表达式是____________.

(10) 曲线 $\begin{cases} x=a(\cos t+t\sin t), \\ y=a(\sin t-t\cos t) \end{cases}$ $(a>0,0\leqslant t\leqslant 2\pi)$ 的弧长等于________.

3. 选择题

(1) 函数 $f(x)$ 在 $[a,b]$ 上连续是 $f(x)$ 在 $[a,b]$ 上可积的 (　　).

(A) 必要不充分条件　(B) 充分必要条件

(C) 充分不必要条件　(D) 既不充分也不必要条件

(2) 下列等式中正确的是 (　　).

(A) $\int_0^x 2^x f'(2x^x)\mathrm{d}x = f(2^x)$

(B) $\int_0^x f'(ax+b)\mathrm{d}x=\frac{1}{a}f(ax+b)$

(C) $\int_0^x f'(\sin x)\mathrm{d}x=\frac{1}{\cos x}[f(\sin x)-f(0)]$

(D) $\int_0^x \mathrm{e}^{-x}f'(\mathrm{e}^{-x})\mathrm{d}x=f(1)-f(\mathrm{e}^{-x})$

(3) 设 $F(x)=\int_x^{x+2\pi}\sin t\mathrm{e}^{\sin t}\mathrm{d}t$, 则 $F(x)$(　　).

(A) 不为常数　(B) 恒等于 0　(C) 为负数　(D) 为正数

(4) 设 $f(x)=\int_0^{\sin x}\ln(1+t^2)\mathrm{d}t, g(x)=x^3+x^4$, 则当 $x\to 0$ 时， $f(x)$ 是 $g(x)$ 的 (　　).

(A) 高阶无穷小　　(B) 低阶无穷小

(C) 等价无穷小　　(D) 同阶但非等价的无穷小

(5) 设 $f(x)$ 在 $[-a,a]$ 上连续，则 $\int_{-a}^{a}f(x)\mathrm{d}x$ 恒等于 (　　).

(A) 0　　(B) $2\int_0^a f(x)\mathrm{d}x$

(C) $\int_0^a[f(x)+f(-x)]\mathrm{d}x$　　(D) $\int_0^a[f(x)-f(-x)]\mathrm{d}x$

(6) 下列积分中不为零的是 (　　).

(A) $\int_{-\pi}^{\pi}\cos x\mathrm{d}x$　　(B) $\int_{-1}^{1}\mathrm{e}^{-x}\mathrm{d}x$

(C) $\int_{-\frac{\pi}{2}}^{\frac{\pi}{2}}\sin x\cos x\mathrm{d}x$　　(D) $\int_{-2\pi}^{2\pi}\dfrac{\sin x}{1+\sin^2 x}\mathrm{d}x$

(7) 当 (　　) 时，广义积分 $\int_0^{+\infty}\mathrm{e}^{kx}\mathrm{d}x$ 收敛.

(A) $k>0$　　(B) $k\geqslant 0$　　(C) $k<0$　　(D) $k\leqslant 0$

(8) 由曲线 $y=x^2$, 直线 $x=\sqrt[3]{2}$ 和 x 轴围成的平面图形被直线 $x=a$ 分为面积相等的两部分，则 $a=$ (　　).

(A) $2^{\frac{2}{3}}+1$　(B) $2^{\frac{2}{3}}-1$　(C) $2^{\frac{2}{3}}$　(D) 1

(9) 由曲线 $y=\mathrm{e}^x, y=\mathrm{e}^{-x}$ 和直线 $x=-1$ 所围成的图形面积的定积分表示式为 (　　).

(A) $\int_{-1}^{1}(\mathrm{e}^x-\mathrm{e}^{-x})\mathrm{d}x$　　(B) $\int_{-1}^{1}(\mathrm{e}^{-x}-\mathrm{e}^x)\mathrm{d}x$

(C) $\int_{-1}^{0}(\mathrm{e}^{-x}-\mathrm{e}^x)\mathrm{d}x$　　(D) $\int_{-1}^{0}(\mathrm{e}^x-\mathrm{e}^{-x})\mathrm{d}x$

(10) 由摆线 $\begin{cases}x=a(t-\sin t),\\ y=a(1-\cos t)\end{cases}$ $(0\leqslant t<2\pi)$ 的一拱与 x 轴所围成的图形绕 x 轴旋转的旋转体体积 $V=$ (　　).

(A) $\int_0^{2\pi}\pi a^2(1-\cos t)^2\mathrm{d}t$　　(B) $\int_0^{2\pi a}\pi a^2(1-\cos t)^2\mathrm{d}[a(t-\sin t)]$

(C) $\int_0^{2\pi}\pi a^2(1-\cos t)^2\mathrm{d}[a(t-\sin t)]$　(D) $\int_0^{2\pi a}\pi a^2(1-\cos t)^2\mathrm{d}t$

4. 求 $y=\int_0^{x^2}xf(t)\mathrm{d}t$ 的一阶导数和二阶导数，其中 $f(x)$ 是可导函数.

5. 设 $x+y^2=\int_0^{y-x}\cos^2 t\mathrm{d}t$, 求 $\dfrac{\mathrm{d}y}{\mathrm{d}x}$.

6. 求极限 $\lim\limits_{x\to 0}\dfrac{\displaystyle\int_0^{x^2}\sin 5t\mathrm{d}t}{\ln^2(x^2+1)}$.

7. 设 $f(x)=\begin{cases}\dfrac{2}{x^2}(1-\cos x), & x<0,\\ 1, & x=0,\\ \dfrac{1}{x}\displaystyle\int_0^x \cos t^2\mathrm{d}t, & x>0,\end{cases}$ 讨论 $f(x)$ 在 $x=0$ 处的连续性.

8. 设 $\displaystyle\int_0^1 f(tx)\mathrm{d}t=f(x)+x\sin x$, 其中 $f(x)$ 为连续函数，求 $f(x)$.

9. 求下列定积分：

(1) $\displaystyle\int_0^3\frac{\mathrm{d}x}{\sqrt{x}(1+x)}$;　　(2) $\displaystyle\int_2^3\frac{1}{1-\mathrm{e}^x}\mathrm{d}x$;

(3) $\displaystyle\int_1^{\mathrm{e}^3}\frac{\mathrm{d}x}{x\sqrt{1+\ln x}}$.

10. 用分部积分法求下列积分：

(1) $\displaystyle\int_1^2\sqrt{x}\ln x\mathrm{d}x$;　　(2) $\displaystyle\int_0^{\mathrm{e}-1}x\ln(x+1)\mathrm{d}x$;

(3) $\displaystyle\int_0^{\pi}x\cos^2 x\mathrm{d}x$;　　(4) $\displaystyle\int_0^2 x^3\mathrm{e}^x\mathrm{d}x$.

11. 求下列积分：

(1) $\displaystyle\int_0^{\pi}\frac{\sin x}{1+\cos^2 x}\mathrm{d}x$;　　(2) $\displaystyle\int_{\ln 2}^{\ln 3}\frac{\mathrm{d}x}{\mathrm{e}^x-\mathrm{e}^{-x}}$;

(3) $\displaystyle\int_{-1}^1\frac{1+\sin x}{1+x^2}\mathrm{d}x$;　　(4) $\displaystyle\int_0^{\pi}\sqrt{\frac{1+\cos 2x}{2}}\mathrm{d}x$;

(5) $\displaystyle\int_0^{\frac{1}{2}}\sqrt{\frac{1-2x}{1+2x}}\mathrm{d}x$;　　(6) $\displaystyle\int_{-\frac{1}{2}}^{\frac{1}{2}}\frac{x\arcsin x}{\sqrt{1-x^2}}\mathrm{d}x$;

(7) $\displaystyle\int_{-\frac{\pi}{4}}^{\frac{\pi}{4}}\frac{\mathrm{d}x}{1+\sin x}\mathrm{d}x$;　　(8) $\displaystyle\int_0^4\frac{x+2}{\sqrt{2x+1}}\mathrm{d}x$;

(9) $\displaystyle\int_{\frac{1}{\sqrt{2}}}^1\frac{\sqrt{1-x^2}}{x^2}\mathrm{d}x$;　　(10) $\displaystyle\int_0^{\ln 5}\frac{\mathrm{e}^x\sqrt{\mathrm{e}^x-1}}{\mathrm{e}^x+3}\mathrm{d}x$.

12. 设 $f(x)$ 是周期为 2 的连续函数，证明：对任意的实数 t, 有

$$\int_t^{t+2}f(x)\mathrm{d}x=\int_0^2 f(x)\mathrm{d}x.$$

13. 设 $x\mathrm{e}^x\displaystyle\int_0^1 f(x)\mathrm{d}x+\frac{1}{1+x^2}+f(x)=1$, 求 $\displaystyle\int_0^1 f(x)\mathrm{d}x$.

14. 常数 a,b 各为何值时，有

$$\lim_{x\to 0}\frac{1}{ax-\sin x}\int_0^x\frac{u^2}{\sqrt{b+3u}}\mathrm{d}u=2.$$

15. 设 $F(x)=\int_0^a f(x+y)\mathrm{d}y, f(u)$ 连续且单调增加，讨论 $F(x)$ 的单调性.

16. 设 $I=\frac{1}{s}\int_0^{st} f(t+\frac{x}{s})\mathrm{d}x \ \ (s>0,t>0)$, 讨论 I 的值与 t,s 是否有关.

17. 设 $y=f(x)(x\geqslant 0)$ 非负、连续， $f(0)=0,V(t)$ 为由曲线 $y=f(x)$ 、直线 $x=t(t>0),y=0$ 所围区域绕直线 $x=t$ 旋转而成的几何体体积，求 $\frac{\mathrm{d}^2V}{\mathrm{d}t^2}$.

18. 求极限 $\lim\limits_{x\to 1}\frac{\int_1^x\left(t\int_{t^2}^1 f(u)\mathrm{d}u\right)\mathrm{d}t}{\left(\int_1^{x^2}\sqrt{1+t^4}\mathrm{d}t\right)^3}$, 其中 f 有连续的导数，且 $f(1)=0$.

19. 求由曲线 $y=\ln x$ 与 $y=(\mathrm{e}+1)-x$ 及 $y=0$ 所围图形的面积.

20. 求由曲线 $x=\sqrt{y}$ 与 $y=1,x=0$ 所围平面图形绕 y 轴旋转所得旋转体的体积.

21. 求由曲线 $y=\sin x,y=\cos x\ \left(0\leqslant x\leqslant\frac{\pi}{4}\right)$ 与 $x=0$ 所围成的图形绕 x 轴旋转所得的旋转体体积.

22. 假设曲线 $L_1: y=1-x^2(0\leqslant x\leqslant 1)$ 与 x 轴和 y 轴所围区域被曲线 $L_2: y=ax^2$ 分为面积相等的两部分，其中 a 是大于零的常数，试确定 a 的值.

23. 已知一抛物线通过 x 轴上的两点 $A(0,1),B(3,0)$, 求证：由两坐标轴与该抛物线所围图形的面积 S_1 等于由 x 轴与该抛物线所围图形的面积 S_2.

24. 已知抛物线 $x=y^2$ 与 x 轴及直线 $x=x_0(x_0>0)$ 在第一象限所围成的图形绕 x 轴旋转一周所得旋转体的体积为 2π, 试求 x_0 的值.

25. 设某产品的边际成本是产量 x 的函数 $C'(x)=4+0.25x$(单位：万元 / 百台), 边际收入也是产量 x 的函数 $R'(x)=8-x$(单位：万元 / 每台).

(1) 求产量由 100 台增加到 500 台时，总成本与总收入各增加多少？

(2) 固定成本 $C(0)=1$ 万元，分别求总成本、总收入及总利润函数.

(3) 产量为多少时，总利润最大？

(4) 求总利润最大时的总成本、总收入及总利润 (单位：万元).

26. 设函数 $f(x)$ 在 $[0,\pi]$ 上连续，且 $\int_0^{\pi} f(x)\mathrm{d}x=0, \int_0^{\pi} f(x)\cos x\mathrm{d}x=0$. 试证明：在 $[0,\pi]$ 内至少存在两个不同的 ξ_1,ξ_2, 使 $f(\xi_1)=f(\xi_2)=0$.

27. 设 $f(x)$ 二次可微， $f'(x)$ 单调增加，试证：

$$\int_a^b f(x)\mathrm{d}x\leqslant(b-a)\frac{f(a)+f(b)}{2}.$$

28. 证明：以 $\sqrt{2}$ 为半长轴， 1 为短半轴的椭圆的周长等于正弦曲线 $y=\sin x\ (0\leqslant x\leqslant 2\pi)$ 的长度.

综合练习 6 参考答案与提示

1. (1) ×; (2) √; (3) ×; (4) ×; (5) ×; (6) ×,√; (7) ×; (8) √; (9) ×; (10) ×.

2. (1) <; (2) 2; (3) $2(1-2\mathrm{e}^{-1})$; (4) 0; (5) $-\dfrac{1}{2}$;
(6) 2; (7) 2; (8) $\dfrac{9}{2}$; (9) $\displaystyle\int_0^1 \pi\frac{x^2}{4}\mathrm{d}x$; (10) $2a\pi^2$.

3. (1) (C); (2) (D); (3) (D); (4) (D); (5) (C);
(6) (B); (7) (C); (8) (D); (9) (C); (10) (C).

4. $\dfrac{\mathrm{d}y}{\mathrm{d}x}=\displaystyle\int_0^{x^2} f(t)\mathrm{d}t+2x^2 f(x^2)$, $\dfrac{\mathrm{d}^2y}{\mathrm{d}x^2}=6xf(x^2)+4x^3f'(x^2)$.

5. $\dfrac{\mathrm{d}y}{\mathrm{d}x}=\dfrac{1+\cos^2(y-x)}{\cos^2(y-x)-2y}$.

6. $\dfrac{5}{2}$.

7. 因为
$$\lim_{x\to 0^-}\frac{2}{x^2}(1-\cos x)=\lim_{x\to 0^-}\frac{2\cdot\dfrac{x^2}{2}}{x^2}=1,$$
$$\lim_{x\to 0^+}\frac{1}{x}\int_0^x \cos t^2\mathrm{d}t=\lim_{x\to 0^+}\frac{\cos x^2}{1}=1,$$
所以 $f(0-0)=f(0+0)=f(0)=1$, 即 $f(x)$ 在 $x=0$ 处连续.

8. $f(2)=\cos x-x\sin x+C$.

9. (1) $\dfrac{2}{3}\pi$; (2) $1-\ln\dfrac{\mathrm{e}^3-1}{\mathrm{e}^2-1}$; (3) 2.

10. (1) $\dfrac{4\sqrt{2}}{3}\ln 2-\dfrac{4}{9}(2\sqrt{2}-1)$; (2) $\dfrac{\mathrm{e}^2}{4}-\dfrac{3}{4}$; (3) $\dfrac{\pi^2}{4}$; (4) $2\mathrm{e}^2+6$.

11. (1) $\dfrac{\pi}{2}2$; (2) $\dfrac{1}{2}\ln\dfrac{3}{2}$; (3) $\dfrac{\pi}{2}$; (4) 2; (5) $\dfrac{\pi}{4}-\dfrac{1}{2}$;
(6) $1-\dfrac{\sqrt{3}}{6}\pi$; (7) 2; (8) $\dfrac{22}{3}$; (9) $1-\dfrac{\pi}{4}$; (10) $4-\pi$.

12. 由已知条件, $f(x)$ 是周期 2 的连续函数, 故 $f(x+2)=f(x)$.
$$\int_t^{t+2} f(x)\mathrm{d}x=\int_t^0 f(x)\mathrm{d}x+\int_0^2 f(x)\mathrm{d}x+\int_2^{t+2} f(x)\mathrm{d}x,$$
只需证
$$\int_t^0 f(x)\mathrm{d}x+\int_2^{t+2} f(x)\mathrm{d}x=0$$
即可. 令 $x=u-2$, 则 $\mathrm{d}x=\mathrm{d}u$, 且当 $x=2$ 时, $u=0$; 当 $x=t+2$ 时, $u=t$, 故
$$\int_2^{t+2} f(x)\mathrm{d}x=\int_0^t f(u-2)\mathrm{d}u=\int_0^t f(u)\mathrm{d}u.$$
因此
$$\int_t^0 f(x)\mathrm{d}x+\int_2^{t+2} f(x)\mathrm{d}x=0,$$

即等式成立.

13. $\dfrac{1}{2}-\dfrac{\pi}{8}$.

14. $a=1,b=1$.

15. 当 $a>0$ 时， $F(x)$ 单调增加；当 $a<0$ 时， $F(x)$ 单调减少.

16. I 与 t 有关，与 s 无关.

17. $\dfrac{\mathrm{d}^2V}{\mathrm{d}t^2}=2\pi f(t)$.

18. $-\dfrac{f'(1)}{24\sqrt{2}}$.

19. $\dfrac{3}{2}$.

20. $\dfrac{\pi}{2}$.

21. $\dfrac{\pi}{2}$.

22. $a=3$.

23. 略.

24. $x_0=2$.

25. (1) ΔC 为 19 万元， ΔR 为 20 万元.

(2) $C(x)=1+4x+\dfrac{x^2}{8}$, $R(x)=8x-\dfrac{1}{2}x^2$, $L(x)=-\dfrac{5}{8}x^2+4x-1$.

(3) $x=3.2$ 时，总利润最大.

(4) $C(3.2)=15.08$, $R(3.2)=20.48$, $L(3.2)=5.4$.

26.~28. 略.

第 6 章自测题

参考文献

[1] 孙毅，张旭利，刘静．微积分习题课教程 (上册)[M]. 北京：清华大学出版社，2006.

[2] 李辉来，孙毅，张旭利．微积分 (上册)[M]. 北京：清华大学出版社， 2005.

[3] 孙毅，赵建华，王国铭，等．微积分 (下册)[M]. 北京：清华大学出版社， 2006.

[4] 李辉来，张魁元，赵建华．大学数学一微积分 (上)[M]. 北京：高等教育出版社， 2004.

[5] 李辉来，张魁元，赵建华．大学数学一微积分 (下)[M]. 北京：高等教育出版社， 2004.

[6] 董加礼，孙丽华．工科数学基础 (上)[M]. 北京：高等教育出版社， 2001.

[7] 董加礼，孙丽华．工科数学基础 (下)[M]. 北京：高等教育出版社， 2001.

[8] 马知恩，王绵森．工科数学分析基础 (上)[M]. 北京：高等教育出版社， 1998.

[9] 马知恩，王绵森．工科数学分析基础 (下)[M]. 北京：高等教育出版社， 1998.

[10] 同济大学应用数学系．微积分 (上)[M]. 北京：高等教育出版社， 1999.

[11] 同济大学应用数学系．微积分 (下)[M]. 北京：高等教育出版社， 1999.

[12] 朱来义．微积分 [M]. 2 版．北京：高等教育出版社， 2004.

[13] 黄万风，李忠范，等．高等数学习题课教程 (上)[M]. 长春：吉林人民出版社，1999.

[14] 黄万风，李忠范，等．高等数学习题课教程 (下)[M]. 长春：吉林人民出版社，1999.